ISBN-13: 978-3-642-89158-8   e-ISBN-13: 978-3-642-91014-2
DOI: 10.1007/978-3-642-91014-2

Vorwort.

Die mathematische Literatur besitzt eine große Zahl brauchbarer
Lehrbücher über die Funktionentheorie, die ja eines ihrer wichtigsten
Gebiete darstellt. Das vorliegende Buch beabsichtigt nicht, die Zahl
dieser Lehrbücher zu vermehren. Vielmehr ist sein Ziel im Doppeltitel
zu suchen. In der Entwicklung der exakten Wissenschaften spielen
funktionentheoretische Methoden eine stets wachsende Rolle. Während
der Physiker durch seine Ausbildung häufig in enge Beziehung zur
Funktionenlehre getreten ist, fehlt dem Techniker in der Regel eine
genügende Kenntnis dieser mathematischen Methoden. Es gibt allerdings seit längerer Zeit einige besonders auf technische Aufgaben zu-
geschnittene Verfahren der angewandten Mathematik, die letzten Endes
auf den Sätzen der Funktionentheorie beruhen. Die Entwicklung der
theoretischen Technik drängt jedoch selbst immer mehr dazu, diese
speziellen Verfahren von ihren Sondersymbolen zu befreien und sie
von einem höheren Standpunkt aus als Zweig der allgemeinen Mathematik zu betrachten.

Das Außeninstitut der Technischen Hochschule Berlin und der
Elektrotechnische Verein Berlin haben auf Anregungen vieler in der
Praxis tätigen Ingenieure im Wintersemester 1929/30 den Versuch gemacht, durch eine gleichzeitige Darstellung dieses Gebietes sowohl von
seiten der reinen Mathematik als auch der Anwendungen dem oben
genannten Ziel näher zu kommen. Nach acht einführenden mathematischen Vorträgen von Herrn R. Rothe folgte eine Reihe Anwendungen, die jeweils in einer Doppelstunde behandelt wurden. Die
beschränkte Zeit zwang jeden der Vortragenden zu äußerster Kürze,
so daß der vorgetragene Stoff nur als erste Einführung gelten kann.
Damit ist bereits ausgesprochen, daß die im Text angegebene Literatur
nicht nur einen Quellennachweis darstellt, sondern zur Erweiterung
und Vertiefung des Stoffes unentbehrlich ist.

Die Abgrenzung der Anwendungen ergab sich teils aus Rücksicht auf
den Hörerkreis — die Mehrzahl der Hörer waren Mitglieder des Elektrotechnischen Vereins —, teils durch die Wahl der Vortragenden. So
findet man fast ausschließlich elektrotechnische Anwendungen, zumal
da ein zweiter der Strömungslehre gewidmeter Vortrag im Druck aus-
fallen mußte.

Die Drucklegung der Vorträge gab die Gelegenheit, manche Fragen ausführlicher zu behandeln, als es beim Vortrag selbst möglich war. Dadurch wird den Hörern der Vortragsreihe die Möglichkeit geboten, durch die Lektüre den Vortragsstoff in geschlossenerer Form zu verarbeiten.

Die Herausgeber danken Herrn Geheimrat Professor Dr. E. Orlich und Herrn Oberingenieur Dr. e. h. C. Trettin für die vielen Anregungen, Ermunterungen und Unterstützungen bei der Herausgabe der Vorträge. Ebenso sei der Verlagsbuchhandlung Julius Springer für ihr Entgegenkommen bei der Drucklegung herzlichst gedankt.

Berlin, im Oktober 1931.

Die Herausgeber.

Funktionentheorie
und ihre Anwendung in der Technik

Vorträge von

R. Rothe, Berlin · W. Schottky, Berlin · K. Pohlhausen, Berlin
E. Weber, Brooklyn · F. Ollendorff, Berlin · F. Noether, Breslau

Veranstaltet durch das
Außeninstitut der Technischen Hochschule zu Berlin in
Gemeinschaft mit dem Elektrotechnischen Verein, E. V.
zu Berlin

Herausgegeben von

R. Rothe   F. Ollendorff   K. Pohlhausen

Mit 108 Textabbildungen

Inhaltsverzeichnis.

Erster Teil.
Mathematische Grundlagen.
Von **R. Rothe**, Berlin.

Zweiter Teil.

Anwendungen.

Mathematische Grundlagen.
Einführung in die Funktionentheorie.

Von **R. Rothe,** Berlin.

A. Komplexe Zahlen und Veränderliche; analytische Funktionen.

1. Erklärung der komplexen Zahlen und ihre Deutung als Vektoren.
In den folgenden Vorlesungen wird es sich hauptsächlich um Eigenschaften der komplexen Zahlen handeln. Zwar wird wohl jeder Leser wissen, wie man mit komplexen Zahlen, d. h. „Zahlen" von der Form $a + i\, b$, rechnet; nämlich genau so, wie mit gewöhnlichen reellen Zahlen, nur daß man $i^2 = -1$ setzt. Aber über die Erklärung der komplexen Zahlen und über ihre reale Bedeutung wird noch etwas zu sagen sein, um so mehr, als nicht selten darüber noch unklare Vorstellungen bestehen; übrigens ist die sogenannte „symbolische" Methode der Wechselstromtechnik nichts anderes als eine Rechnung mit imaginären Zahlen.

Unter der komplexen Zahl $z = x + i\, y$ soll im folgenden niemals etwas anderes verstanden werden als ein geordnetes Paar (x, y) der der beiden reellen Zahlen x, y. Geometrisch kann man sie sich in einer Ebene (der „komplexen" z-Ebene) als Abszisse und Ordinate eines Punktes (x, y), der auch z heißt, in einem rechtwinkeligen kartesischen Koordinatensystem vorstellen, oder auch als skalare Komponenten eines Vektors, der vom Mittelpunkte nach dem Punkte z gezogen ist, und der ebenfalls mit z bezeichnet wird. Das $+$-Zeichen in $z = x + i\, y$ soll bedeuten, daß der Vektor z die **geometrische** Summe (Resultante) der beiden Vektoren

$$x = (x,\ 0) \quad \text{und} \quad i\, y = (0,\ y)$$

darstellt. Für $x = 1$, $y = 1$ erhält man die beiden Einheitsvektoren

$$1 = (1,\ 0) \quad \text{und} \quad i = (0,\ 1),$$

womit zugleich die reale Bedeutung der sogenannten „imaginären" Einheit i und damit ihre begriffliche Existenz gegeben ist: i ist der Vektor vom Nullpunkte nach dem Punkte 1 der y-Achse.

$z = x - iy$ heißt bekanntlich der zu z konjugierte Vektor; er ist zu z symmetrisch bezüglich der x-Achse.

Statt durch seine Komponenten x, y läßt sich der Vektor z auch bestimmen durch seine Länge (seinen Betrag) $r = |z|$ und seine Abweichung $\varphi = \text{arc}\,(z)$ („Arcus" oder „Phase" oder „Argument von z"), diese bis auf ganze Vielfache von $2\,\pi$ (einer vollen Umdrehung) gegeben; $|z|$ und arc (z) sind einfach die Polarkoordinaten des Punktes z. Aus $x = r\cos\varphi$, $y = r\sin\varphi$ (Abb. 1) folgt

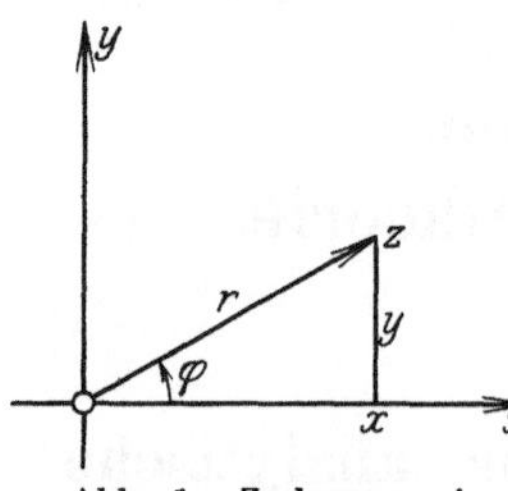

Abb. 1. Zerlegung einer komplexen Zahl.

$$z = x + iy = r\,(\cos\varphi + i\sin\varphi) = r\,e^{i\varphi}, \qquad (1)$$

worin

$$e^{i\varphi} = \cos\varphi + i\sin\varphi \qquad (2)$$

den Vektor von der Abweichung φ und vom Betrage 1 bedeutet. Weiter ist

$$|z| = r = \sqrt{x^2 + y^2}, \quad \text{arc}\,(z) = \text{arc}\cos\frac{x}{r} = \text{arc}\sin\frac{y}{r} = \text{arc}\,\text{tg}\,\frac{y}{x}. \qquad (3)$$

Ferner merke man $|e^{i\varphi}| = \sqrt{\cos^2\varphi + \sin^2\varphi} = 1$ und $e^{i\frac{\pi}{2}} = i$.

Ist z eine Funktion der reellen Veränderlichen t, d. h. sind x und y Funktionen der reellen Veränderlichen t, so wird damit in der z-Ebene eine Kurve dargestellt, der geometrische Ort der Punkte $z = x + iy$.

Zum Beispiel stellt $e^{i\varphi}$, wenn $\varphi = \varphi\,(t)$ ist, und t die Zeit bedeutet, einen sich um den Nullpunkt drehenden Einheitsvektor dar. Hierauf beruht das Verfahren der Wechselstromdiagramme.

2. Bemerkungen zur Multiplikation und Division komplexer Zahlen. Das Produkt zweier komplexer Zahlen $z = z_1 \cdot z_2$ ist als komplexe Zahl definiert durch $|z| = |z_1 \cdot z_2| = |z_1| \cdot |z_2|$ und arc $(z) = \text{arc}\,(z_1 z_2)$ $= \text{arc}\,(z_1) + \text{arc}\,(z_2)$; die Abweichung befolgt dasselbe Additionsgesetz wie die Logarithmusfunktion. Die Multiplikation besteht also geometrisch aus einer Abweichungsänderung, d. h. Drehung, in Verbindung mit einer Betragsänderung, d. h. Streckung oder Verkürzung (Drehstreckung).

Insbesondere merke man:

$$|z^2| = |z|^2 = z\,\tilde{z} = x^2 + y^2, \qquad \text{arc}\,(z^2) = 2\,\text{arc}\,(z),$$

$$\text{arc}\,(e^{i\alpha}z) = \text{arc}\,e^{i\alpha} + \text{arc}\,(z) = \alpha + \text{arc}\,(z), \qquad |e^{i\alpha}z| = |e^{i\alpha}| \cdot |z| = |z|,$$

$$\text{also}\;|i\,z| = |i||z| = |z|, \,\text{da}\,|i| = 1;\,\text{arc}\,(i\,z) = \text{arc}\,(i) + \text{arc}\,(z) = \frac{\pi}{2} + \text{arc}\,(z).$$

Die Multiplikation eines Vektors mit $e^{i\alpha}$ ($\alpha > 0$) bedeutet daher reine Drehung des Vektors um den Winkel α im positiven Sinne. Insbesondere bedeutet die Multiplikation eines Vektors mit i eine reine Drehung um den Winkel $\frac{\pi}{2}$ im positiven Sinne[1]. Weiter ist

$$|i^2| = |i|^2 = 1; \qquad \mathrm{arc}\,(i^2) = 2\,\mathrm{arc}\,(i) = \pi,$$

also $\qquad i^2 = -1\,{}^{*}, \qquad (-i)^2 = -1,$

$$|z^n| = |z|^n, \qquad \mathrm{arc}\,(z^n) = n\,\mathrm{arc}\,(z) \quad \text{für} \quad n > 0, \quad \text{ganz,} \qquad (4)$$

ebenso

$$(e^{i\varphi})^n = e^{in\varphi}, \quad \text{d. h.} \quad (\cos\varphi + i\sin\varphi)^n = \cos n\,\varphi + i\sin n\,\varphi$$

$$\text{(Moivrescher Lehrsatz).}$$

$z = \dfrac{z_1}{z_2}\,(z_2 \neq 0)$ wird so erklärt:

$$|z| = \left|\frac{z_1}{z_2}\right| = \frac{|z_1|}{|z_2|}; \qquad \mathrm{arc}\,(z) = \mathrm{arc}\left(\frac{z_1}{z_2}\right) = \mathrm{arc}\,(z_1) - \mathrm{arc}\,(z_2).$$

Mit der Schreibweise

$$\frac{1}{z_1} = (z_1)^{-1} = \frac{\bar{z}}{|z|^2}$$

ist jetzt z^n für alle $z \neq 0$ auch für negative ganzzahlige n erklärt.

3. Wurzelausziehen und Kreisteilung. Um die Wurzeln komplexer Zahlen zu erklären, suche man bei gegebenem z alle Lösungen w der Gleichung $w^n = z$ für $n > 0$, ganzzahlig. Setzt man

$$z = r\,e^{i\varphi}\ \text{(gegeben)}, \qquad w = R\,e^{i\Phi}\ \text{(gesucht)},$$

dann ist

$$w^n = R^n \cdot (e^{i\Phi})^n = R^n \cdot e^{in\Phi} = z = r \cdot e^{i\varphi}.$$

Die Gleichheit zweier Vektoren hat zur Folge die Gleichheit ihrer Beträge und die Übereinstimmung der Abweichungen bis auf Vielfache von $2\,\pi$; daher ist

$$R^n = r,$$

$$\mathrm{arc}\,(e^{in\Phi}) = \mathrm{arc}\,(e^{i\varphi}) + k \cdot 2\pi \qquad (k = 0, \pm 1, \pm 2, \ldots).$$

Man erhält also $R = \sqrt[n]{r}$, wobei für R als absoluten Betrag der eindeutig bestimmte reelle positive Wurzelwert zu benutzen ist, und

$$\Phi = \frac{\varphi}{n} + k \cdot \frac{2\pi}{n} \qquad (k = \pm 0, \pm 1, \pm 2 \ldots).$$

---

[1] Die Auffassung, $e^{i\alpha}$ sei ein „Symbol" für die Drehung um den Winkel α, und i ein „Symbol" für die Drehung um 90^0 im positiven Sinne, ist hier unzulänglich. Wir haben es stets mit Zahlen und Vektoren zu tun, aber nicht mit „Symbolen".

* Die Gleichung $x^2 = -1$ hat hier also die durchaus sinnvolle Lösung $x = \pm i$, die man auch mit $\pm\sqrt{-1}$ bezeichnet; vgl. 3. Man muß nur beachten, daß -1 einen bestimmten Vektor bedeutet, und man darf die hier erklärte Multiplikation nicht mit der Multiplikation reeller Zahlen verwechseln.

Nun wiederholen sich aber die möglichen Werte von Φ, sobald k um n vermehrt oder vermindert wird. Daher genügt es, $k = 0, 1, 2, \ldots,$ $(n-1)$ zu nehmen. Also ergeben sich genau n Lösungen der vorgelegten Gleichung:

$$w_k = R\,e^{i\,\Phi_k} = \sqrt[n]{r}\cdot e^{\left(i\frac{\varphi}{n} + k\frac{2\pi}{n}\right)}, \qquad k = 0, 1, 2, \ldots (n-1); \qquad (5)$$

sie heißen n-te Wurzeln aus z: $w_k = \sqrt[n]{z}$. Geometrisch liegen die n zugehörigen Punkte w_k auf dem Kreise vom Halbmesser R um den Nullpunkt als Mittelpunkt, und zwar sind es die Teilpunkte des Kreisumfangs bei seiner Teilung in n gleiche Teile durch n-fache Zerteilung des Winkels 2π („Kreisteilung"), beginnend beim Schnittpunkte mit dem Strahle der Abweichung $\dfrac{\varphi}{n}$. Hieraus folgt z. B., daß unter $\sqrt{-1}$ die beiden Vektoren $+i$ und $-i$ zu verstehen sind.

4. Komplexe Veränderliche und Funktionen. Sind x und y veränderlich, so heißt z eine komplexe Veränderliche.

Ist z_0 eine komplexe feste Zahl, so bedeutet $\lim z = z_0$, oder $z \to z_0$, daß z schließlich nur solche Werte annimmt, für die $|z - z_0| < \varepsilon$ wird, wie klein auch die positive reelle Zahl ε gewählt werden mag.

Den Werten von z mögen nun durch irgendeine Vorschrift Werte einer anderen komplexen Veränderlichen w zugeordnet sein: w heißt dann eine komplexe Funktion von z, $w = f(z)$.

Durch die Funktion $w = f(z)$ werden die Punkte der w-Ebene auf die Punkte der z-Ebene bezogen, oder, wie man sagt, die beiden Ebenen werden aufeinander „abgebildet".

Sind z_0 und w_0 feste komplexe Zahlen, so bedeutet

$$\lim_{z \to z_0} f(z) = w_0,$$

oder $w \to w_0$ für $z \to z_0$, daß sich nach beliebiger Wahl von ε (reell positiv) eine Größe $\delta(\varepsilon)$ (ebenfalls reell positiv) so bestimmen lasse, daß $|f(z) - w_0| < \varepsilon$ wird für alle $|z - z_0| < \delta(\varepsilon)$.

5. Stetigkeit komplexer Funktionen. Eine reelle Funktion $f(x)$ der reellen Veränderlichen x heißt bekanntlich an der Stelle x stetig, wenn für ein beliebig vorgegebenes positives ε eine positive Funktion $\delta(\varepsilon)$ so bestimmt werden kann, daß für alle h, für die $|h| < \delta(\varepsilon)$ ist, auch

$$|f(x+h) - f(x)| < \varepsilon$$

wird. Genau entsprechend heißt eine komplexe Funktion $f(z)$ an der bestimmten Stelle z stetig, wenn

$$|f(z+l) - f(z)| < \varepsilon \quad \text{für alle} \quad |l| < \delta(\varepsilon); \qquad (6)$$

dabei ist aber jetzt $f(z+l) - f(z)$ die Differenz zweier Vektoren, ebenso ist l ein Vektor der z-Ebene. Man kann die Bedingung der Stetigkeit auch so schreiben:

$$\lim_{l \to 0} f(z + l) = f(z).$$

6. Differenzierbarkeit komplexer Funktionen. Wenn sich der Differenzenquotient einer reellen Funktion einer reellen Veränderlichen x in folgender Form darstellen läßt:

$$\frac{f(x + h) - f(x)}{h} = f'(x) + \varphi(x, h),$$

d. h. in zwei Summanden derart zerlegen läßt, daß der erste von h unabhängig ist, und beim zweiten für $h \to 0$: $\varphi(x, h) \to 0$ gilt, dann heißt bekanntlich $f(x)$ differenzierbar und $f'(x)$ die Ableitung von $f(x)$. Danach ist

$$f'(x) = \lim_{h \to 0} \frac{f(x + h) - f(x)}{h}.$$

Im Reellen kann h, als Punkt der reellen Achse gedeutet, sowohl von positiven, wie auch von negativen Werten der Null beliebig nahe kommen.

Diese Definition der Differenzierbarkeit läßt sich auf komplexe Funktionen übertragen:

$$\lim_{l \to 0} \frac{f(z + l) - f(z)}{l} = f'(z); \tag{7}$$

oder

$$\frac{f(z + l) - f(z)}{l} = f'(z) + \varphi(z, l) \tag{8}$$

mit

$$\lim_{l \to 0} \varphi(z, l) = 0;$$

l ist jedoch hier ein Vektor, dessen Endpunkt auf jeder beliebigen Kurve gegen den Nullpunkt konvergieren kann; der Grenzwert $f'(z)$ muß dabei unabhängig von der Wahl dieser Kurve sein.

7. Die Cauchy-Riemannschen Differentialgleichungen. Es sei

$$w = f(z) = u + iv = u(x, y) + iv(x, y);$$

u, v sind reelle Funktionen der reellen Veränderlichen x und y.

Ferner sei $l = h + ik$. Nun soll sich doch derselbe Wert des Differentialquotienten ergeben, wenn die Konvergenz $l \to 0$ unabhängig vom Wege des Punktes l ist, wenn sie also z. B. bewirkt wird einmal durch

$$h = 0; \qquad k \to 0,$$

und ein anderes Mal durch

$$h \to 0; \qquad k = 0.$$

6   Komplexe Zahlen und Veränderliche; analytische Funktionen.

Im ersten Falle erhält man

$$f'(z) = \frac{\partial u}{\partial x} + i\,\frac{\partial v}{\partial x} \equiv \frac{\partial w}{\partial x}\,, \tag{9}$$

im zweiten Falle dagegen

$$f'(z) = \frac{1}{i}\,\frac{\partial u}{\partial y} + \frac{\partial v}{\partial y} \equiv \frac{1}{i}\,\frac{\partial w}{\partial y}\,. \tag{10}$$

Mithin ist

$$\frac{\partial u}{\partial x} + i\,\frac{\partial v}{\partial x} = \frac{1}{i}\,\frac{\partial u}{\partial y} + \frac{\partial v}{\partial y}\,.$$

Durch Trennung der reellen und imaginären Bestandteile folgen die Cauchy-Riemannschen Differentialgleichungen

$$\frac{\partial u}{\partial x} = \frac{\partial v}{\partial y}\,; \qquad \frac{\partial v}{\partial x} = -\,\frac{\partial u}{\partial y}\,. \tag{11}$$

Falls die komplexe Funktion $f(z)$ an der Stelle z, oder für alle Werte von z in einem Bereiche eine Ableitung besitzt, heißt sie dort **analytisch (regulär)**.

Übrigens kann umgekehrt aus dem Bestehen der Gleichungen (11) die Existenz von $f'(z)$ gefolgert werden, falls nur die vier partiellen Ableitungen stetig sind.

8. Potentialgleichung. Aus den Cauchy-Riemannschen Gleichungen folgt durch partielle Differentiation, falls diese möglich ist,

$$\frac{\partial^2 u}{\partial x^2} + \frac{\partial^2 u}{\partial y^2} \equiv \Delta u = 0\,; \qquad \frac{\partial^2 v}{\partial x^2} + \frac{\partial^2 v}{\partial y^2} \equiv \Delta v = 0\,. \tag{12}$$

Realteil und Imaginärteil jeder analytischen Funktion genügen für sich derselben partiellen Differentialgleichung zweiter Ordnung, der Potentialgleichung, deren „allgemeine" Lösung mit zwei willkürlichen Funktionen

$$u = F(x + i\,y) + G(x - i\,y)$$

lautet.

9. Konstruktion analytischer Funktionen. Exponentialfunktion. Es seien nun u und v irgend zwei Lösungen der Potentialgleichung $\Delta u = 0$, oder — wie man auch kurz sagt — **harmonische** Funktionen.

Dann ist im allgemeinen $u + i\,v$ keineswegs eine analytische Funktion von $z = u + i\,y$. Für eine gegebene harmonische Funktion u muß vielmehr, damit $u + iv$ analytisch werde, die zugehörige harmonische Funktion v so bestimmt werden, daß die Cauchy-Riemannschen Differentialgleichungen gelten. Danach muß

$$dv \equiv \frac{\partial v}{\partial x}\,dx + \frac{\partial v}{\partial y}\,dy = -\,\frac{\partial u}{\partial y}\,dx + \frac{\partial u}{\partial x}\,dy$$

ein vollständiges Differential sein, und die Integration ergibt

$$v = \int\!\left(-\,\frac{\partial u}{\partial y}\,dx + \frac{\partial u}{\partial x}\,dy\right) + C\,, \tag{13}$$

wo C eine reelle willkürliche Konstante bedeutet.

Beispiel: Es sei $u = e^x \cdot \cos y$; dann liefert die vorstehende Formel (13)

$$v = \int (e^x \sin y \, dx + e^x \cos y \, dy) = \int d(e^x \sin y) = e^x \sin y + C \,.$$

Demnach ist

$$w = u + iv = e^x(\cos y + i \sin y) + C = e^x \cdot e^{iy} + C = f(z)$$

eine analytische Funktion, hat also eine Ableitung, und zwar ist nach (9)

$$f'(z) = e^x \cdot e^{iy} = w - C = f(z) - C \,.$$

Wählt man nun $C = 0$, so wird

$$f'(z) = f(z) \quad \text{und} \quad f(0) = 1$$

übereinstimmend mit den Eigenschaften der reellen Exponentialfunktion e^x. Daher heißt $f(z) = e^x \cdot e^{iy}$ die Exponentialfunktion im Komplexen, und man schreibt

$$e^z = \exp(z) = e^x \cdot e^{iy} = e^{x+iy} \,. \tag{14}$$

Für $x = 0$ folgt

$$e^{iy} = \exp(iy) = \cos y + i \sin y \,.* \tag{15}$$

Übrigens ist

$$e^{z+k2\pi i} = e^z \qquad (k = 0, \pm 1, \pm 2, \ldots),$$

d. h. die Exponentialfunktion hat die „primitive" Periode $2\pi i$.

10. Weitere Beispiele analytischer Funktionen. Elementare Funktionen. Es sei

$$u = \ln |z| = \ln \sqrt{x^2 + y^2} = \ln r \,,$$

dann wird

$$\frac{\partial u}{\partial x} = u_x = + \frac{x}{r^2} \,; \qquad \frac{\partial^2 u}{\partial x^2} = u_{xx} = \frac{y^2 - x^2}{r^4} \,;$$

$$\frac{\partial u}{\partial y} = u_y = + \frac{y}{r^2} \,; \qquad \frac{\partial^2 u}{\partial y^2} = u_{yy} = \frac{x^2 - y^2}{r^4} \,;$$

die Potentialgleichung (12) $\Delta u = 0$ ist daher erfüllt. Jetzt folgt nach (13)

$$v = \int \left[\left(-\frac{y}{r^2} \right) dx + \left(\frac{x}{r^2} \right) dy \right] + C$$

$$= \int \frac{x \, dy - y \, dx}{r^2} + C = \int \frac{d\left(\frac{y}{x}\right) \cdot x^2}{r^2} + C = \int \frac{d\left(\frac{y}{x}\right)}{1 + \left(\frac{y}{x}\right)^2} + C$$

$$= \int d\left(\text{arc tg } \frac{y}{x} \right) + C$$

---

und also

$$v = \text{arc tg}\, \frac{y}{x} + C = \text{arc}\,(z) + \text{konst}.$$

Damit ist eine neue analytische Funktion gewonnen:

$$w = u + i\,v = \ln |z| + i\,\text{arc}\,(z) + \text{konst}.$$

Für konst $= 0$ wird sie als Logarithmus des komplexen Argumentes z bezeichnet:

$$w = \log z = \ln |z| + i\,\text{arc}\,(z) = f(z). \qquad (16)$$

Ihre Ableitung ist nach (9) und (10)

$$\frac{dw}{dz} = \frac{d\log z}{dz} = f'(z) = \frac{\partial w}{\partial x} = -i\,\frac{\partial w}{\partial y} = \frac{\partial u}{\partial x} + i\,\frac{\partial v}{\partial x} = \frac{\partial u}{\partial x} - i\,\frac{\partial u}{\partial y}$$

$$= \frac{x}{r^2} - i\,\frac{y}{r^2} = \frac{x - i\,y}{x^2 + y^2} = \frac{1}{x + i\,y} = \frac{1}{z},$$

wie beim reellen Logarithmus.

Da arc (z) nur bis auf Vielfache von $2\,\pi$ bestimmt ist, so ist der Logarithmus eine unendlich vieldeutige Funktion; ihre einzelnen, zu demselben Argumentwert z gehörigen Werte unterscheiden sich um $k \cdot 2\,\pi\,i$ $(k = 0, \pm 1, \pm 2, \ldots)$.

Mittels des Logarithmus kann eine Potenz von z mit beliebigem Exponenten folgendermaßen erklärt werden:

$$z^n = e^{n\log z} \qquad (n \text{ beliebig, auch komplex}).$$

Als Beispiel ergibt sich die Eulersche Formel

$$i^i = e^{i\log i} = e^{i\left(0 + i\left(\frac{\pi}{2} + k\,2\,\pi\right)\right)} = e^{-\frac{\pi}{2} - k\,2\,\pi} \qquad (k = 0, \pm 1, \pm 2, \ldots).$$

Ferner ist jetzt definiert die ganze rationale Funktion

$$g(z) = a_0 + a_1 z + a_2 z^2 + \cdots + a_n z^n,$$

worin $n > 0$ und ganzzahlig ist, und die gebrochene rationale Funktion

$$r(z) = \frac{a_0 + a_1 z + a_2 z^2 + \cdots + a_n z^n}{b_0 + b_1 z + b_2 z^2 + \cdots + b_m z^m} \qquad \begin{array}{l} n > 0, \text{ ganzzahlig} \\ m > 0, \text{ ganzzahlig} \end{array}$$

sofern nicht der Nenner verschwindet. Dies findet an m Stellen statt; dort ist $r(z)$ nicht analytisch, da ja dort auch $r'(z)$ nicht vorhanden ist. Mittels der Definition von z^n für beliebiges n sind erklärt $\sqrt{z}$, $\sqrt[3]{a_0 + a_1 z}$, usw., schließlich alle „algebraischen" Funktionen, das sind Lösungen algebraischer Gleichungen, deren Koeffizienten rationale Funktionen von z sind,

$$r_0(z)\,w^n + r_1(z)\,w^{n-1} + r_2(z)\,w^{n-2} + \cdots + r_{n-1}(z)\,w + r_n(z) = 0.$$

Beispiel:

$$w = \sqrt{z^3 + \sqrt{a\,z + b}}.$$

Die explizite Darstellung durch Wurzelausdrücke ist jedoch für algebraische Funktionen nicht wesentlich, ja nicht einmal immer möglich (Abelscher Satz).

Es gibt transzendente, d. h. nichtalgebraische Funktionen. Zum Beispiel kann weder eine periodische noch auch eine unendlich vieldeutige Funktion algebraisch sein. Transzendente Funktionen sind also e^z und $\log z$ sowie die daraus gebildeten trigonometrischen Funktionen.

$$\cos z = \frac{1}{2}\left(e^{iz} + e^{-iz}\right), \qquad \sin z = \frac{1}{2i}\left(e^{iz} - e^{-iz}\right), \tag{17}$$

$$\mathrm{tg}\, z = \frac{\sin z}{\cos z}, \qquad \mathrm{ctg}\, z = \frac{\cos z}{\sin z} \tag{18}$$

und ihre Umkehrungsfunktionen, die Kreisfunktionen

$$\left.\begin{aligned}
\mathrm{arc}\sin z &= \frac{1}{i}\log\left(iz \pm \sqrt{1-z^2}\right), \\
\mathrm{arc}\cos z &= \frac{1}{i}\log\left(z \pm \sqrt{z^2-1}\right), \\
\mathrm{arc}\,\mathrm{tg}\, z &= \frac{1}{i}\log\sqrt{\frac{1+iz}{1-iz}}, \\
\mathrm{arc}\,\mathrm{ctg}\, z &= \frac{1}{i}\log\sqrt{\frac{iz-1}{iz+1}}.
\end{aligned}\right\} \tag{19}$$

Es lohnt sich, diese Funktionen in der Form $u + iv$ oder auch in der Form $Re^{i\Phi}$ im Hinblick auf ihre Anwendungen genauer zu untersuchen[1].

11. Eindeutige und mehrdeutige Funktionen. Abbildung der z-Ebene auf die w-Ebene. Von den im vorhergehenden angeführten „elementaren" Funktionen sind die ganzen und gebrochenen rationalen Funktionen sowie die Exponentialfunktion und die trigonometrischen eindeutige Funktionen, dagegen die nichtrationalen algebraischen Funktionen mehrdeutig, der Logarithmus und die Arcusfunktionen sogar unendlich vieldeutig.

Dadurch, daß man bei den nicht eindeutigen Funktionen eine stetige Folge von Werten passend auswählt, kann man einen „Zweig" der vieldeutigen Funktion herstellen, der seinerseits eine eindeutige Funktion bildet, z. B. indem man von den zwei Werten von $\sqrt{z}$ den einen bevorzugt, oder bei $\log z$ denjenigen, für den der Periodizitätsmodul gleich Null ist (Hauptwert des Logarithmus):

$$\mathrm{Log}\, z = \ln|z| + i\,\mathrm{arc}\,(z),$$

wo $0 \leq \mathrm{arc}\,(z) < 2\pi$ ist.

---

[1] Vgl. F. Emde: Sinus- und Tangensrelief in der Elektrotechnik. Braunschweig 1924.

Wir werden im folgenden zunächst nur eindeutige Funktionen betrachten, wozu bei mehrdeutigen die eben genannten Zweige gerechnet werden können.

Man beweist leicht, daß für die elementaren analytischen Funktionen die Rechenregeln der Differentialrechnung formal ebenso gelten wie bei reellen differenzierbaren Funktionen. Zum Beispiel ist für $w = z^n$

$$= \exp\,(n \log z) = \exp\left(n \ln \sqrt{x^2 + y^2} + i\,n \,\operatorname{arc\,tg}\frac{y}{x} + 2\,k\,n\,\pi i\right)$$

$$\frac{\partial w}{\partial x} = \exp\,(n \log z) \cdot n\,\frac{\partial \log z}{\partial x} = \exp\,(n \log z) \cdot n\,\frac{1}{z}$$

$$= n\,z^{n-1}\,,$$

also $(z^n)' = n z^{n-1}$, für jeden Wert von z, falls $n - 1 \geqq 0$, andernfalls nur für $z \neq 0$.

Durch jede Funktion $w = f(z)$ der komplexen Veränderlichen z wird eine Beziehung der Punkte der z-Ebene mit den Koordinaten x, y auf die Punkte der w-Ebene mit den Koordinaten u, v vermittelt. Bei den eindeutigen Funktionen entspricht jedem Punkte der z-Ebene höchstens ein Punkt der w-Ebene, bei den mehrdeutigen aber mehrere Punkte. Man sagt, die z-Ebene werde auf die schlichte oder auf die mehrfach überdeckte w-Ebene abgebildet. Diese Abbildung hat besondere Eigenschaften, wenn $w = f(z)$ eine analytische Funktion ist. Darauf werden wir im letzten Abschnitte zurückkommen.

B. Linienintegrale im Reellen. Zusammenhänge mit der Potentialtheorie und der Strömungslehre.

1. Linienintegrale reeller Funktionen. Es seien

$$p\,(x, y)\,; \qquad q\,(x, y)$$

zwei reelle Funktionen der reellen Veränderlichen x und y. Wir betrachten x und y als eindeutige Funktionen einer neuen reellen Variabeln t. Es ist dann

$$x = x\,(t)\,; \qquad y = y\,(t) \quad \text{oder} \quad z = z\,(t) = x\,(t) + i\,y\,(t)$$

die Parameterdarstellung einer Kurve. Die Kurve heißt „glatt", wenn $x'\,(t)$, $y'(t)$ stetig sind; die Tangentenrichtung der Kurve ändert sich dann stetig.

Als Linienintegral

$$L = \int\limits_{z_0\;(C)}^{z_1} (p\,(x, y)\,dx + q\,(x, y)\,dy)\,,$$

erstreckt längs des Kurvenstückes (C), wird folgendes reelles bestimmtes Integral erklärt:

$$L = \int\limits_{t_0}^{t_1} (p\,(x\,(t), y\,(t)) \cdot x'\,(t) + q\,(x\,(t), y\,(t))\,y'\,(t))\,dt\,,$$

wobei die Werte t_0 und t_1 die Grenzpunkte $z_0 = x_0 + i y_0 = x(t_0) + i y(t_0)$
$= z(t_0)$ und $z_1 = x_1 + i y_1 = x(t_1) + i y(t_1) = z(t_1)$ bestimmen.

Das Integral hängt ab von den Funktionen p und q, dem Linienstücke (C), den Grenzen z_0 und z_1. Damit das Integral existiere, genügt es, daß das Linienstück (C) abteilungsweise glatt ist.

2. Der Integralsatz von Gauß. Es sei (C) eine geschlossene, stetige und stückweise glatte Kurve, die nach Abb. 2 einen einfach zusammenhängenden Bereich $(\mathfrak{B})$ von der Eigenschaft begrenzt, daß jede Parallele zur y- oder x-Achse die Kurve in höchstens zwei Punkten trifft[1]. Ferner seien p, q zwei auf (C)

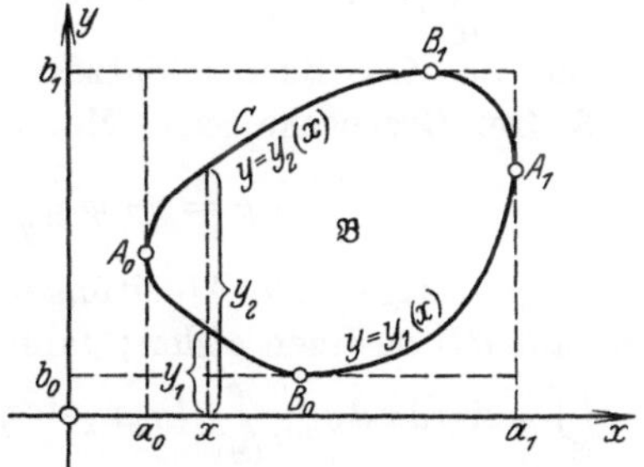

Abb. 2. Zum Gaußschen Integralsatze.

stückweise stetige Funktionen von x und y, für die im Innern von $(\mathfrak{B})$ $\frac{\partial q}{\partial x}$, $\frac{\partial p}{\partial y}$ vorhanden und stetig sein sollen. Es gilt dann

$$\iint\limits_{(\mathfrak{B})} \left(\frac{\partial q}{\partial x} - \frac{\partial p}{\partial y} \right) dx \, dy = \oint\limits_{(C)} (p \, dx + q \, dy) . \tag{20}$$

Das Doppelintegral ist über den von (C) umrandeten Bereich $(\mathfrak{B})$, das Linienintegral längs der Randlinie (C) zu erstrecken (Umlaufsintegral), und zwar im mathematisch positiven Sinne, d. h. so, daß das Innere von $(\mathfrak{B})$ zur Linken bleibt.

Beweis: Man hat (vgl. Abb. 2)

$$\iint\limits_{(\mathfrak{B})} \frac{\partial p}{\partial y} dx \, dy = \int\limits_{x=a_0}^{a_1} \int\limits_{y=y_1(x)}^{y_2(x)} \frac{\partial p}{\partial y} dx \, dy = \int\limits_{a_0}^{a_1} \left(\int\limits_{y_1(x)}^{y_2(x)} \frac{\partial p}{\partial y} dy \right) dx$$

$$= \int\limits_{a_0}^{a_1} [p(x, y_2(x)) - p(x, y_1(x))] dx = \int\limits_{a_0}^{a_1} p(x, y_2(x)) dx - \int\limits_{a_0}^{a_1} p(x, y_1(x)) dx$$

$$= \int\limits_{\substack{A_0 \\ (A_0, B_1, A_1)}}^{A_1} p \, dx - \int\limits_{\substack{A_0 \\ (A_0, B_0, A_1)}}^{A_1} p \, dx = - \int\limits_{\substack{A_1 \\ (A_1, B_1, A_0)}}^{A_0} p \, dx - \int\limits_{\substack{A_0 \\ (A_0, B_0, A_1)}}^{A_1} p \, dx ,$$

d. h.

$$\iint\limits_{(\mathfrak{B})} \frac{\partial p}{\partial y} dx \, dy = - \oint\limits_{(C)} p \, dx .$$

---

[1] Einfach zusammenhängend wird ein berandeter Bereich genannt, wenn er durch jede Kurve, die zwei beliebige Punkte seines Randes verbindet, in zwei getrennte Gebiete zerlegt wird. — Die weitere oben angegebene Eigenschaft ist nicht wesentlich.

Die Anwendung der entsprechenden Umformung des Flächenintegrales

$$\iint\limits_{(\mathfrak{B})} \frac{\partial q}{\partial x}\, dx\, dy$$

führt auf $\oint\limits_{(C)} q\, dy$, und Subtraktion dann sogleich auf die zu beweisende Formel des Gaußschen Satzes.

3. Der Greensche Satz. Man setze im Gaußschen Satz:

$$p = -\,\varphi\,\frac{\partial \psi}{\partial y}\,; \qquad q = \varphi\,\frac{\partial \psi}{\partial x}\,,$$

wobei φ stetige erste Ableitungen, ψ stetige zweite Ableitungen in $(\mathfrak{B})$ und auf (C) besitzen sollen; dann ist

$$\iint\limits_{(\mathfrak{B})} \varphi\,\varDelta\,\psi\, dx\, dy + \iint\limits_{(\mathfrak{B})} (\varphi_x \psi_x + \varphi_y \psi_y)\, dx\, dy = \oint\limits_{(C)} \varphi(\psi_x\, dy - \psi_y\, dx)\,.$$

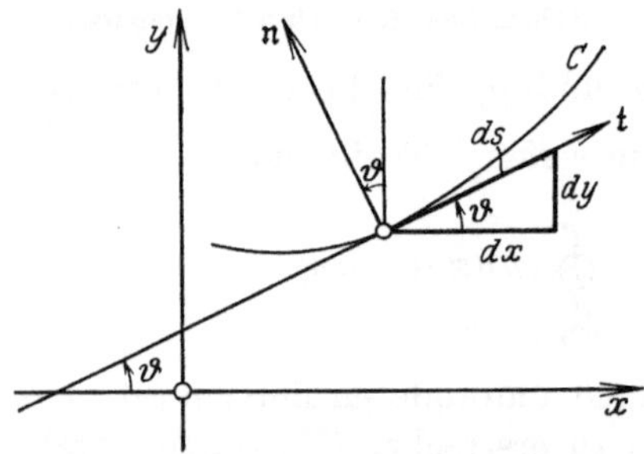

Abb. 3. Tangente, Normale, Bogenelement.

Nach Abb. 3 gilt nun

$$dx = ds \cdot \cos \vartheta = +\, ds \cdot \cos (\widehat{n,\, y})\,,$$

$$dy = ds \cdot \sin \vartheta = -\, ds \cdot \cos (\widehat{n,\, x})\,,$$

falls ϑ den Winkel bezeichnet, den die im Umlaufssinn zu nehmende Richtung der Tangente von (C) mit der positiven Richtung der x-Achse bildet, und n die nach dem Innern von $(\mathfrak{B})$ weisende Richtung der Kurvennormale von (C) bedeutet. Mithin ist

$$\frac{\partial \psi}{\partial x}\, dy - \frac{\partial \psi}{\partial y}\, dx = - \left(\frac{\partial \psi}{\partial x} \cos (\widehat{n,\, x}) + \frac{\partial \psi}{\partial y} \cos (\widehat{n,\, y}) \right) ds = - \frac{\partial \psi}{\partial n} \cdot ds\,,$$

wobei $\dfrac{\partial \psi}{\partial n}$ die Ableitung von ψ in der Normalen-Richtung genannt wird. Daher folgt

$$\iint\limits_{(\mathfrak{B})} \varphi\,\varDelta\,\psi\, dx\, dy + \iint\limits_{(\mathfrak{B})} \left(\frac{\partial \varphi}{\partial x}\, \frac{\partial \psi}{\partial x} + \frac{\partial \varphi}{\partial y}\, \frac{\partial \psi}{\partial y} \right) dx\, dy = - \oint\limits_{(C)} \varphi\, \frac{\partial \psi}{\partial n} \cdot ds\,. \qquad (21)$$

4. Integrabilitätsbedingung. Wenn die Funktionen $p\,(x, y)$ und $q\,(x, y)$ der Bedingung

$$\frac{\partial q}{\partial x} = \frac{\partial p}{\partial y} \qquad\qquad (22)$$

genügen, und zwar für jeden Punkt im Innern von $(\mathfrak{B})$ und auf dem Rande (C), so folgt aus dem Gaußschen Integralsatze (20):

$$\oint (p\, dx + q\, dy) = 0 \qquad\qquad (23)$$

für die Randlinie (C) und jede stetige und stückweise glatte geschlossene

Kurve im Innern von ($\mathfrak{B}$). Ist umgekehrt das vorstehende Umlaufsintegral gleich Null, so muß auch

$$\iint \left(\frac{\partial q}{\partial x} - \frac{\partial p}{\partial y}\right) dx\, dy = 0$$

sein, und zwar für den Bereich ($\mathfrak{B}$) und jeden in ihm enthaltenen Teilbereich. Das ist aber nur möglich, wenn die Funktion unter den Integralzeichen verschwindet. Die obige Bedingung (22) ist also notwendig und hinreichend für das Bestehen der Gleichung (23).

In diesem Falle hängt das Linienintegral

$$\int_{z_0\ (C)}^{z_1} (p\, dx + q\, dy)$$

nicht mehr vom Integrationswege (C), sondern nur noch von der Wahl der Punkte z_0 und z_1 ab; denn für irgendzwei verschiedene Wege (C) und (C'), die zwischen z_0 und z_1 verlaufen, ist

$$\int_{z_0\ (C)}^{z_1} (p\, dx + q\, dy) + \int_{z_1\ (C')}^{z_0} (p\, dx + q\, dy) \equiv \oint_{(C+C')} (p\, dx + q\, dy) = 0\,,$$

also

$$\int_{z_0\ (C)}^{z_1} (p\, dx + q\, dy) = \int_{z_0\ (C')}^{z_1} (p\, dx + q\, dy)\,.$$

Das Integral

$$\int_{z_0}^{z} (p\, dx + q\, dy)$$

wird also bei festgehaltenem z_0 eine Funktion lediglich des Endpunktes z

$$\int_{z_0}^{z} (p\, dx + q\, dy) = F(x, y)\,, \qquad\qquad (24)$$

falls die Bedingung (22) erfüllt ist, die daher „Integrabilitätsbedingung" heißt. Damit ist dann $p\, dx + q\, dy = d\, F\, x, y)$, oder auch

$$p = \frac{\partial F}{\partial x}\,, \qquad q = \frac{\partial F}{\partial y}\,.$$

5. Veranschaulichung durch ein Vektorfeld; Wirbelstärke und Potential. Es sei $\mathfrak{A} = p + iq$ ein Vektor der $x\,y$-Ebene mit den Komponenten $p(x, y)$ und $q(x, y)$. Wir werden im folgenden $\mathfrak{A}$ auch als Geschwindigkeitsvektor einer strömenden Flüssigkeit deuten. Als Arbeit des Vektors längs der Kurve (C) wird — wie in der Mechanik — das Integral definiert

$$\int_{z_0\ (C)}^{z} (p\, dx + q\, dy)\,,$$

in dem ja unter dem Integralzeichen das skalare Produkt des Vektors $\mathfrak{A}$ und des vektorischen Wegelements $dx + i\, dy$ vorkommt.

Das Arbeitsintegral längs einer geschlossenen Kurve (Randintegral)

$$\oint_{(C)} (p\,dx + q\,dy)$$

heißt Zirkulation oder Wirbelstärke des Vektors längs (C).

Wenn die Wirbelstärke längs jeder geschlossenen Linie des Feldes gleich Null ist,

$$\oint (p\,dx + q\,dy) = 0,$$

heißt das Feld des Vektors $\mathfrak{A}$ wirbelfrei. Die hierzu notwendige und hinreichende Bedingung ist nach dem eben Gesagten

$$\frac{\partial q}{\partial x} = \frac{\partial p}{\partial y}. \tag{25}$$

Man kann dann setzen

$$\int_{z_0}^{z} (p\,dx + q\,dy) = u(x,\,y)\,,$$

$$p = \frac{\partial u}{\partial x}\,, \qquad q = \frac{\partial u}{\partial y}. \tag{26}$$

Diese bis auf eine Konstante bestimmte Funktion $u = u(x,\,y)$ heißt das Potential des Vektors $\mathfrak{A}$. Man nennt $\mathfrak{A}$ den Gradienten von u:

$$\mathfrak{A} = \frac{\partial u}{\partial x} + i\,\frac{\partial u}{\partial y} = \operatorname{grad} u\,. \tag{27}$$

6. Quellung eines Vektorfeldes. Die nach dem Inneren von $(\mathfrak{B})$ gerichtete Normalkomponente A_n des Vektors $\mathfrak{A}$ ist (Abb. 4)

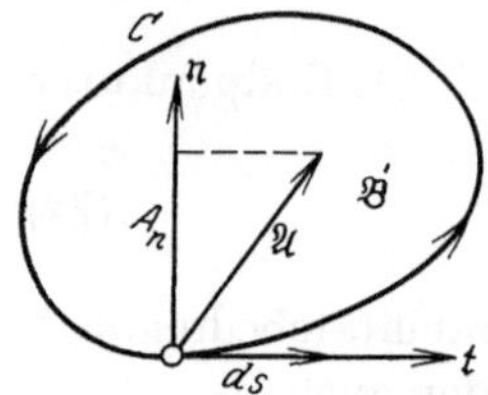

$$A_n = p \cdot \cos \widehat{ux} + q \cdot \cos \widehat{'uy} = -\,p \cdot \frac{dy}{ds} + q\,\frac{dx}{ds}\,.$$

Durch Integration folgt

$$\oint A_n\,ds = \oint (-\,p\,dy + q\,dx) = \oint (q\,dx - p\,dy)\,.$$

Das linksstehende Integral ist der Unterschied der bei der Durchströmung von $(\mathfrak{B})$ ein- und austretenden Flüssigkeitsmengen. Es heißt (je nach dem Vorzeichen!) Quellung oder Absorption. Falls die Quellung in jedem Bereiche $(\mathfrak{B})$ identisch verschwindet, ist das Feld quellenfrei. Die notwendige und hinreichende Bedingung hierfür ist

Abb. 4. Normalkomponente eines Vektors.

$$\frac{\partial(-p)}{\partial x} = \frac{\partial q}{\partial y} \tag{28}$$

oder

$$\operatorname{div} \mathfrak{A} \equiv \frac{\partial p}{\partial x} + \frac{\partial q}{\partial y} = 0\,.$$

7. Potentialgleichung. In einem wirbelfreien Vektorfeld, das also ein Potential u besitzt, genügt dieses nach (25) und (26) der Differentialgleichung

$$\Delta u = \frac{\partial^2 u}{\partial x^2} + \frac{\partial^2 u}{\partial y^2} = 0\,. \tag{29}$$

Eine Lösung dieser Gleichung ist nach (12) der reelle Teil von $f(z)$,

$$u = \Re f(z),$$

wobei $f(z)$ eine analytische Funktion des komplexen Argumentes z ist. Wir setzen im quellenfreien Felde wegen (28)

$$p = \frac{\partial v}{\partial y}; \qquad -q = \frac{\partial v}{\partial x}; \tag{30}$$

die Stromfunktion v genügt dann wegen (25) ebenfalls der Potentialgleichung

$$\Delta v = 0.$$

8. Das wirbel- und quellenfreie ebene Vektorfeld. In einem solchen bestehen zugleich die Gleichungen (26) und (30), d. h.

$$p = \frac{\partial v}{\partial y} = \frac{\partial u}{\partial x}, \qquad q = \frac{\partial u}{\partial y} = -\frac{\partial v}{\partial x};$$

das sind die Cauchy-Riemannschen Gleichungen (11). Daher sind u und v die Komponenten einer analytischen Funktion von z; v heißt das zu u konjugierte Potential. Da aber nach (28) und (25)

$$\frac{\partial p}{\partial x} = \frac{\partial(-q)}{\partial y}; \qquad \frac{\partial p}{\partial y} = -\frac{\partial(-q)}{\partial x}$$

ist, so ist auch der konjugierte Vektor

$$\widetilde{\mathfrak{A}} = p - i q$$

eine analytische Funktion von $z = x + iy$.

Die Kurven der xy-Ebene, die die Eigenschaften haben, daß in jedem ihrer Punkte die Tangentenrichtung mit der Richtung des Feldvektors übereinstimmt, heißen Feldlinien. Ihr Anstieg ist also

$$\frac{dy}{dx} = \frac{q}{p},$$

ihre Differentialgleichung

$$p\,dy - q\,dx = 0. \tag{31}$$

Die Linien $u = $ konst heißen Äquipotential- oder Niveaulinien. Ihre Differentialgleichung ist

$$du \equiv p\,dx + q\,dy = 0, \tag{32}$$

ihr Anstieg also

$$\frac{dy}{dx} = -\frac{p}{q}.$$

Also folgt: Feldlinien und Äquipotentiallinien schneiden einander senkrecht.

Die Kurven $v = $ konst heißen Strömungslinien oder Stromlinien; ihre Differentialgleichung ist

$$dv = -q\,dx + p\,dy = 0;$$

die Stromlinien stimmen also mit den Feldlinien überein.

9. Beispiel eines ebenen wirbel- und quellenfreien Vektorfeldes. Es sei der Feldvektor

$$\mathfrak{A} = \frac{x + iy}{x^2 + y^2} = \frac{z}{|z|^2} = \frac{x}{r^2} + i\,\frac{y}{r^2} = \frac{1}{x - iy} = \frac{1}{\bar{z}},$$

mithin

$$p = \frac{x}{r^2}, \qquad q = \frac{y}{r^2}.$$

Als gleichwertige Darstellung in Polarkoordinaten hat man

$$|\mathfrak{A}| = \left|\frac{1}{\bar{z}}\right| = \frac{1}{|z|} = \frac{1}{r}\,; \qquad \arc(\mathfrak{A}) = \arc\tg\frac{y}{x} = \arc(z),$$

sodaß auch

$$\mathfrak{A} = r^{-1} \cdot e^{i\varphi}, \qquad \tilde{\mathfrak{A}} = z^{-1} = r^{-1} \cdot e^{-i\varphi}.$$

Die Probe nach (25) und (28) ergibt $\mathfrak{A}$ als wirbel- und quellenfrei. Daher kann man die beiden Potentiale berechnen:

$$u = \int_{z_0}^{z} (p\,dx + q\,dy) = \int_{z_0}^{z} \left(\frac{x}{r^2}\,dx + \frac{y}{r^2}\,dy\right) = \int_{z_0}^{z} \frac{x\,dx + y\,dy}{x^2 + y^2}$$

$$= \frac{1}{2}\int_{z_0}^{z} \frac{d\,(x^2 + y^2)}{x^2 + y^2} = \ln\sqrt{x^2 + y^2} + \text{konst} = \ln|z| + \text{konst},$$

$$v = \int_{z_0}^{z} \left(-\frac{y}{r^2}\,dx + \frac{x}{r^2}\,dy\right) = \int_{z_0}^{z} \frac{-y\,dx + x\,dy}{x^2 + y^2} = \int_{z_0}^{z} \frac{x^2\,d\,\frac{y}{x}}{x^2 + y^2} = \int_{z_0}^{z} \frac{d\,\frac{y}{x}}{1 + \left(\frac{y}{x}\right)^2}$$

$$= \arc\tg\left(\frac{y}{x}\right) + \text{konst} = \arc(z) + \text{konst}.$$

Es ist jetzt wirklich

$$w = u + iv = \ln(z) + i\,\arc(z) + \text{konst} = \log z + \text{konst}$$

eine **analytische** Funktion von z, und es ist

$$\frac{dw}{dz} = \frac{1}{z} = \frac{\partial u}{\partial x} - i\,\frac{\partial u}{\partial y} = p - iq = \tilde{\mathfrak{A}},$$

gleich dem konjugierten Vektor, ebenfalls eine analytische Funktion von z, während $\mathfrak{A}$ selbst diese Eigenschaft nicht hat.

10. Aufgabe aus der Flugtechnik. Man gehe aus von der analytischen Funktion

$$w = u + iv = \alpha\left(z + \frac{a^2}{z}\right) - i\beta\log z$$

für reelle α, β und a, bestimme daraus zuerst die Komponenten des konjugierten Vektors

$$\tilde{\mathfrak{A}} = \frac{dw}{dz} = \alpha\left(1 - \frac{a^2}{z^2}\right) - i\beta \cdot \frac{1}{z} = p - iq$$

und hieraus den Vektor $\mathfrak{A} = p + iq$ selbst.

Es soll eine Zeichnung der Stromlinien $v =$ konst, der Äquipotentiallinien $u =$ konst und der „Staupunkte" der Flüssigkeitsströmung angefertigt werden[1].

Die Äquipotentiallinien sind die Kurven

$$u = \alpha\left(x + \frac{a^2 x}{x^2 + y^2}\right) + \beta \arctan \frac{y}{x} = \text{konst},$$

die Stromlinien die Kurven

$$v = \alpha\left(y - \frac{a^2 y}{x^2 + y^2}\right) - \beta \ln \sqrt{x^2 + y^2} = \text{konst}.$$

Zu diesen gehört insbesondere der Kreis $x^2 + y^2 = a^2$. Auf ihm liegen auch die Staupunkte, d. h. die Punkte, in denen $\mathfrak{A} = 0$ ist. Da mit $\mathfrak{A}$ auch $\tilde{\mathfrak{A}} = \frac{dw}{dz}$ verschwindet, so erhält man die Staupunkte aus der Gleichung $\alpha z^2 - i \beta z - \alpha a^2 = 0$. Es gibt also (falls $\alpha \neq 0$ ist) zwei Staupunkte

$$\left.\begin{matrix} z_1 \\ z_2 \end{matrix}\right\} = i \frac{\beta}{2\alpha} \pm \sqrt{a^2 - \frac{\beta^2}{4\alpha^2}};$$

sie liegen wegen $|z_1| = |z_2| = a$ beide auf dem obigen Kreise, wenn die Quadratwurzel reell ist, spiegelbildlich zur y-Achse.

C. Integrationen im Komplexen.

1. Unbestimmtes Integral im Komplexen. Besteht zwischen zwei in einem Bereiche $(\mathfrak{B})$ analytischen Funktionen $J(z)$ und $f(z)$ die Beziehung

$$J'(z) = \frac{dJ(z)}{dz} = f(z),$$

ist also im Bereiche $(\mathfrak{B})$ die Funktion $f(z)$ die Ableitung von $I(z)$, so heißt umgekehrt (wie im Reellen) $I(z)$ ein unbestimmtes Integral von $f(z)$. Die allgemeine Lösung der obigen Differentialgleichung ist

$$\int f(z)\,dz = I(z) + C,$$

wobei C eine beliebige (komplexe) „Integrationskonstante" ist.

2. Bestimmtes Integral im Komplexen. Es sei $f(z)$ eine im Bereiche $(\mathfrak{B})$ komplexe (nicht notwendig analytische) Funktion und (C) ein stückweise glattes Kurvenstück in $(\mathfrak{B})$ mit den Endpunkten z_0 und z (siehe Abb. 5). Ferner seien auf (C) eine beliebige Zahl von Zwischenpunkten

Abb. 5. Zur Erklärung des bestimmten Integrals im Komplexen.

$$z_1, z_2, z_3 \ldots z_{n-1}$$

und $z_n = z$ gewählt, dann sind

$$z_\lambda - z_{\lambda-1} = \Delta z_\lambda \qquad (\lambda = 1, 2, \ldots n)$$

---

[1] Literatur: Fuchs u. Hopf: Aerodynamik. S. 49. Berlin 1922.

Sehnenvektoren der Kurve (C). Endlich wähle man zwischen den Punkten $z_{\lambda-1}$, z_λ auf der Kurve (C) beliebig einen weiteren Punkt ζ_λ, der auch mit $z_{\lambda-1}$ oder mit z_λ zusammenfallen kann und bilde die Liniensumme

$$\sum_{\lambda=1}^{n} f(\zeta_\lambda)\, \Delta z_\lambda = L_n\,. \tag{33}$$

Strebt sie mit immer feinerer Unterteilung $(n \to \infty,\ |\Delta z_\lambda| \to 0)$ einem festen, von der Wahl der Zwischenpunkte und der Art der Unterteilung unabhängigen Grenzwerte zu, so heißt dieser Grenzwert **das bestimmte Integral** der komplexen Funktion $f(z)$ längs des Weges (C) zwischen den Grenzen $z = z_0$ und $z = z$; in Zeichen

$$\lim L_n = \int_{z_0\ (C)}^{z} f(z)\, dz\,. \tag{34}$$

Der Wert des Integrals hängt außer von der Funktion $f(z)$ noch von den Grenzen des Integrales und im allgemeinen auch **vom Verlauf des Weges (C)** ab.

Man kann wie im reellen Falle zeigen, daß das Integral, d. h. der $\lim L_n$, existiert, wenn $f(z)$ längs des Integrationsweges **stetig** ist.

Der Zusammenhang zwischen dem bestimmten Integral und dem unbestimmten, dessen Auffindung in der reellen Integralrechnung ja das Hauptproblem bildet, wird nun für **analytische** Funktionen $f(z)$ durch den folgenden Satz hergestellt.

3. Der Hauptsatz der Funktionentheorie. Es sei $f(z)$ in einem einfach zusammenhängenden Bereiche $(\mathfrak{B})$ überall analytisch und eindeutig, dann ist

1. das bestimmte Integral

$$\int_{z_0\ (C)}^{z} f(z)\, dz$$

unabhängig vom Verlaufe des Weges (C), also nur eine Funktion $F(z)$ der oberen Grenze z,

2. $F(z)$ ist ebenfalls überall analytisch im gleichen Bereiche $(\mathfrak{B})$,

3. die Ableitung von $F(z)$ ist identisch mit dem Integranden $f(z)$.

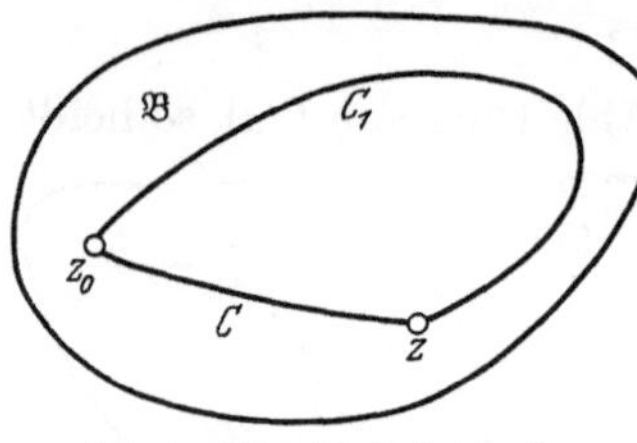
Abb. 6. Zum Hauptsatze der Funktionentheorie.

Wird die Behauptung 1. einen Augenblick als bewiesen vorausgesetzt, so folgt für zwei beliebige stückweise glatte, ganz in $(\mathfrak{B})$ verlaufende Wege (C) und (C_1) (siehe Abb. 6), die die Punkte z_0 und z_1 verbinden:

$$\int_{z_0\ (C)}^{z} = \int_{z_0\ (C_1)}^{z} = -\int_{z\ (C_1)}^{z_0}$$

oder

$$\int_{z_0\ (C)}^{z} + \int_{z\ (C_1)}^{z_0} = 0\,,$$

d. h.

$$\oint f(z)\, dz = 0: \tag{35}$$

Das Integral über einen beliebigen geschlossenen Weg hat unter den obigen Voraussetzungen den Wert Null. In dieser Form heißt Behauptung 1. der **Cauchysche Integralsatz** oder der **Hauptsatz der Funktionentheorie**.

4. Fortsetzung. Beweis der Behauptung 1. (des Hauptsatzes der Funktionentheorie). Man gehe auf die Liniensumme (33)

$$L_n = \sum_{\lambda=1}^{n} f(\zeta_\lambda) \cdot \Delta z_\lambda$$

zurück und wähle $\zeta_\lambda = z_\lambda$. Dann ist

$$z_\lambda = \quad x_\lambda + i\,y_\lambda,$$
$$\Delta z_\lambda = \Delta x_\lambda + i\,\Delta y_\lambda$$

und für $f(z) = u(x, y) + iv(x, y)$

$$f(\zeta_\lambda) = f(z_\lambda) = u(x_\lambda, y_\lambda) + i\,v(x_\lambda, y_\lambda)\,.$$

Somit wird die Liniensumme

$$L_n = \sum_{\lambda=1}^{n} [u(x_\lambda, y_\lambda) + i\,v(x_\lambda, y_\lambda)] \cdot [\Delta x_\lambda + i\,\Delta y_\lambda]$$

$$= \sum_{\lambda=1}^{n} [u(x_\lambda, y_\lambda) \cdot \Delta x_\lambda - v(x_\lambda, y_\lambda) \cdot \Delta y_\lambda]$$

$$+ i\sum_{\lambda=1}^{n} [v(x_\lambda, y_\lambda) \cdot \Delta x_\lambda + u(x_\lambda, y_\lambda) \cdot \Delta y_\lambda]\,.$$

Nimmt man hier den Grenzübergang

$$n \to \infty\,, \quad \text{alle} \quad \Delta x_\lambda \to 0, \quad \Delta y_\lambda \to 0$$

vor, so geht L_n in das bestimmte Integral (34) über, weil $f(z)$ im ganzen Bereiche analytisch und daher auch längs des Integrationsweges stetig ist; die beiden Summen auf der rechten Seite gehen dabei in die reellen Linienintegrale über, und es wird

$$\lim_{n \to \infty} L_n = \int_{z_0\ (C)}^{z} f(z)\,dz = \int_{x_0,\,y_0\ (C)}^{x,\,y} (u\,dx - v\,dy) + i \int_{x_0,\,y_0\ (C)}^{x,\,y} (v\,dx + u\,dy)\,.$$

Wählt man für (C) einen geschlossenen Weg, so ist

$$\oint_{(C)} f(z)\,dz = \oint (u\,dx - v\,dy) + i \oint (v\,dx - u\,dy)\,.$$

Nach der Voraussetzung soll nun $f(z)$ analytisch sein, es müssen also die Cauchy-Riemannschen Differentialgleichungen gelten:

$$\frac{\partial u}{\partial x} = \frac{\partial v}{\partial y}, \qquad \frac{\partial u}{\partial y} = -\frac{\partial v}{\partial x}\,.$$

Das sind aber nach dem Gaußschen Integralsatze gerade die notwendigen und hinreichenden Bedingungen für das Verschwinden der beiden Integrale. Somit ist der Beweis[1] erbracht, daß

$$\oint f(z)\, dz = 0$$

ist, oder was dasselbe besagt, daß $F(z) = \int\limits_{z_0}^{z} f(z)\, dz$ vom Integrationswege unabhängig ist.

5. Fortsetzung. Beweis der Behauptungen 2. und 3. Man zerlege

$$F(z) = \int\limits_{z_0\ (C)}^{z} f(z)\, dz = U(x,\, y) + i\, V(x,\, y)$$

und findet nach dem Vorhergehenden

$$U = \int\limits_{z_0}^{z} (u\, dx - v\, dy)\,,$$

$$V = \int\limits_{z_0}^{z} (v\, dx + u\, dy)\,.$$

Auf Grund der Identität

$$U = \int\limits_{z_0}^{z} \left(\frac{\partial U}{\partial x}\, dx + \frac{\partial U}{\partial y}\, dy \right)$$

gibt der Vergleich mit oben

$$\frac{\partial U}{\partial x} = u\,, \qquad \frac{\partial U}{\partial y} = -\, v\,,$$

und in gleicher Weise

$$\frac{\partial V}{\partial x} = v\,, \qquad \frac{\partial V}{\partial y} = u\,;$$

daraus folgen

$$\frac{\partial U}{\partial x} = \frac{\partial V}{\partial y}\,, \qquad \frac{\partial U}{\partial y} = -\, \frac{\partial V}{\partial x}\,,$$

die Cauchy-Riemannschen Differentialgleichungen für den reellen und den imaginären Bestandteil von $F(z)$.

Somit ist $F(z)$ analytisch und besitzt eine Ableitung $F'(z)$ mindestens im gleichen Bereiche $(\mathfrak{B})$ wie $f(z)$. Damit ist die Behauptung 2. bewiesen.

Nachdem das Bestehen von $F'(z)$ nachgewiesen ist, kann man nach (9) schreiben:

$$F'(z) = \frac{d}{dz}\, F(z) = \frac{\partial}{\partial x}\, F(z) = \frac{\partial U}{\partial x} + i\, \frac{\partial V}{\partial x}$$

und nach dem Vorhergehenden

$$F'(z) = u + iv = f(z)\,,$$

womit Behauptung 3. bewiesen ist.

---

[1] Dieser auf dem Gaußschen Integralsatze beruhende Beweis erfordert natürlich außer den obigen Voraussetzungen noch diejenigen, die beim Beweise des Gaußschen Integralsatzes selbst gebraucht wurden, insbesondere daß die partiellen Ableitungen $\dfrac{\partial u}{\partial x}, \dfrac{\partial u}{\partial y}, \dfrac{\partial v}{\partial x}, \dfrac{\partial v}{\partial y}$ stetig seien. Es gibt andere Beweise des Hauptsatzes der Funktionentheorie, die hiervon frei sind.

6. Mehrfach zusammenhängende Bereiche. Der Cauchysche Integralsatz war unter der Voraussetzung abgeleitet worden, daß die geschlossene Kurve einen **einfach** zusammenhängenden Bereich umschließt, der ganz in dem Definitionsbereiche $(\mathfrak{B})$ der Funktion $f(z)$ gelegen ist. Wenn $f(z)$ übrigens auf dem Rande von $(\mathfrak{B})$ überall analytisch ist, gilt der Cauchysche Integralsatz auch für diese Randlinie. Er gilt aber auch noch, wie wir sehen werden, wenn der eingeschlossene Bereich **mehrfach** zusammenhängend ist. In Abb. 7

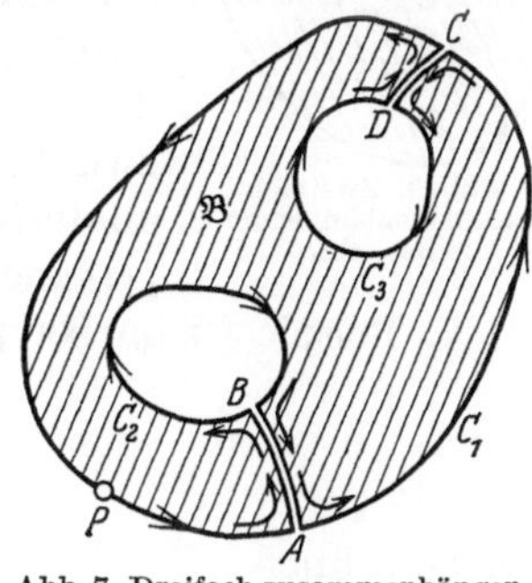

Abb. 7. Dreifach zusammenhängender Bereich, aufgeschnitten.

ist ein Bereich $(\mathfrak{B})$ von dreifachem Zusammenhange dargestellt; bei diesem sind erst drei von den Kurven, die je zwei **beliebige** Punkte des Randes verbinden, erforderlich, um ihn in zwei getrennte Bereiche zu zerlegen; denn z. B. AB und CD zerlegen ihn noch nicht, sondern verwandeln $(\mathfrak{B})$ in einen einfach zusammenhängenden Bereich, wenn man nur festsetzt, daß die Schnitte AB und CD nicht überschritten werden dürfen.

Um den Cauchyschen Satz auch für mehrfach zusammenhängende Bereiche $(\mathfrak{B})$ abzuleiten, verwandle man den Bereich durch Einziehen geeigneter Schnitte, wie AB, CD, in einen einfach zusammenhängenden, gehe nun von einem beliebigen Punkte P des Randes aus und durchlaufe ihn in irgend einem Sinne, etwa dem in Abb. 7 durch Pfeile angedeuteten, mathematisch positiven, bei dem das Innere des Bereiches stets zur Linken bleibt, bis zurück zu P. Dabei sollen die Schnitte AB, CD, die die getrennten Ränder (C_1), (C_2), (C_3) verbinden, im Hin- und Hergange durchlaufen werden. Ist $f(z)$ eine im Innern von $(\mathfrak{B})$ und auf allen Rändern (C_1), (C_2), (C_3) analytische Funktion, so ist sie auch auf AB, CD analytisch, mithin ist das Integral $\oint f(z)\,dz$, erstreckt über den Gesamtrand des aufgeschnittenen, nunmehr einfach zusammenhängenden Bereiches gleich Null. Das Integral

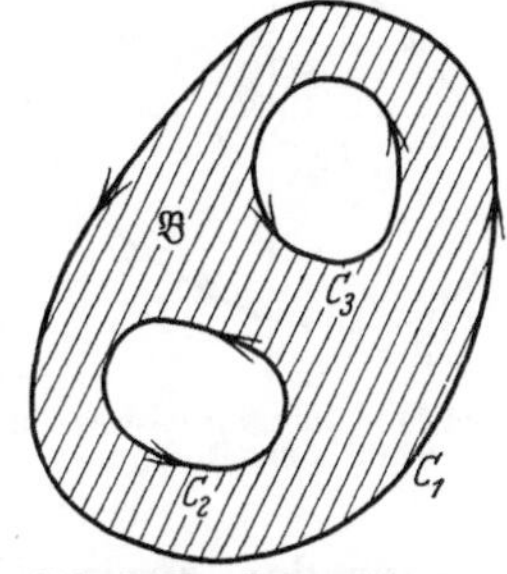

Abb. 8. Zur Integration um einen dreifach zusammenhängenden Bereich.

zerfällt aber in eine Summe von mehreren einzelnen, von denen sich die über AB und BA, CD und DC erstreckten aufheben. Somit ist

$$\oint_{(C_1)} + \oint_{(C_2)} + \oint_{(C_3)} f(z)\,dz = 0;$$

hierbei ist (C_1) im mathematisch positiven Sinne durchlaufen, dagegen (C_2) und (C_3) im negativen. Wenn alle Ränder in demselben (positiven) Sinne durchlaufen werden, ist (Abb. 8):

$$\oint_{(C_1)} f(z)\,dz = \oint_{(C_2)} f(z)\,dz + \oint_{(C_3)} f(z)\,dz. \tag{36}$$

Diese Formel ist deswegen wichtig, weil sie auch dann gilt, wenn $f(z)$ im Innern der von C_2, C_3 umschlossenen Gebiete nicht analytisch ist. Beachtenswert ist der Fall des zweifach zusammenhängenden Bereiches (Abb. 9). Hier ist

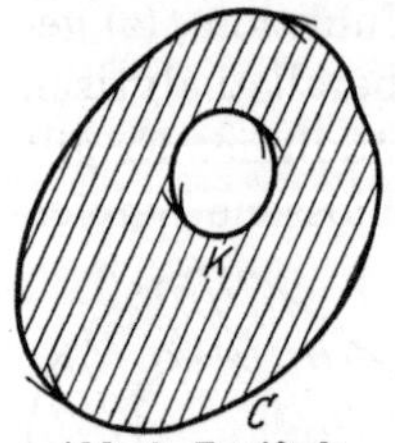

$$\oint_{(C)} f(z)\,dz = \oint_{(K)} f(z)\,dz; \tag{37}$$

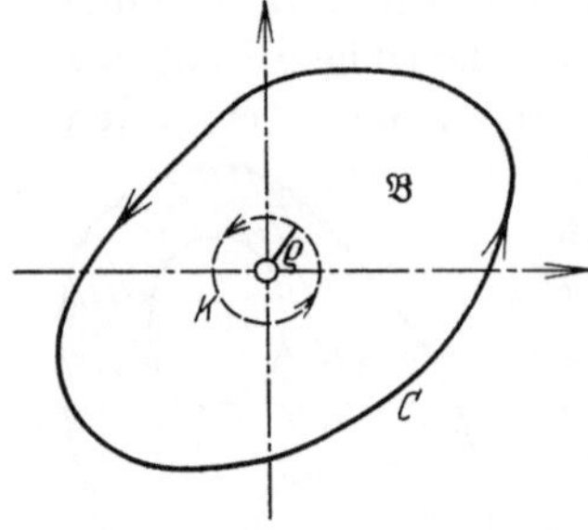

Abb. 9. Zweifach zusammenhängender Bereich.

d. h. man kann den geschlossenen Integrationsweg (C) durch jeden anderen, ganz in seinem Innern liegenden (K) ersetzen, wenn nur $f(z)$ in dem Ringbereiche zwischen (C) und (K), sowie auf (K) selbst noch analytisch ist; im Innern von (K) braucht dagegen $f(z)$ nicht analytisch zu sein.

7. Beispiele zum Hauptsatze der Funktionentheorie. a) Das Integral

$$\oint_{(C)} \frac{dz}{z}$$

zu berechnen.

Die Funktion $f(z) = \dfrac{1}{z}$ ist für jeden Wert z analytisch, außer für $z = 0$. Wenn daher die einfach geschlossene Kurve (C) den Nullpunkt nicht umschlingt, hat das Integral den Wert Null. Wenn aber (C) den Nullpunkt umschließt, so schlage man um den Nullpunkt einen Kreis (K) von hinreichend kleinem Halbmesser ϱ, so daß K ganz innerhalb (C) verläuft (Abb. 10). Dann ist nach (37)

$$\oint_{(C)} \frac{dz}{z} = \oint_{(K)} \frac{dz}{z}.$$

Abb. 10. Integrationsweg umschließt den Nullpunkt.

Mit

$$z = \varrho \cdot e^{i\varphi}, \qquad \varrho = |z|; \qquad \varphi = \operatorname{arc}(z)$$

ist für den Kreis (K) $\varrho = $ konst, $\varphi = 0 \ldots 2\pi$, daher

$$dz = \varrho \cdot e^{i\varphi} \cdot i\,d\varphi, \qquad \frac{dz}{z} = i \cdot d\varphi,$$

also

$$\oint \frac{dz}{z} = i \int_0^{2\pi} d\varphi = 2\pi i.$$

Somit ist

$$\oint_{(C)} \frac{dz}{z} = \begin{cases} 0 \\ 2\pi i \end{cases}, \text{ je nachdem } (C) \text{ den Ursprung} \begin{cases} \text{nicht umschließt,} \\ \text{umschließt.} \end{cases} \tag{38}$$

b) Zu berechnen: $\oint\limits_{(C)} (z - z_0)^m \, dz$, wenn m ganzzahlig ist.

Wenn $m \geqq 0$ ist, dann ist $f(z) = (z - z_0)^m$ für jeden Wert von z analytisch, und dann hat das Integral den Wert Null. Wenn aber $m < 0$, dann ist $f(z)$ für $z = z_0$ nicht mehr analytisch. Umschlingt jetzt der Integrationsweg (C) den Punkt z_0 nicht, so ist auch jetzt noch das Integral gleich Null. Wenn aber (C) den Punkt z_0 umschließt, so schlage man um z_0 einen Kreis (K) von so kleinem Halbmesser ϱ, daß (K) ganz im Innern von (C) gelegen ist (Abb. 11). Dann ist nach (37)

$$\oint\limits_{(C)} (z - z_0)^m \, dz = \oint\limits_{(K)} (z - z_0)^m \, dz .$$

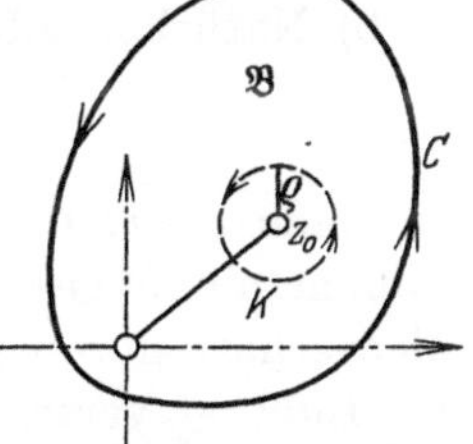

Abb. 11. Integrationsweg umschließt den Punkt z_0.

Mit

$$z - z_0 = \varrho \cdot e^{i\varphi}, \qquad \varrho = \text{konst}; \qquad dz = \varrho e^{i\varphi} \, i \, d\varphi$$

wird das Integral über den Kreis (K)

$$\oint\limits_{(K)} = \int\limits_0^{2\pi} \varrho^m \cdot e^{im\varphi} \cdot \varrho e^{i\varphi} \cdot i \, d\varphi = i\varrho^{m+1} \cdot \int\limits_0^{2\pi} e^{i(m+1)\varphi} \, d\varphi = i\varrho^{m+1} \cdot \left[\frac{e^{i(m+1)\varphi}}{i(m+1)} \right]_0^{2\pi}$$

$$= \frac{\varrho^{m+1}}{m+1} \cdot [e^{i(m+1)2\pi} - e^0] = 0, \qquad \text{wenn } m + 1 \neq 0. \text{ also } m = -1$$

Für $m = -1$ wird der Integralwert $2\pi i$. Somit ist

$$\oint\limits_{(C)} (z - z_0)^m \, dz = \begin{cases} 0 & \text{im allgemeinen,} \\ 2\pi i, & \text{wenn } m + 1 = 0 \text{ und } (C) \text{ den Punkt } z_0 \text{ umschließt.} \end{cases} \tag{39}$$

$$m = -1$$

8. Abschätzung des Integralwertes. Es sei $f(z)$ eine auf der rektifizierbaren Kurve (C) analytische und auf dem Kurvenstücke von z_0 bis z dem Betrage nach beschränkte Funktion, d. h.

$$|f(z)| \leqq M,$$

wo M eine feste reelle Zahl bedeutet.

Dann gilt für das Integral längs (C) die Abschätzung

$$\left| \int\limits_{z_0}^{z} f(z) \, dz \right| \leqq M \cdot l, \tag{40}$$

wenn l die Bogenlänge des Kurvenstückes (C) von z_0 bis z ist.

Beweis: Setzt man in der Liniensumme (33) die Absolutwerte und für $|f(\zeta_\lambda)|$ die obere Schranke M, so gilt

$$\left| \int\limits_{z_0}^{z} f(z) \, dz \right| \leqq M \cdot \lim \sum_{\lambda=1}^{n} |\Delta z_\lambda| .$$

Es ist aber

$$\lim \sum_{\lambda=1}^{n} |\Delta z_\lambda| = \int\limits_{z_0}^{z} |dz| = \int\limits_{z_0}^{z} \sqrt{dx^2 + dy^2} = l .$$

9. Bemerkungen zum Hauptsatze der Funktionentheorie. a) Wir werden später (in 14) beweisen: wenn umgekehrt $f(z)$ in einem einfach zusammenhängenden Bereiche ($\mathfrak{B}$) überall stetig ist, und wenn für jede geschlossene Kurve (C) in ($\mathfrak{B}$)

$$\oint\limits_{(C)} f(z)\, dz = 0$$

ist, so ist $f(z)$ in ($\mathfrak{B}$) überall analytisch. Dieser Satz (von Morera) stellt also die Umkehrung des Cauchyschen Integralsatzes dar.

    b) Natürlich gibt es auch Fälle, in denen

$$\oint\limits_{(C)} f(z)\, dz = 0$$

ist, ohne daß $f(z)$ im Innern von (C) überall analytisch ist. Zum Beispiel kann man in folgendem Falle, der häufig genug vorkommt, allein aus den Eigenschaften von $f(z)$ längs des Integrationsweges (C) schließen, daß das Integral verschwinden muß: wenn 1. $f(z)$ längs (C) stetig ist — andernfalls wäre die Existenz des Integrales selbst in Frage gestellt —, 2. $f(z)$ die Ableitung einer anderen Funktion $F(z)$ ist, die ihrerseits längs (C) analytisch und eindeutig ist. Denn setzt man $f(z) = F'(z)$ oder $f(z)\, dz = dF(z)$ und nimmt auf (C) zwei beliebige Punkte z_0 und z_1, so hat man

$$\oint\limits_{(C)} f(z)\, dz = \int\limits_{z_0}^{z_1} dF(z) + \int\limits_{z_1}^{z_0} dF(z) = F(z_1) - F(z_0) + F(z_0) - F(z_1) = 0\,.$$

    Vgl. hierzu das Beispiel 7 b für $m \leq -2$.

    c) Manchmal läßt sich auch das Integral

$$\int\limits_{z_0\,(C)}^{z} f(z)\, dz$$

aus der Erklärung als Grenzwert einer Liniensumme (33) unmittelbar errechnen. Zum Beispiel ist $f(z) = 1$, so hat man

$$\int\limits_{z_0}^{z} dz = \lim \sum_{\lambda=1}^{n} (z_\lambda - z_{\lambda-1}) = \lim (z - z_0) = z - z_0 \qquad (41)$$

unabhängig vom Integrationswege; also ist

$$\oint dz = 0\,. \qquad (42)$$

Oder für $f(z) = z$ setze man zuerst $\zeta_\lambda = z_\lambda$, sodann $\zeta_\lambda = z_{\lambda-1}$; dann entstehen die Liniensummen

$$L_n = \sum_{\lambda=1}^{n} z_\lambda (z_\lambda - z_{\lambda-1})$$

und

$$L_n' = \sum_{\lambda=1}^{n} z_{\lambda-1} (z_\lambda - z_{\lambda-1})\,,$$

deren Summe

$$L_n + L_n' = \sum_{\lambda=1}^{n} (z_\lambda^2 - z_\lambda z_{\lambda-1} + z_{\lambda-1} z_\lambda - z_{\lambda-1}^2) = z^2 - z_0^2$$

ist. Also ist

$$\lim L_n + \lim L_n' = \int\limits_{z_0}^{z} z\,dz = z^2 - z_0^2 \,, \tag{43}$$

ebenfalls unabhängig vom Integrationswege, mithin ist auch

$$\oint z\,dz = 0 \,. \tag{44}$$

10. Die Cauchysche Integralformel. Es sei wieder $f(z)$ eine im Bereiche $(\mathfrak{B})$ überall analytische Funktion; man betrachte jetzt die Funktion

$$\frac{f(z)}{z - z_0}\,,$$

worin z_0 eine im Innern von $(\mathfrak{B})$ gelegene Stelle ist. Diese Funktion ist nicht analytisch in $(\mathfrak{B})$. Schließt man aber den Punkt z_0 durch einen Kreis (K) von hinreichend kleinem Radius ϱ aus dem Bereiche $(\mathfrak{B})$ aus (vgl. Abb. 11), so gilt nach (37)

$$\oint\limits_{(C)} \frac{f(z)\,dz}{z - z_0} = \oint\limits_{(K)} \frac{f(z)\,dz}{z - z_0} \,.$$

Längs (K) ist (Einführung von Polarkoordinaten)

$$z = \varrho\, e^{i\varphi} + z_0; \qquad dz = \varrho\, e^{i\varphi} \cdot i\,d\varphi; \qquad \frac{dz}{z - z_0} = i\,d\varphi$$

und also

$$\oint\limits_{(C)} \frac{f(z)\,dz}{z - z_0} = \int\limits_{0}^{2\pi} f(\varrho\, e^{i\varphi} + z_0) \cdot i\,d\varphi \,. \tag{45}$$

Da $f(z)$ als analytisch vorausgesetzt wurde, gilt die Stetigkeitsbedingung

$$\left| f(z_0 + \varrho\, e^{i\varphi}) - f(z_0) \right| < \varepsilon \,,$$

sofern

$$\left| \varrho\, e^{i\varphi} \right| < \eta(\varepsilon), \quad \text{d. h.} \quad \left| \varrho \right| < \eta(\varepsilon)$$

ist und ε eine beliebig kleine positive Zahl, $\eta(\varepsilon)$ aber eine durch ε bestimmte ebenfalls positive Zahl bedeutet. Man kann diese Bedingung auch in der Form schreiben:

$$f(z_0 + \varrho\, e^{i\varphi}) = f(z_0) + \vartheta \,,$$

wobei ϑ eine komplexe Größe mit der Eigenschaft $|\vartheta| < \varepsilon$ bedeutet. Nunmehr läßt sich das Integral (45) in folgende Form überführen

$$\oint\limits_{(C)} \frac{f(z)\,dz}{z - z_0} = i \int\limits_{\varphi=0}^{2\pi} f(z_0)\,d\varphi + i \int\limits_{\varphi=0}^{2\pi} \vartheta\,d\varphi = 2\pi\,i\,f(z_0) + i \int\limits_{\varphi=0}^{2\pi} \vartheta\,d\varphi \,.$$

Das zweite Integral läßt sich abschätzen:

$$\left| \int\limits_{\varphi=0}^{2\pi} \vartheta\,d\varphi \right| < \varepsilon \int\limits_{\varphi=0}^{2\pi} d\varphi = \varepsilon \cdot 2\pi \,,$$

daher ist

$$\left| \oint_{(C)} \frac{f(z) \cdot dz}{z - z_0} - 2\pi i f(z_0) \right| < \varepsilon \cdot 2\pi.$$

Da nun ε beliebig klein gewählt werden darf, so folgt daraus

$$\oint_{(C)} \frac{f(z) \cdot dz}{z - z_0} = 2\pi i \cdot f(z_0), \tag{46}$$

oder, lediglich mit anderen Bezeichnungen,

$$f(z) = \frac{1}{2\pi i} \oint_{(C)} \frac{f(\zeta)}{\zeta - z} \, d\zeta. \tag{47}$$

Dies ist die **Cauchysche Integralformel**. Sie lehrt, den Wert der Funktion $f(z)$ im Innern eines einfach zusammenhängenden Bereiches $(\mathfrak{B})$ aus den Werten der Funktion am Rande (C) zu berechnen.

Auch diese Formel gilt für mehrfach zusammenhängende Bereiche, wenn nur alle einzelnen Ränder im mathematisch-positiven Sinne (das Innere zur Linken!) durchlaufen werden.

Wendet man die Formel (47) auf einen Kreis mit dem Mittelpunkte z an, so hat man $\zeta - z = re^{i\varphi}$, $d\zeta = (\zeta - z)\,i d\varphi$ zu setzen, und erhält

$$f(z) = \frac{1}{2\pi} \int_{\varphi=0}^{2\pi} f(\zeta)\,d\varphi; \tag{48}$$

d. h. der Funktionswert im Mittelpunkt eines Kreises ist gleich dem arithmetischen Mittelwert ihrer Randwerte. Bezeichnet man mit M das Maximum der Randwerte $|f(\zeta)|$, so ist nach der Abschätzungsformel (40):

$$|f(z)| \leqq M. \tag{49}$$

Und hieraus folgt weiter, daß das Maximum des absoluten Betrages einer analytischen Funktion nicht im Innern eines Kreisbereiches gelegen sein kann, es müßte denn $f(z)$ selbst überall den festen Wert M haben.

11. Das Poissonsche Integral. Man wähle in der Cauchyschen Integralformel als Randkurve einen im Definitionsbereiche $(\mathfrak{B})$ der Funktion $f(z)$ gelegenen Kreis vom Halbmesser R, dessen Mittelpunkt als Nullpunkt der z-Ebene genommen werde; das ist immer möglich, indem man $z - c$ statt z setzt, wo c die dem Mittelpunkt etwa zukommende komplexe Konstante bedeutet. Es sei $z = r \cdot e^{i\varphi}$ ein innerer Punkt dieses Kreises $(r < R)$, so hat man nach der Cauchyschen Integralformel (47) mit $\zeta = R \cdot e^{i\vartheta}$

$$f(r \cdot e^{i\varphi}) = \frac{1}{2\pi} \int_{\vartheta=0}^{2\pi} \frac{f(R \cdot e^{i\vartheta}) \cdot R\,e^{i\vartheta}}{R\,e^{i\vartheta} - r\,e^{i\varphi}} \, d\vartheta. \tag{50}$$

Weiter sei $z_1 = r_1 \cdot e^{i\varphi_1}$ ein Punkt in ($\mathfrak{B}$), jedoch außerhalb des Kreises gelegen ($r_1 > R$), so ist

$$\frac{f(z)}{z - z_1}$$

innerhalb des Kreises analytisch. Das Kurvenintegral dieser Funktion längs des Kreises vom Radius R verschwindet deshalb:

$$\frac{1}{2\pi} \int\limits_{\vartheta=0}^{2\pi} \frac{f(R\,e^{i\vartheta}) \cdot R\,e^{i\vartheta}}{R\,e^{i\vartheta} - r_1 e^{i\varphi_1}} d\vartheta = 0. \tag{51}$$

Man wähle nun insbesondere z_1 so, daß

$$\mathrm{arc}\,(z_1) = \mathrm{arc}\,(z), \qquad r_1 = \frac{R^2}{r}$$

wird. Bei dieser Wahl geht der Punkt z_1 aus z durch eine Transformation mittels reziproker Radien hervor, deren Zentrum der Nullpunkt (Mittelpunkt des Kreises

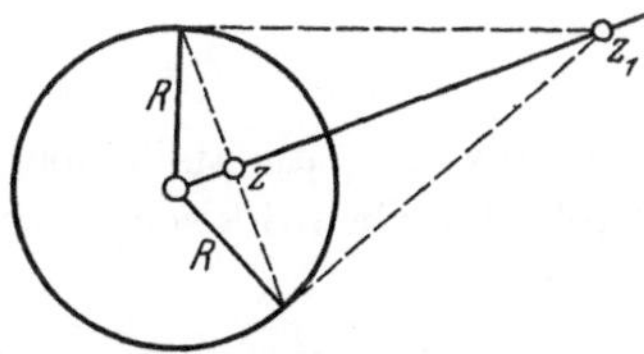

Abb. 12. Reziproke Radien.

vom Radius R) ist. In Abb. 12 ist angegeben, wie man z_1 konstruieren kann, wenn z gegeben ist.

Indem man das Integral (51) von dem ersten (50) abzieht, kann man das Ergebnis nach einer einfachen Zwischenrechnung in folgender Weise zusammenfassen:

$$f(r \cdot e^{i\varphi}) = \frac{1}{2\pi} \int\limits_{\vartheta=0}^{2\pi} f(R\,e^{i\vartheta}) \frac{R^2 - r^2}{R^2 - 2R\,r\cos(\varphi - \vartheta) + r^2} d\vartheta. \tag{52}$$

Jetzt zerlege man $f(z) = w$ in Realteil u und Imaginärteil v; dann gilt für beide eine Formel von der Form

$$u(r, \varphi) = \frac{1}{2\pi} \int\limits_{\vartheta=0}^{2\pi} u(R, \vartheta) \cdot \frac{R^2 - r^2}{R^2 - 2R\,r\cos(\varphi - \vartheta) + r^2} d\vartheta. \tag{53}$$

Diese Formel heißt das **Poissonsche Integral**. Da u der Potentialgleichung genügt:

$$\varDelta u = 0,$$

so löst das Poissonsche Integral die sogenannte erste Randwertaufgabe der Potentialtheorie für einen kreisförmigen Bereich, indem danach das Potential für einen beliebigen inneren Punkt aus den Randwerten berechnet werden kann. Insbesondere ist für den Nullpunkt ($r = 0$)

$$u(0, 0) = \frac{1}{2\pi} \int\limits_{\vartheta=0}^{2\pi} u(R, \vartheta) \cdot d\vartheta. \tag{54}$$

$u(0, 0)$ ist also der Mittelwert von u längs des Randes für den Polarwinkel ϑ als Argument der Mittelbildung.

Hieraus folgt noch, daß $u\,(r,\varphi)$, das als stetige Funktion ja mindestens ein Maximum und ein Minimum in jedem berandeten Bereiche haben muß, diesen größten und kleinsten Wert auf dem Rande selbst annehmen muß.

12. Ableitungen einer analytischen Funktion. Eine in einem Bereiche $(\mathfrak{B})$ und auf seinen Rande (C) analytische Funktion besitzt in jedem inneren Punkte von $(\mathfrak{B})$ Ableitungen beliebiger Ordnung, und diese sind sämtlich in $(\mathfrak{B})$ analytisch.

Zum Beweise bilde man den Differenzenquotienten

$$\frac{f(z_0 + h) - f(z_0)}{h},$$

wobei sowohl z_0 als auch noch $z_0 + h$ in dem Bereiche $(\mathfrak{B})$ liegen sollen. Mittels der Cauchyschen Integralformel (46) kann dafür geschrieben werden:

$$\frac{f(z_0 + h) - f(z_0)}{h} = \frac{1}{2\pi i h} \cdot \left\{ \oint_{(C)} \frac{f(z)\,dz}{z - z_0 - h} - \oint \frac{f(z)\,dz}{z - z_0} \right\}$$

$$= \frac{1}{2\pi i} \cdot \oint \frac{f(z)\,dz}{(z - z_0)(z - z_0 - h)}$$

$$= \frac{1}{2\pi i} \cdot \left\{ \oint \frac{f(z)\,dz}{(z - z_0)^2} + h \oint \frac{f(z)\,dz}{(z - z_0)^2 (z - z_0 - h)} \right\}.$$

Bei geeigneter Einschränkung von $|h|$ ist nun

$$\left| \frac{f(z)}{(z - z_0)^2 (z - z_0 - h)} \right| \leqq M\,;$$

daher kann man nach (40) abschätzen:

$$\left| \frac{f(z_0 + h) - f(z_0)}{h} - \frac{1}{2\pi i} \oint_{(C)} \frac{f(z)\,dz}{(z - z_0)^2} \right| \leqq M \cdot l \frac{|h|}{2\pi},$$

worin l die Bogenlänge des Integrationsweges (C) bedeutet.

Nimmt man jetzt den Grenzübergang $h \to 0$ vor, so wird

$$\lim_{h \to 0} \frac{f(z_0 + h) - f(z_0)}{h} \equiv f'(z_0) = \frac{1}{2\pi i} \oint_{(C)} \frac{f(z)\,dz}{(z - z_0)^2}$$

oder in anderer Bezeichnung

$$f'(z) = \frac{1}{2\pi i} \oint_{(C)} \frac{f(\zeta)\,d\zeta}{(\zeta - z)^2}. \tag{55}$$

Man erkennt durch Vergleich mit der Integralformel (47) für $f(z)$, daß man die Differentiation nach z rein formal unter dem Integralzeichen vornehmen darf. Indem man diese Schlußweise wiederholt, findet man, daß man auch weiter rechts unter dem Integralzeichen differenzieren darf, und man erhält

$$f''(z) = \frac{2}{2\pi i} \oint \frac{f(\zeta)\,d\zeta}{(\zeta - z)^3},\tag{56}$$

$$\vdots \qquad \vdots \qquad \vdots$$

$$f^{(n)}(z) = \frac{n!}{2\pi i} \oint \frac{f(\zeta)\,d\zeta}{(\zeta - z)^{n+1}}.\tag{57}$$

Diese Formel (57) stellt also die n-te Ableitung einer analytischen Funktion in Form eines bestimmten Integrales dar, unter dem die Funktion $f(z)$ selbst auftritt.

13. Fortsetzung. Beispiele. Aus den Schlußfolgerungen des vorigen Paragraphen ergibt sich ohne weiteres, daß eine in einem Bereiche analytische Funktion $f(z)$ dort Ableitungen beliebig hoher Ordnung besitzt, und daß diese sämtlich ebenfalls analytische Funktionen sind.

Dieses Ergebnis ist insofern merkwürdig, als allein aus der Tatsache, daß $f(z)$ differenzierbar ist, mit Notwendigkeit folgt, daß $f(z)$ auch Ableitungen jeder Ordnung besitzt. Im Reellen ist das bekanntlich keineswegs so. Man kann nicht einmal behaupten, daß, wenn $f(x)$ differenzierbar ist, auch nur die Ableitung $f'(x)$ stetig sei, geschweige denn differenzierbar.

Wir wollen nun zunächst die Cauchyschen Formeln (47), (55), (56) und (57) auf einige einfache Funktionen anwenden.

a) Für $f(z) = 1$ liefert (47) unmittelbar

$$\oint \frac{d\zeta}{\zeta - z} = 2\pi i$$

in Übereinstimmung mit (39); und (57) ergibt, da jede Ableitung von $f(z)$ verschwindet:

$$\oint \frac{d\zeta}{(\zeta - z)^{n+1}} = 0, \qquad\qquad (n \geqq 1).$$

b) Es sei $f(z) = z$; dann erhält man aus (47)

$$2\pi i z = \oint \frac{\zeta\,d\zeta}{\zeta - z}.\tag{58}$$

Es verlohnt sich, diese Formel durch unmittelbare Ausrechnung zu beweisen. Dazu ersetze man die Kurve (C) durch einen ganz von ihr umschlossenen Kreis (K) vom Halbmesser ϱ und dem Mittelpunkte z (etwa wie Abb. 11 angibt). Das Integral (58) ist dann nach (37) gleich dem über den Kreis zu erstreckenden. Hierin setze man $\zeta = z + \varrho e^{i\varphi}$, so ist längs des Kreises (K) φ die Integrationsveränderliche, und man hat schließlich

$$\oint_{(C)} \frac{\zeta\,d\zeta}{\zeta-z} = \oint_{(K)} \frac{\zeta\,d\zeta}{\zeta-z} = \int_{\varphi=0}^{2\pi} (z+\varrho\,e^{i\varphi})\,i\,d\varphi = 2\pi i z + \varrho\,i \int_{\varphi=0}^{2\pi} e^{i\varphi}\,d\varphi = 2\pi i z,$$

da das letzte Integral verschwindet, also dasselbe Ergebnis wie vorher.

c) Ist wieder $f(z)=z$, so ergeben die Formeln (55) und (57) unmittelbar

$$2\pi i = \oint \frac{\zeta\,\delta\zeta}{(\zeta-z)^2}, \qquad 0 = \oint \frac{\zeta\,d\zeta}{(\zeta-z)^n} \qquad (n>2,\ \text{ganzzahlig}). \quad (59)$$

Der Leser versuche zur Übung auch diese Integrale durch unmittelbare Berechnung zu ermitteln.

d) Es sei $f(z)=z^m$ (m beliebig). Ist $m<0$, so soll der Nullpunkt außerhalb des von der Kurve (C) umschlossenen Bereiches liegen. Jetzt hat man

$$f^{(n)}(z) = m(m-1)(m-2)\cdots(m-n+1)\,z^{m-n},$$

und damit liefert (57):

$$2\pi i \cdot m(m-1)(m-2)\cdots(m-n+1)\,z^{m-n} = n! \oint \frac{\zeta^m\,d\zeta}{(\zeta-z)^{n+1}}$$

oder nach Division durch $n!$ und Benutzung des Binomialkoeffizienten

$$2\pi i \binom{m}{n} z^{m-n} = \oint \frac{\zeta^m\,d\zeta}{(\zeta-z)^{n+1}} \qquad (m\ \text{beliebig};\ n\geq 0,\ \text{ganzzahlig}). \quad (60)$$

e) Schließlich sei noch $f(z)=e^z$, dann ist $f^{(n)}(z)$ ebenfalls gleich e^z, und man hat nach (57)

$$2\pi i\,e^z = n! \oint \frac{e^\zeta\,d\zeta}{(\zeta-z)^{n+1}}. \qquad (61)$$

Die Integrationskurve darf dabei beliebig in der z-Ebene gelegen sein, da die Exponentialfunktion in der ganzen Ebene analytisch ist. Man ersetze die Integrationskurve wieder durch den Kreis (K) um den Punkt z als Mittelpunkt und mit beliebigem hinreichend kleinem Halbmesser. Für $\zeta = z + \varrho\,e^{i\varphi}$ wird dann aus (61):

$$2\pi i\,e^z = n!\,\frac{e^z}{\varrho^n} \int_{\varphi=0}^{2\pi} \exp(\varrho\,e^{i\varphi})\cdot e^{-ni\varphi}\,i\,d\varphi,$$

daher

$$2\pi \varrho^n = n! \int_{\varphi=0}^{2\pi} \exp(\varrho\cos\varphi + i(\varrho\sin\varphi - n\varphi))\,d\varphi,$$

und daraus durch Trennung des Reellen vom Imaginären:

$$2\pi\,\frac{\varrho^n}{n!} = \int\limits_{\varphi=0}^{2\pi} e^{\varrho\cos\varphi}\cos(\varrho\sin\varphi - n\varphi)\,d\varphi\,, \tag{62}$$

$$0 = \int\limits_{\varphi=0}^{2\pi} e^{\varrho\cos\varphi}\sin(\varrho\sin\varphi - n\varphi)\,d\varphi\,. \tag{63}$$

Diese Integrale dürften schwieriger zu berechnen sein, wenn man nur die Mittel der reellen Integralrechnung benutzt.

14. Beweis des Satzes von Morera. Wie bereits in 9 bemerkt, ist dieser Satz die Umkehrung des Cauchyschen Integralsatzes und lautet folgendermaßen: Wenn $f(z)$ in einem einfach zusammenhängenden Bereiche $(\mathfrak{B})$ überall stetig ist, und wenn für jede geschlossene Kurve (C) in $(\mathfrak{B})$

$$\oint\limits_{(C)} f(z)\,dz = 0$$

ist, so ist $f(z)$ in $(\mathfrak{B})$ überall analytisch.

Beweis: Da jedes geschlossene Integral in $(\mathfrak{B})$ verschwindet, ist das Linienintegral

$$F(z) = \int\limits_{\zeta=z_0}^{z} f(\zeta)\,d\zeta$$

vom Wege unabhängig und allein eine Funktion des Endpunktes z. Nun hat man, wenn $z + h$ ebenso wie z in $(\mathfrak{B})$ gelegen ist,

$$\frac{F(z+h) - F(z)}{h} = \frac{1}{h}\int\limits_{z}^{z+h} f(\zeta)\,d\zeta\,.$$

Aus der angenommenen Stetigkeit der Funktion $f(z)$ folgt aber

$$f(\zeta) = f(z) + \varphi(\zeta, z)$$

mit $|\varphi(\zeta, z)| < \varepsilon$, falls nur $|\zeta - z|$ hinreichend klein ist. Demnach wird

$$\left|\frac{F(z+h) - F(z)}{h} - f(z)\right| = \left|\frac{1}{h}\cdot\int\limits_{z}^{z+h}\varphi(\zeta, z)\,d\zeta\right| < \frac{1}{|h|}\varepsilon\cdot|h| = \varepsilon\,,$$

d. h. es ist

$$\lim_{h\to 0}\frac{F(z+h) - F(z)}{h} = F'(z) = f(z)\,.$$

$F(z)$ ist also eine analytische Funktion von z mit der Ableitung $f(z)$. Nach 12 ist aber diese Ableitung wieder eine analytische Funktion, was zu beweisen war.

15. Darstellung einer analytischen Funktion durch die Cauchysche Integralformel. Ist $f(\zeta)$ in allen Punkten ζ einer Kurve (C) stetig, so ist für jeden nicht auf (C) gelegenen Punkt z

$$\varphi(z) = \frac{1}{2\pi i} \int\limits_{(C)} \frac{f(\zeta)\,d\zeta}{\zeta - z} \tag{64}$$

eine analytische Funktion. Ist nämlich auch $z + h$ ein nicht auf (C) gelegener Punkt, und bildet man

$$\frac{\varphi(z+h) - \varphi(z)}{h} = \frac{1}{2\pi i} \int\limits_{(C)} \frac{f(\zeta)\,d\zeta}{(\zeta - z)(\zeta - z - h)},$$

so kann wie in 12 gezeigt werden, daß

$$\lim_{h \to 0} \frac{\varphi(z+h) - \varphi(z)}{h} = \frac{1}{2\pi i} \int\limits_{(C)} \frac{f(\zeta)\,d\zeta}{(\zeta - z)^2}$$

sein muß. Das Integral existiert aber, weil die zu integrierende Funktion auf dem ganzen Integrationswege stetig ist. Also hat $\varphi(z)$ für jeden nicht auf (C) gelegenen Punkt eine Ableitung, ist also außerhalb (C) überall analytisch.

Freilich ist nicht gesagt, daß für geschlossene Kurven (C) die „Randwerte" $\varphi(\zeta)$, falls sie überhaupt existieren, mit den Werten $f(\zeta)$ übereinstimmen. Dies ist auch gar nicht immer der Fall. Zum Beispiel, wenn $f(z)$ in einem Bereiche $(\mathfrak{B})$ mit der Randlinie (C) analytisch ist, und z außerhalb von (C) liegt, so ist $\frac{f(\zeta)}{\zeta - z}$ für alle Punkte in $(\mathfrak{B})$ und auf (C) ebenfalls analytisch; also ist nach dem Cauchyschen Hauptsatze (35)

$$\varphi(z) = \frac{1}{2\pi i} \oint\limits_{(C)} \frac{f(\zeta)\,d\zeta}{\zeta - z} = 0.$$

Die Randwerte von $\varphi(z)$ stimmen also gewiß nicht mit den Werten $f(\zeta)$ überein.

D. Potenzreihen im Komplexen.

1. Allgemeines über unendliche Reihen im Komplexen. Es sei

$$w_1, w_2, w_3 \ldots$$

eine unendliche Folge komplexer Zahlen $w_\lambda = u_\lambda + i v_\lambda$ ($\lambda = 1, 2, 3, \ldots$). Falls sowohl die unendliche Reihe $u_1 + u_2 + \cdots$ wie auch die unendliche Reihe $v_1 + v_2 + \cdots$, die beide reelle Glieder haben, konvergiert, und wenn ihre Summen u und v sind, so heißt die Reihe mit komplexen Gliedern $w_1 + w_2 + \cdots$ konvergent, ihre Summe $u + iv$, d. h. es ist

$$\lim_{n \to \infty} (w_1 + w_2 + \cdots + w_n) = u + iv.$$

Für Reihen mit komplexen Gliedern gilt folgender Hilfssatz:

Wenn $|w_1| + |w_2| + |w_3| + \cdots$ konvergiert, dann konvergiert auch $w_1 + w_2 + w_3 + \cdots$ Es ist nämlich $|w_\lambda| = \sqrt{u_\lambda^2 + v_\lambda^2} \geq |u_\lambda|$, und auch $|w_\lambda| \geq |v_\lambda|$. Die Reihe $|w_1| + |w_2| + \cdots$ ist also eine Oberreihe sowohl der Reihe $|u_1| + |u_2| + \cdots$, als auch der Reihe $|v_1| + |v_2| + \cdots$, mithin konvergieren diese, demnach auch $u_1 + u_2 + \cdots$ und $v_1 + v_2 + \cdots$, also auch die Reihe $w_1 + w_2 + \cdots$.

2. Gleichmäßige Konvergenz. Es seien jetzt die einzelnen Reihenglieder w_λ Funktionen der komplexen Veränderlichen z. Falls die Reihe $w_1 + w_2 + \cdots$ konvergiert, so ist auch ihre Summe $\varphi(z)$ eine Funktion von z:

$$w_1(z) + w_2(z) + w_3(z) + \cdots = \lim_{n \to \infty}(w_1(z) + w_2(z) + \cdots + w_n(z)) = \varphi(z).$$

Das bedeutet genauer folgendes: Es sei

$$r_n(z) = \varphi(z) - (w_1(z) + w_2(z) + \cdots w_n(z)) = w_{n+1}(z) + w_{n+2}(z) + \cdots$$

der n^{te} Rest der Reihe; dann muß sich nach Annahme einer reellen, beliebig kleinen, positiven Zahl ε eine ebenfalls reelle positive Größe $N = N(\varepsilon, z)$ so bestimmen lassen, daß

$$|r_n(z)| < \varepsilon \qquad \text{wird für alle} \qquad n > N(\varepsilon, z).$$

Die Schranke N, die die Mindestzahl der Glieder bestimmt, die man addieren muß, um den Rest r_n der Reihe unter einen vorgegebenen Betrag ε zu drücken, hängt im allgemeinen von dieser Größe ε, wie auch vom Argumentwert z ab. Falls nun aber für alle Werte von z eines Bereiches der z-Ebene N nicht von z, vielmehr nur von ε abhängt, heißt die Reihe in diesem Bereiche gleichmäßig konvergent. Der Begriff der gleichmäßigen Konvergenz ist für die folgenden Betrachtungen besonders wichtig. Einige Eigenschaften der gleichmäßig konvergenten Reihen sind schon aus der elementaren Reihenlehre im Reellen bekannt; ihre Beweise lassen sich wörtlich auf das Komplexe übertragen, weswegen sie hier fortgelassen sind.

a) **Satz von Weierstraß.** Eine unendliche Reihe

$$w_1(z) + w_2(z) + \cdots$$

ist in einem Bereiche ($\mathfrak{B}$) gleichmäßig konvergent, wenn

$$|w_\lambda(z)| \leq a_\lambda \qquad\qquad (\lambda = 1, 2, 3, \ldots)$$

und die Reihe mit den positiven festen reellen Gliedern a_λ: $a_1 + a_2 + \cdots$ konvergent ist.

b) Eine in einem Bereiche ($\mathfrak{B}$) gleichmäßig konvergente Reihe $w_1(z) + w_2(z) + \cdots$, deren Glieder in diesem Bereiche stetige Funktionen von z sind, hat in diesem Bereiche auch eine stetige Funktion zur Summe.

c) Eine in einem Bereiche gleichmäßig konvergente Reihe $w_1(z) + w_2(z) + \cdots$, deren Glieder in diesem Bereiche stetige Funktionen von z sind, läßt sich längs jeder im Innern dieses Bereiches gelegenen Kurve (C) gliedweise integrieren. Darunter ist folgendes zu verstehen: Ist $f(z) = w_1(z) + w_2(z) + \cdots$, so ist auch

$$\int_{(C)} f(z)\,dz = \int_{(C)} w_1(z)\,dz + \int_{(C)} w_2(z)\,dz + \cdots.$$

Bei gleichmäßig konvergenten Reihen darf man also im Innern des Bezirkes der gleichmäßigen Konvergenz die beiden Grenzübergänge (Reihensummation und Integration) vertauschen. Die Integration ist gliedweise erlaubt.

3. Darstellung einer analytischen Funktion durch eine gleichmäßig konvergente Reihe gegebener analytischer Funktionen (Doppelreihensatz von Weierstraß). Es seien $f_\lambda(z)$ $(\lambda = 1, 2, 3, \ldots)$ unendlich viele Funktionen, die in einem Bereiche $(\mathfrak{B})$ und auf seinem Rande (C) durchweg eindeutig und analytisch sind. Wenn die Reihe

$$f(z) = f_1(z) + f_2(z) + f_3(z) + \cdots \tag{65}$$

überall in $(\mathfrak{B})$ und auf (C) gleichmäßig konvergent ist, so stellt ihre Summe $f(z)$ dort ebenfalls eine eindeutige und analytische Funktion dar, ihre Ableitung kann in jedem ganz im Innern von $(\mathfrak{B})$ gelegenen Teilbereiche $(\mathfrak{B}_1)$ durch die Reihe

$$f'(z) = f_1'(z) + f_2'(z) + f_3'(z) + \cdots \tag{66}$$

bestimmt werden, und diese Reihe ist in $(\mathfrak{B}_1)$ ebenfalls gleichmäßig konvergent. Man darf also unter den gemachten Voraussetzungen die Reihe (65) gliedweise differenzieren.

Beweis. Da die Reihe $\sum f_\lambda(z)$ in $(\mathfrak{B})$ und auf (C) gleichmäßig konvergiert und aus lauter stetigen Summanden besteht, ist ihre Summe nach 2b gleichfalls stetig und die Reihe selbst nach 2c gliedweise integrierbar. Daher ist nach dem Cauchyschen Satze

$$\oint_{(C)} f(\zeta)\,d\zeta = \oint_{(C)} \sum_\lambda f_\lambda(\zeta)\,d\zeta = \sum_\lambda \oint f_\lambda(\zeta)\,d\zeta = 0,$$

da ja alle Funktionen $f_\lambda(z)$ auf (C) analytisch sein sollen. Dasselbe Ergebnis findet man, wenn man die Integration statt über den Rand (C) über irgend eine beliebige andere einfach geschlossene Kurve erstreckt, die ganz im Innern von $(\mathfrak{B})$ gelegen ist. Nach dem Satze von Morera (C, 14) stellt also $f(z)$ eine in $(\mathfrak{B})$ analytische Funktion dar. Um deren Ableitung zu bestimmen, beachte man, daß auch die Reihe

$$\frac{f(\zeta)}{(\zeta - z)^2} = \sum_\lambda \frac{f_\lambda(\zeta)}{(\zeta - z)^2} \tag{67}$$

längs (C) gleichmäßig konvergiert, jedoch darf der Punkt z nicht auf (C), sondern muß im Innern von $(\mathfrak{B})$ gelegen sein. Diese Reihe ist daher ebenfalls gliedweise längs (C) integrierbar, womit nach (55) die behauptete

Formel (66) bewiesen ist. Der n^{te} Rest $\varrho_n(z)$ dieser Reihe ist aber

$$\varrho_n(z) = f'_{n+1}(z) + f'_{n+2}(z) + \cdots = \frac{1}{2\pi i} \oint_{(C)} \frac{d\zeta}{(\zeta-z)^2}\big(f_{n+1}(\zeta) + f_{n+2}(\zeta) + \cdots\big)$$

$$= \frac{1}{2\pi i} \oint_{(C)} \frac{d\zeta}{(\zeta-z)^2}\, r_n(\zeta)\,,$$

wo $r_n(\zeta)$ den n^{ten} Rest der gegebenen Reihe $\sum f_\lambda(\zeta)$ auf (C) bedeutet. Wegen der gleichmäßigen Konvergenz dieser Reihe ist aber $|r_n(\zeta)| < \varepsilon$. Bezeichnet man nun mit δ den kleinsten aller Werte, die $|\zeta - z|$ annimmt, wenn z fest im Innern von $(\mathfrak{B})$ bleibt, während ζ den Rand (C) durchläuft (Abb. 13), so ist nach (40)

$$|\varrho_n(z)| < \frac{1}{2\pi}\,\frac{\varepsilon}{\delta^2}\cdot L = \varepsilon_1,\tag{68}$$

wobei L die Bogenlänge der Kurve (C) bedeutet. Weil ε beliebig klein war, ist auch ε_1 beliebig klein zu wählen. Beschränkt man nun z auf einen beliebigen Bereich $(\mathfrak{B}_1)$, dessen Randlinie (C_1) jedoch ganz innerhalb von (C) verläuft, so gelten dieselben Schlüsse, wofern nur unter δ die kleinste Entfernung zwischen den Punkten von $(\mathfrak{B}_1)$ und denen von (C) verstanden wird. Damit ist die gleichmäßige Konvergenz der Reihe $\sum f'_\lambda(z)$ in jedem abgeschlossenen Bereiche $(\mathfrak{B}_1)$ nachgewiesen, der ganz im Innern von $(\mathfrak{B})$ gelegen ist. Offenbar gelten dieselben Schlüsse auch für die Ableitungen beliebiger Ordnung; man braucht

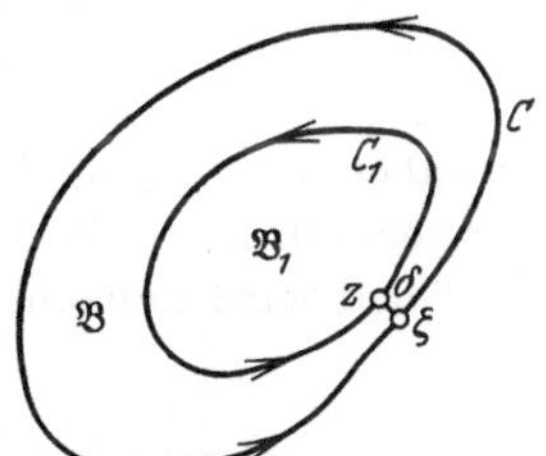

Abb. 13. Kleinste Entfernung zweier Randlinien.

nur in (67) die Potenz $(\zeta - z)^2$ durch eine höhere zu ersetzen.

Wir werden alsbald beweisen, daß jede analytische Funktion sich durch eine Potenzreihe darstellen läßt. In diesem Sinne stellt also die Formel (65) eine Reihe von Potenzreihen dar. Dieser Umstand erklärt die Bezeichnung als Doppelreihensatz.

4. Verallgemeinerung. Wir wollen nun eine weittragende Verallgemeinerung des Doppelreihensatzes aussprechen und beweisen, bei der sich herausstellt, daß bereits die gleichmäßige Konvergenz der Reihe $\sum f_\lambda(z)$ auf dem Rande (C) des Bereiches $(\mathfrak{B})$ genügt, um alle sonstigen Aussagen des Satzes daraus ableiten zu können. Der Beweis ist natürlich jetzt ganz anders zu führen; hierbei zeigt sich aufs schönste die Tragweite und die Stärke der funktionentheoretischen Methoden. Vorausgesetzt sei wieder, daß $f_\lambda(z)$ $(\lambda = 1, 2, \ldots)$ in $(\mathfrak{B})$ und auf dem Rande (C) überall analytisch und eindeutig seien; ferner daß längs des Randes (C) die Reihe $f_1(\zeta) + f_2(\zeta) + \cdots$ gleichmäßig konvergiere. Behauptet wird: 1. In jedem ganz im Innern von (C) gelegenen Bereiche $(\mathfrak{B}_1)$ mit dem Rande (C_1) konvergiert die Reihe $\sum f_\lambda(z)$, 2. ihre

Summe ist in $(\mathfrak{B}_1)$ analytisch, 3. die Reihe konvergiert in $(\mathfrak{B}_1)$ gleichmäßig, 4. ihre Ableitung in $(\mathfrak{B}_1)$ erhält man durch Differentiation der einzelnen Glieder: $\sum f_\lambda'(z)$, 5. diese Reihe der Ableitungen konvergiert in $(\mathfrak{B}_1)$ ebenfalls gleichmäßig, 6. sie besitzt dort Ableitungen beliebig hoher Ordnung.

Beweis. Es sei ζ eine Veränderliche auf dem Rande (C) von $(\mathfrak{B})$. Da dort die $f_\lambda(\zeta)$ analytisch, also sämtlich stetig sind, und da $\sum f_\lambda(\zeta)$ gleichmäßig konvergiert, ist auch ihre Summe $f(\zeta) = \sum f_\lambda(\zeta)$ eine stetige Funktion von ζ. Nun sei z ein Punkt im Innern von $(\mathfrak{B})$. Dann ist auch die Reihe

$$\frac{f(\zeta)}{\zeta - z} = \sum_\lambda \frac{f_\lambda(\zeta)}{\zeta - z},$$

bei festem z, längs des Randes (C) gleichmäßig konvergent, besteht aus lauter stetigen Gliedern und hat eine stetige Summe. Sie darf also nach 2c gliedweise integriert werden, und man hat

$$\frac{1}{2\pi i} \oint_{(C)} \frac{f(\zeta)\,d\zeta}{\zeta - z} = \sum_\lambda \frac{1}{2\pi i} \oint_{(C)} \frac{f_\lambda(\zeta)\,d\zeta}{\zeta - z}.$$

Da aber die $f_\lambda(z)$ im Innern von (C) überall analytisch sind, so ist auf der rechten Seite die Cauchysche Integralformel (47) anwendbar, das λ^{te} Glied wird danach gleich $f_\lambda(z)$. Es ist also

$$\frac{1}{2\pi i} \oint_{(C)} \frac{f(\zeta)\,d\zeta}{\zeta - z} = \sum_\lambda f_\lambda(z). \tag{α}$$

Da nach C, 15 die linke Seite eine bestimmte Funktion $\varphi(z)$ darstellt, ist die Behauptung 1. erwiesen. Nach C, 15 ist auch $\varphi(z)$ in einem Bereiche analytisch, in dem jeder Punkt z von den Punkten des Integrationsweges (C) verschieden ist. Bei dem Bereich $(\mathfrak{B}_1)$ mit Einschluß seines Randes (C_1) trifft das zu. Also ist auch die Behauptung 2. richtig. Bezeichnet man mit $\varrho_n(z)$ den n^{ten} Rest der Reihe (α), mit $r_n(\zeta)$ den der nach Voraussetzung gleichmäßig konvergenten Reihe $\sum f_\lambda(\zeta)$, so ist $|r_n(\zeta)| < \varepsilon$ für alle hinreichend großen Werte von n und alle Punkte ζ auf (C). Man braucht $\varrho_n(z)$ nur in der Form

$$\varrho_n(z) = f_{n+1}(z) + f_{n+2}(z) + \cdots = \frac{1}{2\pi i} \oint_{(C)} \frac{d\zeta}{\zeta - z} \left(f_{n+1}(\zeta) + f_{n+2}(\zeta) + \cdots \right)$$

$$= \frac{1}{2\pi i} \oint_{(C)} \frac{d\zeta}{\zeta - z}\, r_n(\zeta)$$

zu schreiben, um genau wie in (68) zu erkennen, daß

$$|\varrho_n(z)| < \frac{1}{2\pi}\,\frac{\varepsilon}{\delta}\,L = \varepsilon_1$$

gemacht werden kann, womit die gleichmäßige Konvergenz (Behauptung 3.) der $\Sigma f_\lambda(z)$ in $(\mathfrak{B}_1)$ und auf (C_1) bewiesen ist. Nun hat man

$$\varphi(z) = \Sigma f_\lambda(z)$$

als gleichmäßig konvergente Reihe analytischer Funktionen in $(\mathfrak{B}_1)$ und auf seinem Rande (C_1) und hierauf kann man jetzt den Doppelreihensatz anwenden, woraus sich alle anderen Behauptungen mühelos ergeben.

5. Potenzreihen. Unter einer Potenzreihe versteht man bekanntlich eine Reihe von der Form

$$a_0 + a_1(z - a) + a_2(z - a)^2 + \cdots,$$

worin $a, a_0, a_1, a_2, \ldots$ komplexe feste Zahlen bedeuten. Dadurch, daß man z statt $z - a$ schreibt, d. h. durch eine Verschiebung des Anfangspunktes in den Punkt $z = a$ kann man stets die Potenzreihe auf die Form

$$\mathfrak{P}(z) = \sum_{\lambda = 0}^{\infty} a_\lambda z^\lambda \tag{69}$$

bringen. Einige einfache Sätze beweisen sich im Komplexen genau so wie im Reellen:

a) Wenn eine Potenzreihe für einen beliebigen Wert $z = z_0$ konvergiert, so konvergiert sie absolut für alle Werte $|z| < |z_0|$, d. h. an allen Punkten der komplexen Ebene, die in einem Kreise liegen, dessen Mittelpunkt der Nullpunkt ist, und der durch den Punkt z_0 geht.

b) Jede Potenzreihe $\mathfrak{P}(z)$ konvergiert entweder nur für $z = 0$, oder für alle komplexen Werte von z (beständig konvergente Potenzreihe), oder drittens gibt es eine positive Zahl r (den **Konvergenzradius**) der Art, daß $\mathfrak{P}(z)$ für alle $|z| < r$ konvergiert, für alle $|z| > r$ divergiert. Übrigens ist

$$r = 1 : \limsup_{n \to \infty} \sqrt[n]{a_n}.$$

Beispiele.

$\mathfrak{P}(z) = 1 + 1! \, z + 2! \, z^2 + 3! \, z^3 + \cdots$ konvergiert nur für $z = 0$;

$\mathfrak{P}(z) = 1 + \dfrac{z}{1!} + \dfrac{z^2}{2!} + \dfrac{z^3}{3!} + \cdots$ konvergiert für alle z;

$\mathfrak{P}(z) = 1 + z \quad + z^2 \quad + z^3 \quad + \cdots$ konvergiert nur für $|z| < 1$.

Die zweite Reihe ist die beständig konvergente Potenzreihe mit der Summe e^z, die dritte ist die geometrische Reihe mit der Summe $\dfrac{1}{1 - z}$ und dem Konvergenzradius $r = 1$.

c) Der Kreis mit dem Konvergenzradius als Halbmesser heißt der **Konvergenzkreis.** Auf ihm gibt es wenigstens einen Punkt, in dem die Potenzreihe (69) nicht mehr konvergiert.

d) Wenn zwei Potenzreihen $\Sigma a_\lambda z^\lambda$ und $\Sigma b_\lambda z^\lambda$ für alle Werte $|z| < r$ den gleichen Wert haben, so sind sie identisch, d. h. es ist $a_0 = b_0$, $a_1 = b_1$, $a_2 = b_2, \ldots$

e) **Gleichmäßige Konvergenz einer Potenzreihe.** Jede Potenzreihe konvergiert gleichmäßig im Innern und auf dem Rande eines jeden Kreises um den Nullpunkt, dessen Radius kleiner als der Konvergenzradius ist, d. h. der im Innern des Konvergenzkreises und zu diesem konzentrisch gelegen ist.

Beweis. Das folgt unmittelbar aus dem Weierstraßschen Satze 2a. Denn ist r der Konvergenzradius, ϱ der Radius des inneren konzentrischen Kreises, und ist

$$\varrho < |z_0| < r,$$

so konvergiert die Reihe $\mathfrak{P}(z_0) = \sum a_\lambda z_0^\lambda$ absolut, und $\sum |a_\lambda|\,|z_0^\lambda|$ ist eine konvergente Oberreihe mit festen Gliedern für die Reihe $\mathfrak{P}(z)$, wo $|z| \leqq \varrho$ ist.

6. Potenzreihenentwicklung analytischer Funktionen (Taylorsche Reihe). Für reelle Werte von z und h gilt bekanntlich die Taylorsche Reihenentwicklung

$$f(z+h) = f(z) + \frac{f'(z)}{1!}\,h + \frac{f''(z)}{2!}\,h^2 + \cdots,$$

falls $f(z)$ für reelles z beliebig oft differenzierbar ist und falls $\lim\limits_{n \to \infty} R_n(z, h) = 0$ ist, wobei unter $R_n(z,h)$ das n^{te} Restglied der Taylorschen Formel verstanden wird.

Um diese Reihe auf das Komplexe zu übertragen, setze man in der Cauchyschen Integralformel (47) $z = z_0 + h$:

$$f(z_0 + h) = \frac{1}{2\pi i} \oint\limits_{(C)} \frac{f(\zeta)\,d\zeta}{\zeta - z_0 - h}.$$

Hierbei ist anzunehmen, daß $f(z)$ in einem Kreise (K) mit der Randlinie (C), der die Punkte z_0 und $z_0 + h$ in seinem Innern enthält, überall analytisch sei.

Nun hat man identisch

$$\frac{1}{\zeta - z_0 - h} = \frac{1}{(\zeta - z_0)\left(1 - \dfrac{h}{\zeta - z_0}\right)}$$

$$= \frac{1}{\zeta - z_0}\left[1 + \frac{h}{\zeta - z_0} + \frac{h^2}{(\zeta - z_0)^2} + \cdots \right.$$

$$\left. + \frac{h^n}{(\zeta - z_0)^n} + \frac{h^{n+1}}{(\zeta - z_0)^n(\zeta - z_0 - h)}\right], \qquad (70)$$

daher ist

$$\frac{1}{2\pi i}\oint \frac{f(\zeta)\,d\zeta}{\zeta - z_0 - h} = \frac{1}{2\pi i}\left[\oint \frac{f(\zeta)\,d\zeta}{\zeta - z_0} + h\oint \frac{f(\zeta)\,d\zeta}{(\zeta - z_0)^2}\right.$$

$$+ h^2 \oint \frac{f(\zeta)\,d\zeta}{(\zeta - z_0)^3} + \cdots + h^n \oint \frac{f(\zeta)\,d\zeta}{(\zeta - z_0)^{n+1}}$$

$$\left. + h^{n+1} \oint \frac{f(\zeta)\,d\zeta}{(\zeta - z_0)^{n+1}(\zeta - z_0 - h)}\right]. \qquad (71)$$

Sämtliche Integrale sind über die Randlinie (C) zu erstrecken.

Nach der Cauchyschen Abschätzungsformel läßt sich aber zeigen, daß

$$\lim_{n \to \infty} h^{n+1} \oint \frac{f(\zeta)\,d\zeta}{(\zeta - z_0)^{n+1}\,(\zeta - z_0 - h)} = 0$$

ist; andererseits sind die übrigen Integrale nach (55), (56), (57) den Ableitungen von $f(z)$ mit den entsprechenden Fakultäten proportional, womit die Taylorsche Reihe

$$f(z_0 + h) = f(z_0) + h\,f'(z_0) + \frac{h^2}{2!}f''(z_0) + \cdots \tag{72}$$

oder

$$f(z) = f(z_0) + (z - z_0)\,f'(z_0) + \frac{(z - z_0)^2}{2!}\,f''(z_0) + \cdots \tag{73}$$

bewiesen ist. Sie konvergiert innerhalb eines Kreises um z_0 als Mittelpunkt, dessen Radius gleich der Entfernung von z_0 bis zu dem nächsten Punkte ist, in dem die Funktion $f(z)$ nicht mehr analytisch ist.

Nach (57) läßt sich die Taylorsche Reihe auch so darstellen:

$$f(z_0 + h) = \sum_{\lambda = 0}^{\infty} a_\lambda h^\lambda, \tag{74}$$

worin

$$a_\lambda = \frac{1}{2\pi i} \oint_{(C)} \frac{f(\zeta)\,d\zeta}{(\zeta - z_0)^{\lambda + 1}} \qquad (\lambda = 0, 1, 2, 3, \ldots) \tag{75}$$

ist. Die Koeffizienten können daher auch durch Integration gewonnen werden.

Die Tatsache, daß jede analytische, d. h. differenzierbare Funktion einer komplexen Veränderlichen sich in eine Potenzreihe entwickeln läßt, hat nicht ihresgleichen in der reellen Funktionentheorie. Dort genügt nicht einmal die Existenz sämtlicher Ableitungen dazu, wie das Beispiel $f(z) = \exp\left(\dfrac{-1}{x^2}\right)$ zeigt.

7. Analytische Fortsetzung. Es sei $f(z)$ in eine Potenzreihe nach Potenzen von $z - z_0$ entwickelt

$$f(z) = \sum_{\lambda = 0}^{\infty} a_\lambda (z - z_0)^\lambda, \tag{76}$$

wobei die Vorzahlen a_λ durch die Formeln (75) bestimmt sind und worin z ein innerer Punkt des von (C) umrandeten Kreises (K_0) mit dem Mittelpunkte z_0 ist, in dem die Funktion $f(z)$ überall regulär ist.

Ferner sei z_1 ein weiterer innerer Punkt dieses Kreises (K_0); dann läßt sich $f(z)$ offenbar auch nach Potenzen von $z - z_1$ entwickeln, und diese Entwickelung gilt in einem Kreise (K_1) mit dem Mittelpunkte z_1, wofern nur $f(z)$ in ihm überall regulär ist. Es ist nun sehr wohl möglich, daß dieser Kreis (K_1) über den vorigen (K_0) hinausreicht (Abb. 14). Man sagt dann, die analytische Funktion $f(z)$ sei über den ursprünglichen Entwicklungsbereich analytisch fortgesetzt worden. In dieser Weise kann man fortfahren und kann die Funktion $f(z)$ in einem Bereiche der z-Ebene, unter Umständen auch in der ganzen Ebene durch Potenzreihen darstellen, deren jede nach Weierstraß ein Funktionselement genannt wird.

Wir wollen uns die Verhältnisse an einem einfachen Beispiele klar-

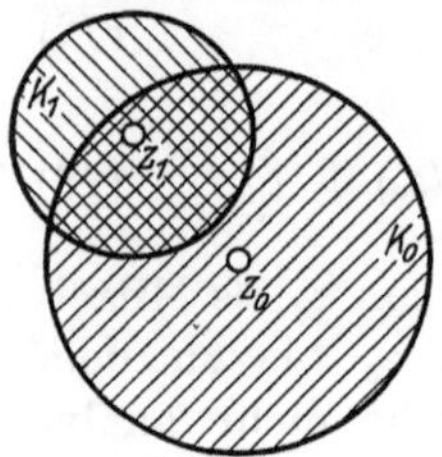

Abb. 14. Analytische
Fortsetzung.

machen. Es handle sich etwa um $f(z) = \dfrac{1}{z}$. Man erhält, sofern der Kreis (K_0) nicht den Nullpunkt umschließt, für die Entwickelung nach Potenzen von $z - z_0$:

$$a_\lambda = \frac{1}{2\pi i} \oint \frac{d\zeta}{\zeta \, (\zeta - z_0)^{\lambda+1}} = (-1)^\lambda \cdot \frac{1}{z_0^{\lambda+1}},$$

also

$$\frac{1}{z} = \frac{1}{z_0} - \frac{z - z_0}{z_0^2} + \frac{(z - z_0)^2}{z_0^3} - + \cdots. \tag{77}$$

Diese Reihe konvergiert in einem Kreise (K_0) mit dem Mittelpunkte z_0, auf dessen Rande der Nullpunkt gelegen ist, d. h. im Kreisgebiete

$$|z - z_0| < |z_0|.$$

Denn für $z = 0$ hört $f(z)$ auf, analytisch zu sein. Wählt man nunmehr einen von z_0 verschiedenen Punkt z_1 in diesem Kreise, so kann man ganz analog entwickeln

$$\frac{1}{z} = \frac{1}{z_1} - \frac{z - z_1}{z_1^2} + \frac{(z - z_1)^2}{z_1^3} - + \cdots.$$

Diese Reihe konvergiert im Kreisgebiet (K_1)

$$|z - z_1| < |z_1|,$$

welches das oben genannte Kreisgebiet (K_0) bei geeigneter Wahl von z_1 nur zum Teil überdeckt. Man kann sogar einen Punkt z_2 so wählen, daß das Konvergenzgebiet (K_2), $|z - z_2| < |z_2|$, keinen einzigen Punkt mit (K_0) gemeinsam hat, nämlich wenn der Kreis (K_2) den Kreis (K_0) im Nullpunkte berührt. Man erkennt hier die Möglichkeit, die ganze Ebene mit derartigen sich überlagernden Kreisgebieten zu überdecken, in deren jedem die Funktion $\dfrac{1}{z}$ durch eine konvergente Potenzreihe dargestellt wird.

Ein anderes Beispiel ist die Funktion $f(z) = z^m$ (m ganzzahlig). Die Koeffizienten der Taylorschen Entwicklung von z^m nach Potenzen von $z - z_0$ sind in (60) bestimmt worden. Man hat daher

$$z^m = z_0^m + \binom{m}{1} z_0^{m-1} (z - z_0) + \binom{m}{2} z_0^{m-2} (z - z_0)^2 + \cdots, \tag{78}$$

und diese Reihe bricht ab beim Gliede $(z - z_0)^m$ und stellt eine ganze rationale Funktion dar, wenn $m \geqq 0$ ist; ist aber $m < 0$, konvergiert sie und ist gültig für $|z - z_0'| < |z_0|$. Der Nullpunkt darf mithin für $m < 0$ nicht in dem Konvergenzkreise, der z_0 als Mittelpunkt hat, enthalten sein; vielmehr geht der Konvergenzkreis durch den Nullpunkt, denn $z = 0$ ist ja die einzige Stelle, an der $f(z)$ für $m < 0$ aufhört, analytisch zu sein. Die analytische Fortsetzung der Funktion $f(z) = z^m$ kann genau so geschehen wie vorher bei z^{-1}.

E. Laurentsche Reihe. Residuensätze. Singuläre Stellen.

1. Die Laurentsche Reihe. Es sei $f(z)$ in dem aus zwei konzentrischen Kreisen (K) und (K') mit dem Mittelpunkte z_0 bestehenden Ringgebiete $(\mathfrak{B})$ (Abb. 15) einschließlich des Randes analytisch. Ferner sei $z = z_0 + h$ im Innern von $(\mathfrak{B})$ gelegen. Der Cauchysche Integralsatz, angewendet auf dieses Ringgebiet, liefert

$$\frac{1}{2\pi i} \oint \frac{f(\zeta)\, d\zeta}{\zeta - z_0 - h} = f(z_0 + h),$$

wobei die Integration über die Gesamtbegrenzung von $(\mathfrak{B})$, die sich aus (K) und (K') zusammensetzt, zu erstrecken ist, d. h. es ist

$$f(z_0 + h) = \frac{1}{2\pi i}\left[\oint_{(K)} - \oint_{(K')}\right], \tag{79}$$

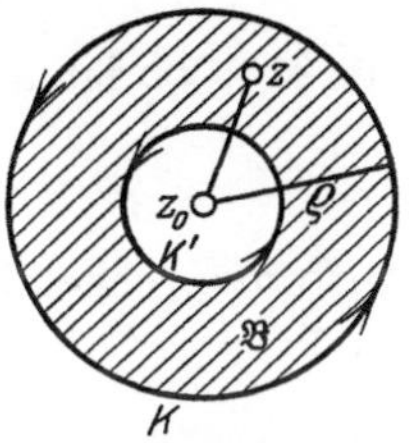

Abb. 15. Ringgebiet.

wo beide Kreise im positiven Sinne zu durchlaufen sind. Beide Integrale werden einzeln berechnet. Nun hat man wie in D, 6. Formel (70) zuerst

$$\frac{1}{\zeta - z_0 - h} = \frac{1}{\zeta - z_0} + \frac{h}{(\zeta - z_0)^2} + \frac{h^2}{(\zeta - z_0)^3} + \cdots$$
$$+ \frac{h^n}{(\zeta - z_0)^{n+1}} + \frac{h^{n+1}}{(\zeta - z_0)^{n+1}(\zeta - z_0 - h)},$$

und indem man hierin $\zeta - z_0$ mit h vertauscht, weiter

$$-\frac{1}{\zeta - z_0 - h} = \frac{1}{h} + \frac{\zeta - z_0}{h^2} + \frac{(\zeta - z_0)^2}{h^3} + \cdots + \frac{(\zeta - z_0)^n}{h^{n+1}} - \frac{(\zeta - z_0)^{n+1}}{h^{n+1}(\zeta - z_0 - h)}.$$

Durch Eintragen dieser Entwicklungen in den Ausdruck (79) für $f(z_0 + h)$ entsteht

$$f(z_0 + h) = \sum_{\lambda = -(n+1)}^{n} a_\lambda h^\lambda + R_n' + R_n''$$

mit bestimmten, alsbald anzugebenden Koeffizienten a_λ, während R_n' und R_n'' folgende Integrale (Restintegrale) bedeuten:

$$R_n' = \frac{1}{2\pi i} \oint_{(K)} h^{n+1} \frac{f(\zeta)\, d\zeta}{(\zeta - z_0)^{n+1}(\zeta - z_0 - h)},$$

$$R_n'' = \frac{1}{2\pi i} \oint_{(K')} \frac{(\zeta - z_0)^{n+1} f(\zeta)\, d\zeta}{h^{n+1}(\zeta - z_0 - h)}.$$

Da sich die Integration in R_n' auf den Kreis (K) bezieht, kann sowohl $\zeta - z_0$, als auch $\zeta - z_0 - h$ auf dem Integrationswege nirgends verschwinden, denn die Punkte z_0 und $z_0 + h$ liegen im Innern von (K). Da weiterhin $f(\zeta)$ auf (K) analytisch ist, ist $|f(\zeta)|$ beschränkt, und daher

$$\left| \frac{f(\zeta)}{\zeta - z_0 - h} \right| < M ,$$

wo M eine reelle positive Konstante bedeutet. Bezeichnet man mit ϱ den Halbmesser von (K), so ist

$$\left| \frac{h}{\zeta - z_0} \right| = \frac{|h|}{\varrho} < 1 .$$

Für R_n' hat man also nach der Cauchyschen Abschätzungsformel (40)

$$|R_n'| \leqq \frac{1}{2\pi} \cdot \frac{|h|^{n+1}}{\varrho^{n+1}} \cdot M \cdot 2\pi\varrho = \frac{|h|^{n+1}}{\varrho^{n+1}} \cdot M\varrho .$$

Für $n \to \infty$ ist aber $\dfrac{|h|^{n+1}}{\varrho^{n+1}} \to 0$. Somit ist auch

$$\lim_{n \to \infty} R_n' = 0 . \tag{80}$$

Auf entsprechendem Wege beweist man

$$\lim_{n \to \infty} R_n'' = 0 ; \tag{81}$$

daher hat man endgültig

$$f(z_0 + h) = \sum_{\lambda = -\infty}^{+\infty} a_\lambda h^\lambda = \sum_{\lambda = -\infty}^{\infty} a_\lambda (z - z_0)^\lambda , \tag{82}$$

und die Koeffizienten a_λ haben darin folgende Werte

$$a_\lambda = \frac{1}{2\pi i} \cdot \oint_{(K)} \frac{f(\zeta)\, d\zeta}{(\zeta - z_0)^{\lambda + 1}} , \quad (\lambda = 0, +1, +2, +3, \ldots) \tag{83}$$

und

$$a_\lambda = \frac{1}{2\pi i} \cdot \oint_{(K')} \frac{f(\zeta)\, d\zeta}{(\zeta - z_0)^{\lambda + 1}} \quad (\lambda = -1, -2, -3, -4, \ldots) . \tag{84}$$

Es ist auf Grund des Cauchyschen Integralsatzes klar, daß statt der Kreise (K) und (K') in (83) und (84) auch beliebige andere rektifizierbare einfach geschlossene Kurven (C) und (C') genommen werden dürfen, falls sie nur den Punkt z_0 umschließen, und $f(z)$ in den Ringgebieten zwischen (C) und (K) und zwischen (C') und (K') regulär ist. Im Innern von (C) und außerhalb (C') braucht $f(z)$ durchaus nicht regulär zu sein, insbesondere auch nicht im Punkte z_0 selbst.

Die Formel (82) heißt in Verbindung mit (83) und (84) die Laurentsche Reihe. Wenn sämtliche a_λ für $\lambda = -1, -2, -3, \ldots$, die durch (84) bestimmt sind, den Wert Null haben, geht (82) in die Taylorsche Reihe (74) über.

2. Beispiele Laurentscher Reihenentwicklungen. a) Die rationale gebrochene Funktion

$$\frac{1}{z(z-1)}$$

ist mit Ausnahme der beiden Stellen $z = 0$ und $z = 1$ überall regulär. Daher kann sie in einem Ringgebiet entweder um $z = 0$ oder um $z = 1$ entwickelt werden. Im ersten Fall findet man unter Benutzung der geometrischen Reihe (77)

$$\frac{1}{z(z-1)} = -\frac{1}{z} \cdot \frac{1}{1-z} = -\frac{1}{z} \cdot (1 + z + z^2 + \cdots),$$

d. h.

$$\frac{1}{z(z-1)} = -\frac{1}{z} - 1 - z - z^2 - \cdots. \qquad (z \neq 0) \qquad (85)$$

Im zweiten Falle schreibt man

$$\frac{1}{z(z-1)} = \frac{1}{z-1} \cdot \frac{1}{(z-1)+1} = \frac{1}{z-1}(1 - (z-1) + (z-1)^2 - + \cdots),$$

also

$$\frac{1}{z(z-1)} = \frac{1}{z-1} - 1 + (z-1) - (z-1)^2 + - \cdots. \qquad (z \neq 1) \quad (86)$$

In beiden Entwicklungen tritt jedesmal nur ein Glied mit negativem Index ($\lambda = -1$) auf.

b) die Funktion

$$e^{\frac{1}{z}}$$

läßt sich in jedem den Nullpunkt umschließenden Ringgebiete in folgende Reihe entwickeln

$$e^{\frac{1}{z}} = 1 + \frac{1}{z \cdot 1!} + \frac{1}{z^2 \cdot 2!} + \frac{1}{z^3 \cdot 3!} + \cdots. \qquad (z \neq 0) \quad (87)$$

Hier sind also alle Glieder der Laurentschen Reihe mit nicht positivem Index und nur solche vorhanden.

3. Das Residuum. Für den Koeffizienten a_{-1} der Laurentschen Reihenentwicklung gilt die Formel

$$a_{-1} = \frac{1}{2\pi i} \oint_{(K')} f(\zeta)\, d\zeta. \qquad (88)$$

Diese komplexe Größe heißt das Residuum von $f(z)$ an der Stelle $z = z_0$:

$$a_{-1} = \Re\mathfrak{e}\mathfrak{f}\, f(z)_{z = z_0}. \qquad (89)$$

Wenn die Laurentsche Reihe für $f(z)$ in der Umgebung von $z = z_0$ bekannt oder leichter zu berechnen ist als das Integral, kann man hiervon zur Bestimmung des Integrals Gebrauch machen. Ein sehr einfaches Beispiel ist $f(z) = \dfrac{1}{z}$; hier ist das um den Nullpunkt genommene Integral

$$\oint \frac{dz}{z} = 2\pi i \cdot 1;$$

denn die **Laurentsche Reihe** besteht in diesem Falle nur aus dem einen Gliede $\dfrac{1}{z}$ mit dem Residuum $a_{-1} = 1$. Man vgl. dazu die Berechnung der Formel (38).

Ebenso leicht beweist man, daß

$$\oint e^{\frac{x}{z}}\, dz = 2\pi i x \tag{90}$$

ist, falls der Integrationsweg den Nullpunkt einmal umschließt. Denn man hat nach (87)

$$e^{\frac{x}{z}} = 1 + \frac{x}{z} + \frac{x^2}{z^2 \cdot 2!} + \frac{x^3}{z^3 \cdot 3!} + \cdots,$$

also ist

$$\Re\mathfrak{e}\mathfrak{f}\left(e^{\frac{x}{z}}\right)_{z=0} = x,$$

woraus sofort (90) folgt.

Die Formel

$$\frac{1}{2\pi i} \oint f(\zeta)\, d\zeta = \Re\mathfrak{e}\mathfrak{f}\, f(z)_{z=z_0} \tag{91}$$

ist, wie man sieht, eine Erweiterung des Cauchyschen Integralsatzes (35).

4. Der Residuensatz. Es sei $f(z)$ eine Funktion, die im Innern eines Bereiches $(\mathfrak{B})$ mit Ausnahme der Stellen

$$z_1, z_2, \ldots z_n$$

und auf dem Rande (C) von $(\mathfrak{B})$ überall analytisch ist. Durch Integration längs des in Abb. 16 angedeuteten Weges, auf dem $f(z)$ überall analytisch ist, folgt

$$\oint_{(C)} f(\zeta)\, d\zeta = \oint_{(K_1)} + \oint_{(K_2)} + \cdots + \oint_{(K_n)}.$$

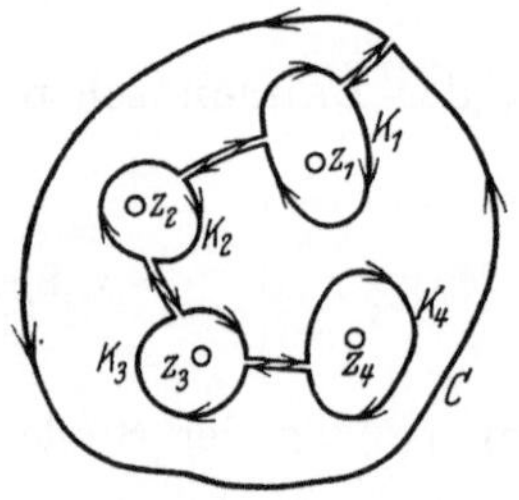

Mit Benutzung des Residuenbegriffes (91) ist also

$$\frac{1}{2\pi i} \oint_{(C)} f(\zeta)\, d\zeta = \sum_{\lambda=1}^{n} \Re\mathfrak{e}\mathfrak{f}\, f(z)_{z=z_\lambda}. \tag{92}$$

Abb. 16. Zum Residuensatze.

Diese Formel heißt der **Residuensatz**. Die Summe auf der rechten Seite ist über alle diejenigen Stellen im Inneren von (C) zu erstrecken, an denen $f(z)$ aufhört, regulär zu sein.

Beispiel. Für die Funktion $f(z) = \dfrac{1}{z(z-1)}$ hat man für einen Integrationsweg nach Abb. 17, der die Punkte 0 und 1 umschlingt,

$$\frac{1}{2\pi i}\oint \frac{d\zeta}{\zeta(\zeta-1)} = -1 + 1 = 0.$$

Das folgt sofort aus den Entwicklungen (85) und (86), aus denen die Residuen von $f(z)$ an den Stellen 0 und 1 unmittelbar zu entnehmen sind.

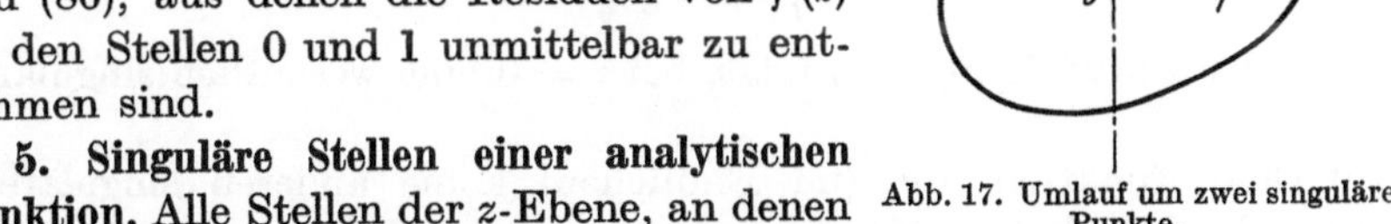

Abb. 17. Umlauf um zwei singuläre Punkte.

5. Singuläre Stellen einer analytischen Funktion. Alle Stellen der z-Ebene, an denen eine sonst analytische Funktion keine Ableitung besitzt (nicht regulär ist), heißen singuläre Stellen von $f(z)$. Man unterscheidet bei eindeutigen Funktionen die Pole oder außerwesentlich singuläre Stellen von den wesentlich singulären Stellen. Es sei z_0 eine singuläre Stelle. Man entwickle $f(z)$ in eine Laurentsche Reihe nach Potenzen von $z - z_0$. Dann kommen darin gewiß Potenzen von $z - z_0$ mit negativen Exponenten vor, sonst wäre ja $z - z_0$ keine singuläre Stelle. Nun sind zwei Fälle möglich.

a) Es sei

$$f(z) = \frac{a_{-m}}{(z-z_0)^m} + \frac{a_{-m+1}}{(z-z_0)^{m-1}} + \cdots + \frac{a_{-1}}{z-z_0} + a_0 + a_1(z-z_0) + \cdots. \tag{93}$$

wobei die Potenzen von $z - z_0$ mit negativen Exponenten in endlicher Zahl auftreten. Die Stelle $z = z_0$ heißt dann ein Pol der Funktion $f(z)$. Ist $a_{-m} \neq 0$ und $-m$ der absolut größte der negativen Exponenten, so verhält sich die Funktion

$$f_1(z) = (z-z_0)^m \cdot f(z)$$

an der Stelle z_0 regulär, dann heißt m die „Ordnung" des Poles z_0; oder $f(z)$ hat an der Stelle z_0 einen Pol m^{ter} Ordnung.

Die Summe aller Glieder mit negativen Exponenten von $z - z_0$, also den Ausdruck

$$\frac{a_{-1}}{z-z_0} + \frac{a_{-2}}{(z-z_0)^2} + \cdots + \frac{a_{-m}}{(z-z_0)^m}.$$

nennt man in diesem Falle oft den „Hauptteil" der Funktion.

b) Es sei

$$f(z) = \sum_{\lambda=\infty}^{0} \frac{a_{-\lambda}}{(z-z_0)^\lambda} + a_1(z-z_0) + a_2(z-z_0)^2 + \cdots, \tag{94}$$

wobei jetzt die Potenzen von $z - z_0$ mit negativen Exponenten in unendlicher Anzahl auftreten. Dann heißt z_0 eine wesentlich singuläre Stelle. Jetzt ist es nicht möglich, durch Multiplikation von $f(z)$ mit einer noch so hohen Potenz von $z - z_0$ eine bei z_0 reguläre Funktion zu erzeugen.

Zum Beispiel hat die rationale Funktion

$$f(z) = \frac{1}{z\,(z-1)^2}$$

bei $z = 0$ einen Pol erster Ordnung und bei $z = 1$ einen Pol zweiter Ordnung. Dagegen hat die Funktion

$$f(z) = e^{\frac{1}{z}},$$

wie aus der Entwicklung (87) folgt, bei $z = 0$ eine wesentlich singuläre Stelle.

c) Eine Funktion, die (im Endlichen) keine anderen singulären Stellen als Pole hat, heißt eine **meromorphe** Funktion, oder vom Charakter einer rationalen Funktion.

5a. Es gibt eine einfache Formel für den Zusammenhang zwischen der Anzahl der Pole und der Nullstellen, die eine eindeutige analytische Funktion $f(z)$ im Innern eines Bereiches $(\mathfrak{B})$ besitzt, in dem sie sonst regulär ist:

$$\frac{1}{2\pi i} \oint_{(C)} \frac{f'(z)}{f(z)}\, dz = N - P\,, \tag{94a}$$

worin (C) die Randlinie des Bereiches bedeutet, N und P dagegen die Anzahlen der Nullstellen und der Pole, die $f(z)$ im Innern von $(\mathfrak{B})$ hat, jede Nullstelle und jeder Pol jedoch sooft gerechnet, wie die zugehörige Ordnungszahl angibt. In der Umgebung von z_0 hat man nämlich

$$f(z) = a_m(z - z_0)^m + a_{m+1}(z - z_0)^{m+1} + \cdots$$

wo $m > 0$ ist, wenn z_0 eine Nullstelle m^{ter} Ordnung ist, dagegen $m < 0$ für einen Pol mit der Ordnungszahl $- m$. Ferner ist

$$f'(z) = a_m\, m\, (z - z_0)^{m-1} + a_{m+1}(m + 1)\,(z - z_0)^m + \cdots,$$

daher

$$\frac{f'(z)}{f(z)} = \frac{m}{z - z_0} + \mathfrak{P}\,(z - z_0)\,,$$

wo $\mathfrak{P}\,(z - z_0)$ eine gewöhnliche Potenzreihe sein soll. Mithin ist

$$m = \mathfrak{Res}\left(\frac{f'(z)}{f(z)}\right)_{z = z_0}.$$

Denkt man sich diese Betrachtung für jede der n verschiedenen Nullstellen, deren Ordnungszahlen $N_1, N_2, \ldots N_n$ seien, und jeden der p verschiedenen Pole, deren Ordnungszahlen $P_1, P_2, \ldots P_p$ seien, durchgeführt, so ergibt der Residuensatz (92), angewendet auf die Funktion $f'(z)\,/\,f(z)$, unmittelbar das gewünschte Ergebnis (94a), wenn man noch

$$N_1 + N_2 + \cdots + N_n = N\,,$$
$$P_1 + P_2 + \cdots + P_p = P$$

setzt.

Beispiel. Die Funktion $f(z) = \dfrac{(z+1)^2}{z\,(z-1)^2}$ hat in einem Bereiche, in dessen Innern die Punkte $z = -1, 0, +1$ gelegen sind, $N = 2$, $P = 3$, und es ist

$$\oint \frac{f'(z)}{f(z)}\,dz = \oint \frac{2\,dz}{z+1} - \int \frac{dz}{z} - \int \frac{2\,dz}{z-1} = -2\,\pi\,i\,.$$

Bemerkung. Ist $f(z)$ im Bereiche $(\mathfrak{B})$ überall regulär, also $P = 0$, so gibt das Integral (94a) die Anzahl der Nullstellen in $(\mathfrak{B})$.

6. Der „unendlich ferne“ Punkt. Das Verhalten einer eindeutigen analytischen Funktion $f(z)$ für absolut große Werte von z oder, wie man sagt, im unendlich fernen Punkte läßt sich auf das Verhalten einer anderen Funktion $\varphi(\zeta)$ am Nullpunkte $\zeta = 0$ zurückführen. Denn setzt man

$$z = \frac{1}{\zeta}\,,$$

so ist $|\zeta| \to 0$ für $|z| \to \infty$.

Es sei

$$f(z) = f\left(\frac{1}{\zeta}\right) = \varphi(\zeta)\,.$$

Wenn nun $\varphi(\zeta)$ bei $\zeta = 0$ sich regulär verhält, so sagt man auch von $f(z)$, daß diese Funktion sich im Unendlichen regulär verhalte. Wenn $\varphi(\zeta)$ bei $\zeta = 0$ einen m-fachen Pol oder eine wesentlich singuläre Stelle hat, so legt man dasselbe Verhalten der Funktion $f(z)$ am unendlich fernen Punkte bei.

So ergibt sich zum Beispiel, daß $f(z) = \dfrac{1}{z}$ sich im Unendlichen regulär verhält; $f(z) = z^2$ hat „bei $z = \infty$“ einen Pol zweiter Ordnung; $f(z) = e^z$ dagegen hat im Unendlichen eine wesentlich singuläre Stelle, dann — vgl. (87) —

$$f\left(\frac{1}{\zeta}\right) = \varphi(\zeta) = e^{\frac{1}{\zeta}} = 1 + \frac{1}{\zeta\cdot 1!} + \frac{1}{\zeta^2\cdot 2!} + \cdots$$

hat eine solche bei $\zeta = 0$.

Die Bezeichnung „unendlich ferner Punkt der z-Ebene“ oder „$z = \infty$“ ist natürlich nur im übertragenen Sinne zu verstehen, und man darf sich darunter nichts Anschaulich-Geometrisches vorstellen wollen. Wenn man von dem Verhalten einer analytischen Funktion $f(z)$ in der „abgeschlossenen“ komplexen Ebene redet, meint man ihr Verhalten für komplexe Werte von z und überdies für $|z| \to \infty$ im obigen Sinne. Hierüber gibt es einen merkwürdigen Satz, der aussagt, daß jede analytische Funktion, wenn sie überhaupt verschiedener Werte fähig ist, an wenigstens einer Stelle der abgeschlossenen Ebene einen singulären Punkt besitzen muß.

7. Satz von Liouville. Eine eindeutige analytische Funktion, die sich in der abgeschlossenen komplexen Ebene überall regulär verhält, ist eine Konstante.

Beweis. Da $f(z)$ überall, auch für $z = \infty$, regulär sein soll, ist $|f(z)|$ überall beschränkt, d. h. es gibt eine Konstante K derart, daß

$$|f(z)| < K$$

ist für jedes z und auch für $|z| \to \infty$. Nun seien z und $z + h$ zwei verschiedene Punkte der z-Ebene, und es sei (C) ein Kreis um z als Mittelpunkt von so großem Radius R, daß $z + h$ noch im Innern und um mindestens $\frac{1}{2} R$ vom Rande des Kreises gelegen ist (Abb. 18) Nach der Cauchyschen Integralformel (47) ist

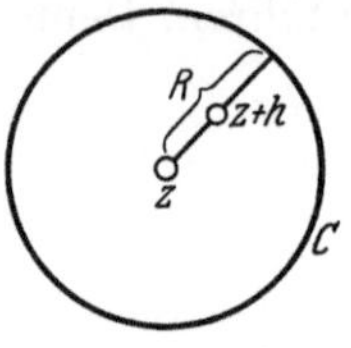

$$f(z + h) - f(z) = \frac{1}{2\pi i} \oint_{(C)} \left(\frac{1}{\zeta - z - h} - \frac{1}{\zeta - z} \right) f(\zeta)\, d\zeta$$

$$= \frac{1}{2\pi i} \oint_{(C)} \frac{h\, f(\zeta)}{(\zeta - z - h)\,(\zeta - z)}\, d\zeta$$

Abb. 18. Zum Satze von Liouville.

und also nach (40)

$$|f(z + h) - f(z)| \leq \frac{1}{2\pi} \frac{|h|\, K}{\frac{1}{2} R \cdot R} \int_{\varphi = 0}^{2\pi} R\, d\varphi = 2\, \frac{|h|\, K}{R}\,.$$

Man kann aber R beliebig groß, also die rechte Seite beliebig klein machen, und zwar für jeden Wert von z und von h. D. h. es ist

$$f(z + h) = f(z)\,,$$

mithin ist $f(z)$ konstant, w. z. b. w.

8. Bemerkungen über mehrdeutige Funktionen. Wir müssen uns hier mit einigen Beispielen begnügen, an denen jedoch die bei mehrdeutigen Funktionen noch auftretenden Singularitäten deutlich erkennbar sind.

a) $w = \sqrt{z - z_0}$. Diese Funktion hat für jeden von z_0 verschiedenen Wert von z zwei verschiedene Funktionswerte, die man als die beiden Zweige der Funktion unterscheidet, nämlich für $z - z_0 = r e^{i\varphi}$

$$w_1 = |\sqrt{r}|\, e^{\frac{i\varphi}{2}}$$

und

$$w_2 = |\sqrt{r}|\, e^{i\left(\frac{\varphi}{2} + \pi\right)}\,.$$

Nur für $z = z_0$ hat w den einen Wert Null. Man nennt daher $z = z_0$ einen Verzweigungspunkt von w. Um das Verhalten von $w = f(z)$ $= \sqrt{z - z_0}$ in der Umgebung des Verzweigungspunktes zu studieren, setze man $w = \varrho\, e^{i\vartheta}$, und lasse nun den Punkt z längs einer einfach geschlossenen Kurve den Punkt z_0 umlaufen. Dabei wächst $\varphi = \mathrm{arc}\,(z)$ von einem Anfangswerte φ_0 bis $\varphi_0 + 2\pi$, während $\vartheta = \mathrm{arc}\,(w)$ von dem

Anfangswerte $\vartheta_0 = \tfrac{1}{2}\,\varphi_0$ bis zu $\tfrac{1}{2}\,\varphi_0 + \pi = \vartheta_0 + \pi$ wächst. Man gelangt auf diese Weise, von einem Werte des einen Zweiges, etwa w_1, ausgehend zu den Werten des anderen Zweiges w_2, und erst nach einem abermaligen Umlauf in der z-Ebene um den Verzweigungspunkt z_0 erhält man den ursprünglichen Wert w_1 wieder. Einem doppelten Umlauf in der z-Ebene um den Punkt z_0 entspricht also ein einfacher Umlauf in der w-Ebene um den Punkt $w = 0$.

Riemann hat den Begriff der mehrblättrigen (hier bei $w = \sqrt{z - z_0}$ zweiblättrigen) Ebene eingeführt, indem für jeden der beiden Zweige w_1 und w_2 eine besondere z-Ebene benutzt wird, und diese so übereinander gelegt werden, daß sich die Werte von z decken. Beiden so entstandenen Blättern ist der Verzweigungspunkt $z = z_0$ gemeinsam, denn dort ist $w_1 = w_2$. Um der Tatsache gerecht zu werden, daß erst nach zweimaligem Umlauf um den Verzweigungspunkt $z = z_0$ die ursprünglichen Werte von w wieder erhalten werden, denkt man sich die beiden Blätter längs irgend einer von $z = z_0$ ausgehenden Halbgeraden (oder auch irgendeiner ins Unendliche gehenden doppelpunktslosen Kurve) so zusammen-

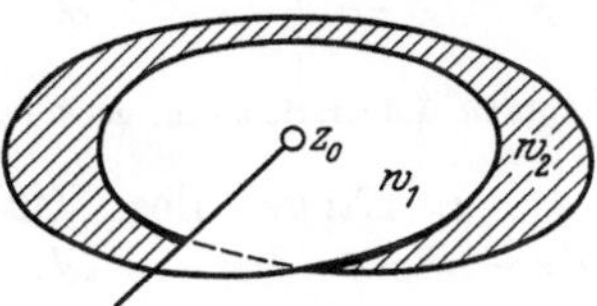

Abb. 19. Zweiblättrige Riemannsche Fläche.

geheftet, wie die Abb. 19 angibt. Wenn man nun in dieser zweiblättrigen „Riemannschen Fläche" von einem Punkte der Geraden ausgehend den Punkt z_0 umläuft, so erhält man, den Werten des oberen Blattes zugeordnet, die Werte des einen Zweiges w_1; ist man nunmehr wieder an der Geraden angelangt, so hat man jetzt auf das untere Blatt überzugehen, dem die Werte w_2 zugeordnet sind; ein abermaliges Überschreiten der Geraden leitet wieder auf das obere Blatt hinüber.

b) $w = \sqrt[m]{z - z_0}$. Diese Funktion ist für $z \neq z_0$ m-deutig und hat bei $z = z_0$ einen Verzweigungspunkt m^{ter} Ordnung, indem die zugehörige Riemannsche Fläche aus m verschiedenen Blättern besteht, von denen das erste mit dem m^{ten} längs des von z_0 ausgehenden „Verzweigungsschnittes" zusammenhängt.

c) $w = \log z = \ln |z| + i \operatorname{arc}(z) + 2\,k\pi\,i \quad (k = 0,\, \pm 1,\, \pm 2,\, \ldots)$. Diese Funktion ist unendlich vieldeutig; $z = 0$ ist hier, wie man sagt, ein Windungspunkt unendlich hoher Ordnung, weil die zugehörige Riemannsche Fläche aus unzählig vielen Blättern besteht, die alle im Punkte z_0 zusammenhängen.

Daß die Verzweigungs- und Windungspunkte zu den singulären Punkten gehören, sieht man leicht ein; denn z. B. ist für $w = \sqrt{z - z_0}$

$$\frac{dw}{dz} = \frac{1}{\sqrt{z - z_0}}$$

nur vorhanden, wenn $z \neq z_0$ ist.

F. Anwendungen und vermischte Sätze.

1. Berechnung eines bestimmten Integrales. Es sei das Integral

$$\oint e^{iz}\frac{dz}{z}$$

für den in Abb. 20 gezeichneten, geschlossenen Weg zu berechnen, und zwar in dem Grenzfall, wo $R \to \infty$ und $r \to 0$ streben. Da im Innern des Bereiches die Funktion e^{iz}/z überall analytisch ist, gilt

$$\oint e^{iz}\frac{dz}{z} = 0 . \qquad (95)$$

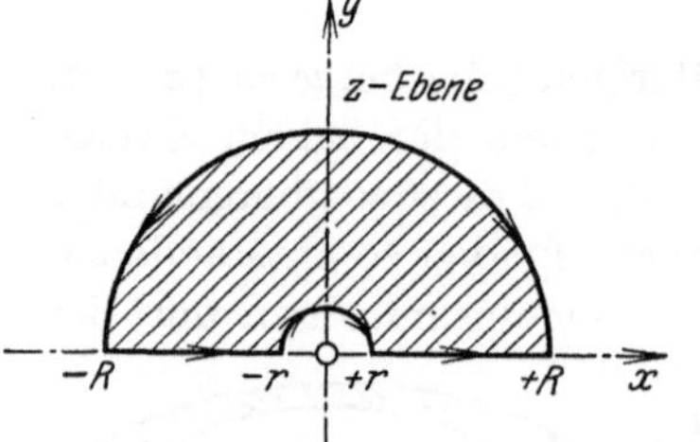

Abb. 20. Integrationsweg, geschlossen.

Die Integration werde nun in folgende Teile zerlegt:

I. Längs des Halbkreises vom Radius R ist $z = Re^{i\varphi}$; $dz = Re^{i\varphi}\cdot i\,d\varphi = z\cdot i\,d\varphi$.

II. Längs der x-Achse von $-R$ bis $-r$ ist $z = x$, $dz = dx$.

III. Längs des Halbkreises vom Halbmesser r ist $z = r\cdot e^{i\varphi}$; $dz = z\cdot i\,d\varphi$.

IV. Längs der x-Achse von $+r$ bis $+R$ ist wieder $z = x$, $dz = dx$. Die Summe dieser vier Integrale muß dann nach (95) gleich Null sein. Das Integral I kann abgeschätzt werden. Es ist nämlich

$$|I| = \left|\int_0^\pi e^{iR\cos\varphi}\cdot e^{-R\sin\varphi}\,d\varphi\right| \leqq \left|\int_0^\pi e^{-R\sin\varphi}\,d\varphi\right| = 2\int_0^{\pi/2} e^{-R\sin\psi}\,d\psi .$$

Dieses Integral kann man weiter zerlegen in

$$\int_0^\varepsilon + \int_\varepsilon^{\pi/2} ,$$

wo $\varepsilon > 0$ beliebig klein genommen werden kann, und davon ist das erste Integral wegen $e^{-R\sin\psi} \leqq 1$ für $0 \leqq \psi \leqq \varepsilon$ höchstens gleich ε, das zweite aber wegen $e^{-R\sin\psi} \leqq e^{-R\sin\varepsilon}$ höchstens gleich $e^{-R\sin\varepsilon}\left(\dfrac{\pi}{2} - \varepsilon\right)$ $< \dfrac{\pi}{2}e^{-R\sin\varepsilon}$. Mithin ist zusammen

$$|I| < 2\left(\varepsilon + \frac{\pi}{2} e^{-R\sin\varepsilon}\right) .$$

Nunmehr läßt sich R so groß nehmen, daß $\dfrac{\pi}{2}e^{-R\sin\varepsilon} < \varepsilon$ wird; man braucht nämlich nur

$$R > \frac{\ln\dfrac{\pi}{2} - \ln\varepsilon}{\sin\varepsilon} \qquad (96)$$

zu wählen. Dann wird aber

$$|I| < 4\,\varepsilon ,$$

also beliebig klein, d. h.

$$\lim_{R \to \infty} I = 0 \, . \tag{97}$$

Für das Integral III findet man mit Benutzung der Potenzreihe für e^z

$$III = - i \int_{\varphi = 0}^{\pi} \exp(i \, r \, e^{i\varphi}) \, d\varphi$$

$$= - i \int_{\varphi = 0}^{\pi} \left\{ 1 + i \, r \, e^{i\varphi} + \frac{i^2 r^2}{2!} e^{2i\varphi} + \frac{i^3 r^3}{3!} e^{3i\varphi} + \cdots \right\} d\varphi \, . \tag{98}$$

Die in $\{\ \}$ stehende Reihe ist aber für alle in Betracht kommenden Werte von φ gleichmäßig konvergent (vgl. **D, 2a**), denn das $(\lambda + 1)^{\text{te}}$ Glied ist dem absoluten Betrage nach $\leqq \frac{r^\lambda}{\lambda!}$, diese Größe aber von φ unabhängig und gleich dem $(\lambda + 1)^{\text{ten}}$ Gliede der konvergenten Reihe für e^r mit positiven reellen Gliedern. Mithin ist in (98) die Integration Glied für Glied gestattet. Die auftretenden Integrale sind von der Form

$$\left. \begin{aligned} \int_0^{\pi} e^{\lambda i \varphi} d\varphi &= \frac{1}{\lambda i} (e^{\lambda i \pi} - 1) \\ &= \frac{1}{\lambda i} ((-1)^\lambda - 1), \end{aligned} \right\} \qquad (\lambda = 0, 1, 2, \ldots) \tag{99}$$

also gleich 0 oder $2i/\lambda$, je nachdem λ gerade oder ungerade ist. Daher wird

$$III = - i(\pi + r \, S(r)) \, , \tag{100}$$

worin

$$S(r) = 2 \left(-1 + \frac{r^2}{3!\,3} - \frac{r^4}{5!\,5} + \frac{r^6}{7!\,7} -- + \cdots \right) \tag{101}$$

eine beständig konvergente Potenzreihe mit $|S(r)| < 2 |\cos r| \leqq 2$ ist. Aus (100) folgt also

$$\lim_{r \to 0} III = - i \pi \, . \tag{102}$$

Endlich lassen sich die Integrale II und IV für $R \to \infty$ und $r \to 0$ in der Form zusammenfassen:

$$\lim (II + IV) = \int_{-\infty}^{0} + \int_{0}^{-\infty} = \int_{-\infty}^{+\infty} e^{ix} \frac{dx}{x}, \tag{103}$$

und es gilt jetzt, indem man alle Integrale addiert und (95), (97), (102) berücksichtigt, im Grenzfalle für $R \to \infty$ und $r \to 0$:

$$\int_{-\infty}^{+\infty} e^{ix} \frac{dx}{x} = + i \pi \, . \tag{104}$$

Durch Zerlegung in den reellen und imaginären Bestandteil folgt hieraus

$$\int_{-\infty}^{+\infty} \cos x \, \frac{d x}{x} = 0 \tag{105}$$

und

$$\int_{-\infty}^{+\infty} \sin x \, \frac{d x}{x} = \pi \tag{106}$$

oder, wie man leicht sieht,

$$\int_{0}^{\infty} \sin x \, \frac{d x}{x} = \frac{\pi}{2} \, . \tag{107}$$

Es ist nicht ganz einfach, dieses Integral ohne Zuhilfenahme komplexer Betrachtungen zu berechnen.

2. Hakenintegrale. Die in abgekürzter Bezeichnung geschriebenen letzten Formeln, insbesondere (104), geben insofern den Sachverhalt nicht in aller Schärfe wieder, als der Nullpunkt selbstverständlich auszuschließen ist. Wenn man daher in (95) den Integrationsweg nach Abb. 20 beibehält, jedoch für den Grenzfall $R \to \infty$, so erhält man aus (95) und (97)

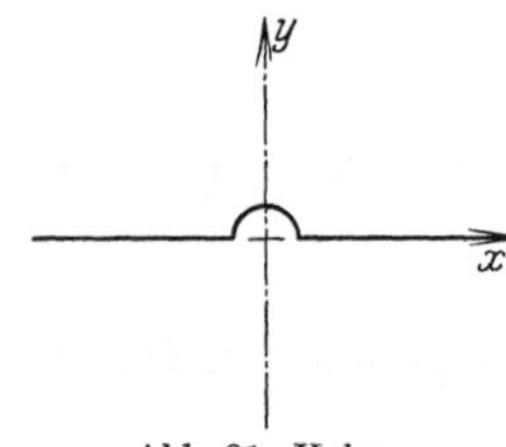

Abb. 21. Haken.

$$\int e^{i z} \frac{d z}{z} = 0, \tag{108}$$

wobei der Haken den Integrationsweg (vgl. Abb. 21) andeutet (Hakenintegral[1]); hierbei ist der Nullpunkt durch einen Halbkreis nach oben von beliebigem Radius r umgangen. Mittels der Substitution

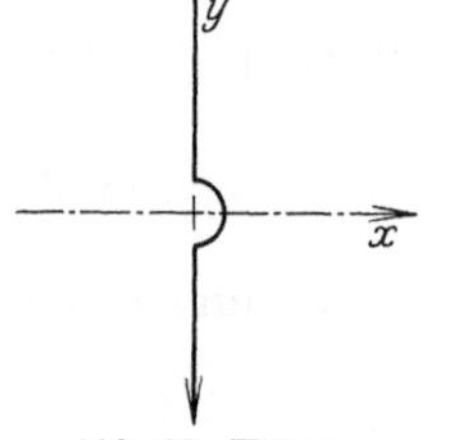

Abb. 22. Haken.

$$z = i \zeta, \qquad - i z = \zeta, \qquad \frac{d z}{z} = \frac{d \zeta}{\zeta}$$

wird der Integrationsweg um arc $(- i) = 3 \frac{\pi}{2}$ gedreht, und man erhält das Hakenintegral (Abb. 22)

$$\int e^{-\zeta} \frac{d \zeta}{\zeta} = 0.$$

Bei der Umkehr der Integrationsrichtung ändert das Integral nur sein Vorzeichen; also ist auch (Abb. 23)

$$\int e^{-\zeta} \frac{d \zeta}{\zeta} = 0. \tag{109}$$

---

[1] Diese Bezeichnung rührt von A. Korn her.

Nun sei t eine **reelle Veränderliche**. Ist $t > 0$, so bedeutet es nur eine Maßstabsänderung der z-Ebene, wenn man in (109) $t\,\zeta$ statt ζ einführt. Man erhält also

$$\int_{\mathord{\uparrow}}^{} e^{-t\zeta}\,\frac{d\zeta}{\zeta} = 0 \quad \text{für}\quad t > 0 . \qquad (110)$$

Falls aber t negativ oder Null ist, erhält das Integral einen anderen Wert. Um ihn zu finden, werde zunächst für den in Abb. 24 gezeichneten geschlossenen Integrationsweg das Integral

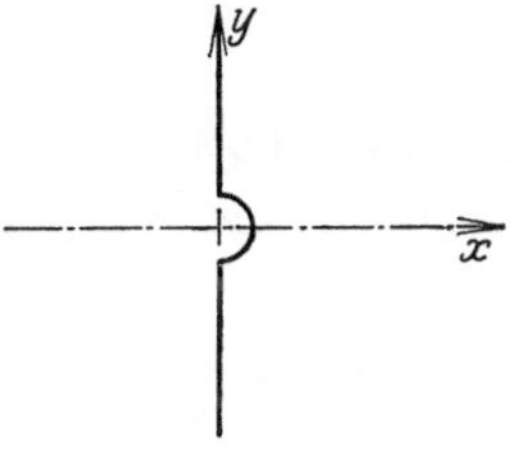
Abb. 23. Haken.

$$\frac{1}{2\pi i}\oint e^{i\,z}\,\frac{dz}{z}$$

berechnet. Da $z = 0$ im umfahrenen Gebiet die einzige Singularität von $\dfrac{e^{i\,z}}{z}$ ist, so ist das Integral nach (88) gleich

$$\mathfrak{Res}\left(\frac{e^{i\,z}}{z}\right)_{z=0} .$$

Die **Laurentsche Reihe** von $\dfrac{e^{i\,z}}{z}$ in der Umgebung von $z = 0$ lautet

$$\frac{e^{i\,z}}{z} = \frac{1}{z} + \frac{i}{1!} + \frac{i^2}{2!}\,z + \frac{i^3}{3!}\,z^2 + \cdots .$$

Das **Residuum** ist also gleich 1.

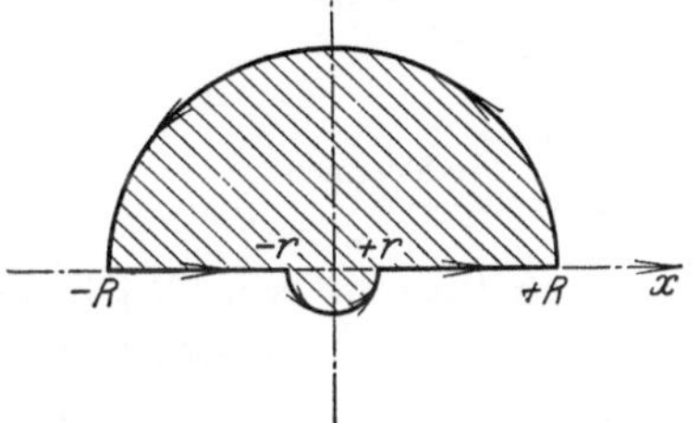
Abb. 24. Geschlossener Integrationsweg.

Mithin ist auch [für $R \to \infty$ mit Berücksichtigung von (97)] das Hakenintegral (Abb. 25)

$$\frac{1}{2\pi i}\int e^{i\,z}\,\frac{dz}{z} = 1 . \qquad (111)$$

Die Substitution $iz = \zeta$ ergibt eine Drehung der z-Ebene um $+\dfrac{\pi}{2}$; also wird

$$\int_{\mathord{\uparrow}}^{} e^{\zeta}\,\frac{d\zeta}{\zeta} = 2\pi i . \qquad (112)$$

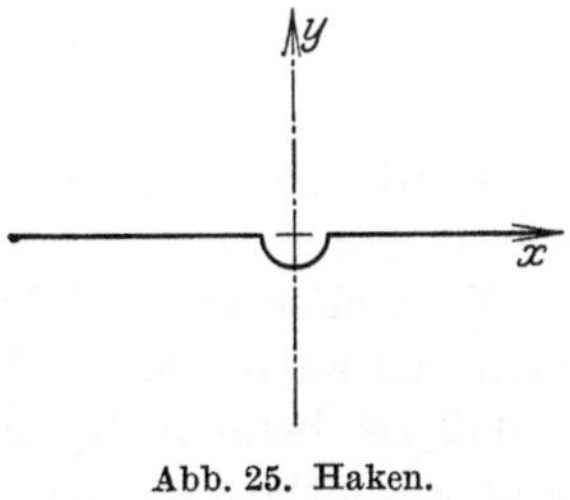

Setzt man $t\,\zeta$ statt ζ, wobei auch wieder $t > 0$ reell sein soll, so erhält man

$$\int_{\mathord{\uparrow}}^{} \frac{e^{t\zeta}\,d\zeta}{\zeta} = 2\pi i \quad \text{für}\quad t > 0 . \qquad (113)$$

Abb. 25. Haken.

Die linke Seite geht in die von (110) über, wenn man $-t$ statt t schreibt, d. h. wenn man dort t negativ nimmt.

Um das Ergebnis für den Fall $t = 0$ zu vervollständigen, betrachte man das Integral

$$\int \frac{d\zeta}{\zeta} ;$$

für den Weg der Abb. 26 verschwindet es, da im umschlossenen Gebiet keine Singularitäten der Funktion $1/\zeta$ liegen:

$$\oint \frac{d\zeta}{\zeta} = 0. \tag{114}$$

Dieses geschlossene Integral kann aber aus dem von $-Ri$ bis $+Ri$ mit Umgehung des Nullpunktes erstreckten Hakenintegral und dem Kreisbogenintegral längs des Halbkreises (H) vom Radius R zusammengesetzt werden (Abb. 26); es ist also

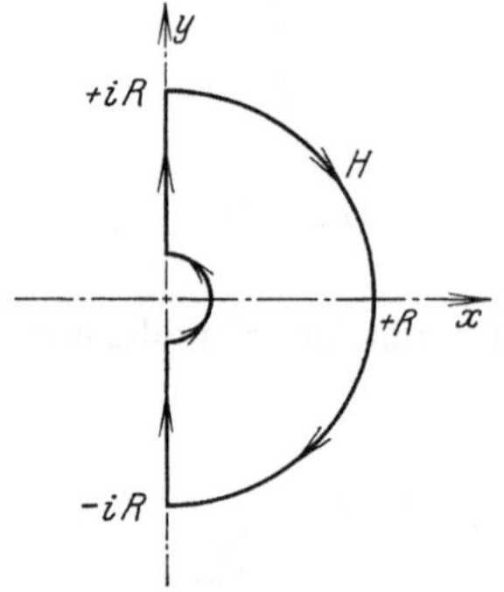

Abb. 26. Geschlossener Integrationsweg.

$$\int_{-Ri}^{+Ri} \frac{d\zeta}{\zeta} + \int_{(H)} \frac{d\zeta}{\zeta} = 0.$$

Auf dem Halbkreise (H) ist $\zeta = R \cdot e^{i\varphi}$, $d\zeta = i\zeta \cdot d\varphi$, also wird

$$\int_{(H)} \frac{d\zeta}{\zeta} = \int_{\varphi=+\frac{\pi}{2}}^{-\frac{\pi}{2}} i\,d\varphi = -i\pi.$$

Da dieses Resultat von R gänzlich unabhängig ist, kann man sogleich zur Grenze $R \to \infty$ übergehen und findet

$$\int \frac{d\zeta}{\zeta} = i\pi, \tag{115}$$

wo jetzt die Integration über die ganze imaginäre Achse unter Umgehung des Nullpunktes nach rechts zu erstrecken ist.

3. Stoßfunktion. Die Ergebnisse der Formeln (110), (113) und (115) lassen sich so zusammenfassen:

$$\frac{1}{2\pi i} \int e^{t\zeta} \frac{d\zeta}{\zeta} = \begin{cases} 0 & \text{für} \quad t < 0, \\ \tfrac{1}{2} & \text{für} \quad t = 0, \\ 1 & \text{für} \quad t > 0. \end{cases} \tag{116}$$

Die hierdurch bestimmte reelle unstetige Funktion $S(t)$ wird ein **diskontinuierlicher Faktor** genannt.

Wir wollen eine solche unstetige Funktion, die beim Übergang von negativen zu positiven Argumentwerten plötzlich von 0 auf 1 springt — daß sie beim Nullpunkte selbst den Zwischenwert $\tfrac{1}{2}$ annimmt, ist nicht wesentlich —, als eine **Stoßfunktion** bezeichnen. Solche Funktionen treten z. B. auf, wenn man in eine stromlose elektrische Leitung plötzlich einen Strom einschaltet oder — wie man sagt — einen Stromstoß schickt.

Wenn man wie üblich mit sgn$\,t$ (Vorzeichen von t) den Wert $+1$, 0, -1 bezeichnet, je nachdem t positiv, Null, oder negativ ist, kann man $S(t)$ leicht durch die Funktion sgn t ausdrücken. Es ist

$$S(t) = \frac{1}{2\pi i} \int_{\s}^{\r} e^{t\zeta} \frac{d\zeta}{\zeta} = \frac{1}{2}(1 + \operatorname{sgn} t).\tag{117}$$

Die Abb. 27 zeigt den Verlauf dieser Stoßfunktion.

Eine Stoßfunktion, die für $t = t_0$ von 0 auf den positiven Wert K springt, ist einfach

$$K \cdot S(t - t_0).\tag{118}$$

Wir werden darauf in einem der nächsten Paragraphen zurückkommen.

4. Lineare Differentialgleichungen und die sogenannte Heavisidesche Operatorenrechnung. Bekanntlich hängt die Bestimmung der elasti-

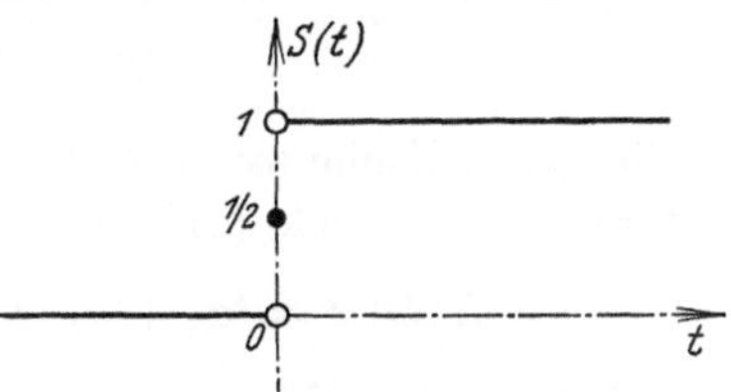
Abb. 27. Stoßfunktion $S(t)$.

schen oder harmonischen Schwingungen von der Integration einer oder mehrerer linearer Differentialgleichungen ab, die je nach der Zahl der Dimensionen des Mediums gewöhnliche Differentialgleichungen oder partielle sein können. Auch die Theorie der periodischen elektrischen Erscheinungen, wie der elektromagnetischen Schwingungen des Äthers oder die schwingenden Vorgänge beim Strom und bei der Spannung in einem Kabel oder einer Doppelleitung gründet sich auf das Studium solcher linearer Differentialgleichungen. Wir wollen uns hier mit dem einfachsten Fall der linearen gewöhnlichen Differentialgleichungen beschäftigen.

Für viele Zwecke bedient man sich in dieser Theorie einer symbolischen Bezeichnungsweise für die vorkommenden Differentiationen nach der unabhängigen Veränderlichen. Obwohl diese Bezeichnung, die auf Leibniz zurückgeht, schon seit dem achtzehnten Jahrhundert (Lagrange) bekannt ist, und obwohl sie in mehreren älteren Lehrbüchern[1] ausführlich behandelt worden ist, belieben doch die Elektrotechniker, sie jetzt nach Heaviside zu benennen.

Es sei t die unabhängige reelle Veränderliche, in den physikalischen Anwendungen meist die Zeit, und x eine reelle oder komplexe Funktion von t, die jedoch genügend oft differenzierbar sein soll. Ferner seien

$$a_0,\ a_1,\ a_2,\ \ldots\ a_m$$

gegebene Funktionen von t, oder auch Konstanten. Wir betrachten den linearen Differentialausdruck m^{ter} Ordnung (falls $a_m \neq 0$ ist)

$$a_0 x + a_1 \frac{dx}{dt} + a_2 \frac{d^2 x}{dt^2} + \cdots + a_m \frac{d^m x}{dt^m}.\tag{118}$$

---

[1] Z. B. G. Boole: Treatise on the Calculus of finite Differences. Cambridge 1860.

Um ihn bequem schreiben zu können, setze man

$$\frac{dx}{dt} = \frac{d}{dt}\,x = D\,x\,, \qquad \frac{d^2x}{dt^2} = \frac{d^2}{dt^2}\,x = D^2 x\,, \;\ldots \qquad \frac{d^m x}{dt^m} = D^m x \qquad (119)$$

und betrachte $D\,x$ als ein „Produkt" des „symbolischen Operators" D mit x; in Wirklichkeit ist D, vor x gesetzt, lediglich ein „Befehl", x nach t zu differenzieren. Schließlich betrachte man

$$D^m = D\,D\,\ldots\,D_{m\,\mathrm{mal}}$$

als die symbolische m^{te} Potenz von D. Dann läßt sich der obige lineare Differentialausdruck (118) in der Form

$$L\,(D)\,x = (a_0 + a_1 D + a_2 D^2 + \cdots + a_m D^m)\,x \qquad (120)$$

schreiben, worin die „ganze rationale Funktion von D"

$$L\,(D) = a_0 + a_1 D + a_2 D^2 + \cdots + a_m D^m, \qquad (121)$$

ein linearer Differentialoperator m^{ter} Ordnung, nichts anderes als der „Befehl" ist, die darauffolgende Funktion x in der durch (118) vorgeschriebenen Weise zu behandeln.

Die Gleichung

$$L\,(D)\,x = T\,(t) \qquad (122)$$

ist also eine homogene lineare Differentialgleichung mit der „Störungsfunktion" $T\,(t)$. Ist diese etwa der erregenden Beschleunigung proportional, so liefert die Integration von (122) die x-Komponente einer Schwingung, die insbesondere harmonisch heißt, wenn $a_0, a_1, \ldots a_m$ Konstanten sind. Es sei x_0 eine Partikularlösung von (122), d. h.

$$L\,(D)\,x_0 = T\,(t)\,,$$

so genügt $x - x_0$ der zu (122) gehörigen homogenen Differentialgleichung

$$L\,(D)\,(x - x_0) = 0\,, \qquad (123)$$

die ausgeschrieben also lautet

$$a_0(x - x_0) + a_1\frac{d}{dt}\,(x - x_0) + a_2\frac{d^2}{dt^2}(x - x_0) + \cdots + a_m\frac{d^m}{dt^m}\,(x - x_0) = 0.$$

5. Gekoppelte Schwingungen. Es sei nun ein System von n solchen linearen Differentialgleichungen mit n unbekannten Funktionen $x_1, x_2, \ldots x_n$ von t und n gegebenen erregenden Funktionen $T_1, T_2, \ldots T_n$ von t vorgelegt:

$$\left.\begin{aligned} L_{11}\,(D)\,x_1 + L_{12}\,(D)\,x_2 + \cdots + L_{1\,n}\,(D)\,x_n &= T_1\,(t),\\ L_{21}\,(D)\,x_2 + L_{22}\,(D)\,x_2 + \cdots + L_{2\,n}\,(D)\,x_n &= T_2\,(t),\\ \cdots\cdots\cdots\cdots\cdots\cdots\cdots\cdots\cdots\cdots\cdots\cdots\cdots\cdots\cdots&\\ L_{n\,1}(D)\,x_1 + L_{n\,2}\,(D)\,x_2 + \cdots + L_{n\,n}\,(D_n)\,x_n &= T_n\,(t). \end{aligned}\right\} \qquad (124)$$

Wir schreiben es in der kurzen Form

$$\sum_{k=1}^{n} L_{jk}(D)\, x_k = T_j(t)\,, \tag{125}$$

$$(j = 1,\ 2,\ \ldots\ n)\,.$$

Hierin bedeuten die $L_{jk}(D)$ n^2 lineare Differentialoperatoren von der Form (121), etwa

$$L_{jk}(D) = a_{jk,0} + a_{jk,1} D + a_{jk,2} D^2 + \cdots + a_{jk.m_{jk}} D^{m_{jk}}, \tag{126}$$

$$(j,\ k = 1, 2, 3,\ \ldots\ n)$$

worin m_{jk} die Ordnung des Operators $L_{jk}(D)$ bezeichnet, und die Koeffizienten $a_{jk,\lambda}$ gegebene Funktionen von t oder Konstanten sind.

Durch die n^2 Gleichungen (124) oder (125) sind die n Schwingungsgrößen $x_1, x_2, \ldots x_n$ gekoppelt. Ein Beispiel dafür sind die elektromagnetisch gekoppelten Ströme J_1, J_2 und Spannungen V_1, V_2 zweier verketteter elektrischer Schwingungskreise (Abb. 28), die den Differentialgleichungen

$$\left.\begin{aligned} L_1 \frac{dJ_1}{dt} + M \frac{dJ_2}{dt} - V_1 &= 0\,, \\[2mm] L_2 \frac{dJ_2}{dt} + M \frac{dJ_1}{dt} + V_2 &= 0\,, \\[2mm] C_1 \frac{dV_1}{dt} + J_1 &= 0\,, \\[2mm] C_2 \frac{dV_2}{dt} - J_2 &= 0 \end{aligned}\right\} \tag{127}$$

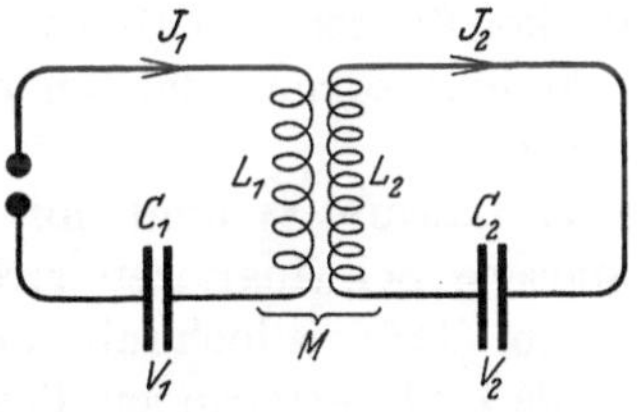

Abb. 28. Zwei gekoppelte Stromkreise.

genügen, worin C_1, C_2 die Kapazitäten, L_1, L_2 die Induktivitäten der einzelnen Stromkreise, M ihre wechselseitige Induktivität bedeuten.

In dem vorstehenden System (127) ist im Vergleich mit (124) für $x_1 = J_1, x_2 = J_2, x_3 = V_1, x_4 = V_2$

$$L_{11}(D) = L_1 D\,, \quad L_{12}(D) = M D\,, \quad L_{13}(D) = -1\,, \quad L_{14}(D) = 0\,,$$
$$L_{21}(D) = M D\,, \quad L_{22}(D) = L_2 D\,, \quad L_{23}(D) = 0\,, \quad L_{24}(D) = +1\,,$$
$$L_{31}(D) = +1\,, \quad L_{32}(D) = 0\,, \quad L_{33}(D) = C_1 D\,, \quad L_{34}(D) = 0\,,$$
$$L_{41}(D) = 0\,, \quad L_{42}(D) = -1\,, \quad L_{43}(D) = 0\,, \quad L_{44}(D) = C_2 D\,.$$

6. Lineare homogene Systeme mit festen Koeffizienten. Wir wollen nun annehmen, daß die Koeffizienten $a_{jk,\lambda}$ sämtlich von t unabhängig seien, ferner daß die vorgelegten Gleichungen homogen seien (123). Das System lautet dann

$$\sum_{k=1}^{n} L_{jk}(D)\, x_k = 0 \tag{128}$$

$$(j = 1,\ 2,\ \ldots\ n)\,.$$

Die Auflösung dieses Systems ist, wie hier ohne Beweis mitgeteilt werde,

$$x_k(t) = P_{1k}(t)\, e^{r_1 t} + P_{2k}(t)\, e^{r_2 t} + \cdots, \tag{129}$$

worin $r_1, r_2, \ldots$, die sogenannten „Eigenwerte" des Problems, die Wurzeln der algebraischen Gleichung (Hauptgleichung)

$$\Delta(r) = \begin{vmatrix} L_{11}(r)\, L_{12}(r) \ldots L_{1n}(r) \\ L_{21}(r)\, L_{22}(r) \ldots L_{2n}(r) \\ \cdot\;\cdot\;\cdot\;\cdot\;\cdot\;\cdot\;\cdot\;\cdot \\ L_{n1}(r)\, L_{n2}(r) \ldots L_{nn}(r) \end{vmatrix} = 0 \tag{130}$$

bedeuten, und die Funktionen $P_{1k}(t)$, $P_{2k}(t)$, $\ldots$ Polynome von t (mit willkürlichen festen Koeffizienten), deren Grad jedesmal um 1 kleiner ist als die Vielfachheit der betreffenden Wurzel $r_1, r_2, \ldots$ der Hauptgleichung (130). Diese Lösung (129) ist, wie man sieht, eine naheliegende Verallgemeinerung des Falles einer einzigen linearen Differentialgleichung

$$L(D)\, x = 0$$

mit konstanten Koeffizienten.

Man integriere danach das System (127), das zu den homogenen gehört.

7. Lineare Systeme mit konstanten Koeffizienten, die durch harmonische Schwingungen erregt werden. Nun betrachten wir wieder das System (125), jedoch mit konstanten Koeffizienten $a_{jk,\lambda}$, und nehmen an, daß die erregenden Beschleunigungen $T_j(t)$ harmonische Schwingungen seien. Man kann in diesem Falle, statt von Sinus- oder Kosinusfunktionen auszugehen, diese zu Exponentialfunktionen im Komplexen zusammenfassen, und also

$$T_j(t) = A_j\, e^{p t} \qquad (j = 1, 2, \ldots n) \tag{131}$$

setzen, wo $A_1, A_2, \ldots A_n$ reelle Konstanten und ebenso p eine komplexe Konstante bedeuten soll, durch die die gemeinsame Kreisfrequenz und gegebenenfalls, nämlich wenn

$$\Re e\, p \leqq 0 \tag{132}$$

ist, auch die gemeinsame Dämpfungskonstante aller erregenden Schwingungen gegeben ist. Das sieht man sofort ein, wenn man $p = \alpha + i\omega$ setzt und $T_j(t)$ in der Form

$$T_j(t) = A_j\, e^{\alpha t}(\cos \omega t + i \sin \omega t)$$

schreibt. Die Größen $A_1, A_2, \ldots A_n$ bedeuten die Schwingungsweiten. Wir betrachten also jetzt das System

$$\sum_{k=1}^{n} L_{jk}(D)\, x_k = A_j\, e^{p t} \tag{133}$$

$$(j = 1, 2, \ldots n)$$

und beschränken uns der Einfachheit wegen auf den Fall, wo die gegebene komplexe Konstante p nicht zu den Eigenwerten des Problems gehört, d. h. wo die Determinante

$$\Delta(p) = \begin{vmatrix} L_{11}(p) \, L_{12}(p) \, \ldots \, L_{1\,n}(p) \\ L_{21}(p) \, L_{22}(p) \, \ldots \, L_{2\,n}(p) \\ \cdot \quad \cdot \quad \cdot \quad \cdot \quad \cdot \quad \cdot \quad \cdot \quad \cdot \\ L_{n\,1}(p) \, L_{n\,2}(p) \, \ldots \, L_{n\,n}(p) \end{vmatrix} \neq 0 \tag{134}$$

ist. Um das System (133) zu integrieren, bemerke man, daß es genügt, ein System von Partikularlösungen zu finden; denn danach hat man, zufolge der Bemerkung in (123), nur noch das zugehörige homogene System zu integrieren, wofür die allgemeine Lösung ja bekannt ist (129). Macht man nun für das System (133) den Ansatz

$$x_k(t) = C_k(p)\, e^{p\,t} \qquad (k = 1, 2, \ldots n), \tag{135}$$

wo die $C_k(p)$ noch unbestimmte Konstanten (d. h von t unabhängige Größen) bedeuten, so genügt er den Gleichungen (133), falls nur die Bedingungen

$$\sum_{k=1}^{n} L_{j\,k}(p)\, C_k(p) = A_j \tag{136}$$

$$(j = 1, 2, \ldots n)$$

erfüllt sind, wie eine leichte Rechnung zeigt. Das sind n lineare Gleichungen mit den Unbekannten $C_k(p)$ $(k = 1, 2 \ldots n)$, aus denen sich diese infolge der Voraussetzung (134), $\Delta(p) \neq 0$, eindeutig bestimmen lassen. Die Auflösung ergibt

$$C_k(p) = \frac{\Delta_k(p)}{\Delta(p)}, \tag{137}$$

worin $\Delta_k(p)$ die Determinante bedeutet, die aus $\Delta(p)$ entsteht, wenn darin die k^{te} Spalte durch die festen Werte $A_1, A_2, \ldots A_n$ der Schwingungsweiten ersetzt wird. Damit wird die gesuchte Lösung des Systems (133)

$$x_k(t) = \frac{\Delta_k(p)}{\Delta(p)}\, e^{p\,t} \tag{138}$$

$$(k = 1, 2, \ldots n).$$

8. Lineare Systeme mit konstanten Koeffizienten, die durch Stoßfunktionen erregt werden. Die in den letzten Nummern angestellten Betrachtungen sind größten Teils als Vorbereitungen für die nun folgenden Untersuchungen aufzufassen, bei denen auch wieder die funktionentheoretischen Erkenntnisse zu ihrem Rechte kommen werden.

Die erregenden Beschleunigungen sollen nämlich nun Stoßfunktionen sein. Solche Systeme von Schwingungen, die durch Stoßfunktionen erregt werden, treten insbesondere bei Einschaltproblemen der

Elektrotechnik auf, wenn, wie etwa beim Telegraphieren, durch das
Einschalten von Stromstößen Schwingungen der Stromstärke und der
Spannung in der Leitung hervorgerufen werden. Wir benutzen nach
(117) die Stoßfunktion $S(t)$ und stellen danach die erregenden Funktionen der Differentialgleichungen in der Form

$$T_j(t) = A_j\, S(t) = \frac{A_j}{2\pi i}\int e^{t\,p}\,\frac{d\,p}{p} \tag{139}$$

$$(j = 1, 2,\ \ldots\ n)$$

dar, indem wir jetzt die komplexe Integrationsveränderliche mit p bezeichnen und die Hakenintegrale in der komplexen p-Ebene ausführen.
Die Konstanten $A_j\,(j = 1, 2,\ldots n)$ haben jetzt die Bedeutung der
Intensitäten der einzelnen Stromstöße. Die Differentialgleichungen
lauten somit

$$\sum_{k=1}^{n} L_{j\,k}(D)\, x_k = A_j\, S(t) \tag{140}$$

$$(j = 1, 2,\ \ldots\ n)\,.$$

Um sie zu integrieren, d. h. um ein System von Partikularlösungen zu
gewinnen, werde folgender Ansatz gemacht:

$$x_k(t) = \frac{1}{2\pi i}\int e^{p\,t}\,C_k(p)\,\frac{d\,p}{p} \tag{141}$$

$$(k = 1, 2,\ \ldots\ n)\,,$$

wobei $C_1(p)$, $C_2(p)$, $\ldots C_n(p)$ zunächst noch unbekannte analytische
Funktionen der komplexen Veränderlichen p bedeuten. Diese müssen
jedoch bestimmten Bedingungen genügen. Wir müssen es uns hier
versagen, sie im einzelnen zu formulieren. Nur sollen die Integrale,
die im Ansatz (141) auftreten, nicht bloß sämtlich existieren, sondern
die durch sie dargestellten Funktionen sollen so oft nach t differenzierbar sein, als es die Differentialoperatoren $L_{j\,k}(D)$ erfordern, und über-
dies soll die Differentiation nach t unter dem Integralzeichen
ausführbar sein. Besonders die letzte Bedingung verlangt eine ge-
nauere Untersuchung, deren Besprechung hier zu weit führen würde.
Wir werden uns nachher in einem einschränkenden Falle von der Zu-
lässigkeit der Annahme überzeugen.

Unter diesen Voraussetzungen folgt aus (141) zunächst

$$\frac{d^\lambda x_k}{d t^\lambda} = D^\lambda x_k = \frac{1}{2\pi i}\int p^\lambda\, e^{p\,t}\,C_k(p)\,\frac{d\,p}{p} \tag{142}$$

und daher weiter wegen (126) oder

$$L_{j\,k}(D) = \sum_\lambda a_{j\,k,\lambda}\, D^\lambda \qquad (\lambda = 0, 1, 2,\ \ldots\ m_{j\,k})\ \ (143)$$

nach (142)

$$L_{jk}(D)\, x_k = \frac{1}{2\pi i} \sum_{\lambda} a_{jk,\lambda} \int p^{\lambda}\, e^{pt}\, C_k(p)\, \frac{dp}{p},$$

$$= \frac{1}{2\pi i} \int \Big(\sum_{\lambda} a_{\lambda j,\lambda}\, p^{\lambda} \Big) e^{pt}\, C_k(p)\, \frac{dp}{p}$$

und wenn man wieder (143) benutzt

$$L_{jk}(D)\, x_k = \frac{1}{2\pi i} \int L_{jk}(p)\, e^{pt}\, C_k(p)\, \frac{dp}{p} \tag{144}$$

$$(j,\, k = 1,\, 2,\, \ldots\, n)\,.$$

Dieses Ergebnis setze man in die linken Seiten der Differentialgleichungen (140) ein und bemerke gleichzeitig, daß sich die rechten Seiten vermöge (139) ebenfalls in Form eines Hakenintegrals schreiben lassen; dann erhält man

$$\int \Big(\sum_{k=1}^{n} L_{jk}(p)\, C_k(p) - A_j \Big) e^{tp}\, \frac{dp}{p} = 0 \tag{145}$$

$$(j = 1,\, 2,\, \ldots\, n)\,,$$

und diese n Gleichungen werden identisch befriedigt, wenn die unbekannten Funktionen $C_k(p)$ so bestimmt werden, daß die Bedingungen

$$\sum_{k=1}^{n} L_{jk}(p)\, C_k(p) = A_j$$

$$(j = 1,\, 2,\, \ldots\, n)$$

erfüllt sind. Diese stimmen aber wörtlich mit den Gleichungen (136) überein und ergeben nach (137)

$$C_k(p) = \frac{\Delta_k(p)}{\Delta(p)}\,. \tag{137}$$

Nach den Erklärungen von $\Delta(p)$ und $\Delta_k(p)$ — vgl. 7 — sind diese Determinanten ganze rationale Funktionen von p, also $C_1(p), C_2(p),$ $\ldots C_n(p)$ gebrochene rationale Funktionen von p. Setzt man sie in (141) ein, so stellen die so gefundenen Funktionen $x_k(t)$ unter den oben gemachten Voraussetzungen die gesuchten Lösungen des Systems (140) dar.

9. Die Formel von Heaviside und K. W. Wagner. Es sei nun

$$x(t) = \frac{1}{2\pi i} \int_{\substack{\frown}} e^{pt}\, C(p)\, \frac{dp}{p} \tag{146}$$

irgendeine der vorher betrachteten Funktionen, wie sie etwa dem System der Differentialgleichungen (140) genügen. Von einer solchen Formel, auf die er durch mehr physikalische Überlegungen gekommen war, ist K. W. Wagner[1] ausgegangen, um eine von Heaviside rein empirisch[2] aufgestellte Formel mathematisch zu beweisen.

Um einen Anschluß an die Heaviside-Wagnersche Bezeichnungsweise zu erhalten, setze man

$$C(p) = \frac{1}{Z(p)}. \tag{147}$$

Diese Funktion $Z(p)$ wird die „Stammfunktion" von $x(t)$, die Gleichung

$$Z(p) = 0 \tag{148}$$

die „Stammgleichung" genannt. Die Wurzeln dieser Gleichung stimmen mit den Eigenwerten des Problems, d. h. mit den Polen von $C(p)$ überein, wenn $C(p)$ eine rationale Funktion von p ist. Es ist zweckmäßig, die Gleichung

$$p\,Z(p) = 0 \tag{148a}$$

zu betrachten; ihre Wurzeln seien

$$p_0 = 0, \quad p_1, \; p_2, \; \ldots p_\nu, \; \ldots$$

mit den Ordnungszahlen

$$k_0, \; k_1, \; k_2, \; \ldots k_\nu, \; \ldots.$$

Die von Wagner ergänzte Heavisidesche Formel für $x(t)$ lautet nun so:

$$x(t) = \sum_\nu Z_\nu(t), \tag{149}$$

wo ν die Werte $0, 1, 2, \ldots$ durchläuft; darin ist

$$Z_\nu(t) = e^{t p_\nu}\left(A_{\nu 1} + A_{\nu 2}\frac{t}{1!} + A_{\nu 3}\frac{t^2}{2!} + \cdots A_{\nu k_\nu}\frac{t^{k_\nu - 1}}{(k_\nu - 1)!}\right), \tag{150}$$

und $A_{\nu 1}, A_{\nu 2}, \ldots A_{\nu k_\nu}$ bedeuten die Koeffizienten des Hauptteiles (vgl. E, 5) der Laurentschen Entwicklung von

$$\frac{C(p)}{p} = \frac{1}{p\,Z(p)}$$

nach Potenzen von $(p - p_\nu)$, d. h. es ist

$$\frac{C(p)}{p} = \frac{1}{p\,Z(p)} = \frac{A_{\nu, k_\nu}}{(p - p_\nu)^{k_\nu}} + \frac{A_{\nu, k_\nu - 1}}{(p - p_\nu)^{k_\nu - 1}} + \cdots + \frac{A_{\nu 1}}{p - p_\nu} \tag{151}$$
$$+ \mathfrak{P}(p - p_\nu),$$

unter $\mathfrak{P}(p - p_\nu)$ eine Potenzreihe verstanden, die nach steigenden Potenzen von $(p - p_\nu)$ fortschreitet.

Hat übrigens die Gleichung (148a) nur einfache Wurzeln $p_0 = 0$, $p_1, p_2, \ldots$, so reduzieren sich die Größen $Z_\nu(t)$, falls $p_\nu \neq 0$ ist, auf

$$Z_\nu(t) = \frac{e^{t p_\nu}}{p_\nu \cdot Z'(p_\nu)} \qquad (\nu = 1, 2, \ldots) \tag{152}$$

mit $Z'(p) = \dfrac{dZ}{dp}$.

---

[1] Arch. Elektrot. 4, 159 (1916).   [2] Mathematics is an experimental Science.

In diesem Falle vereinfachen sich nämlich die Gleichungen (150)
und (151) zu

$$Z_\nu(t) = e^{t p_\nu} A_{\nu 1},\qquad(153)$$

$$\frac{1}{p\,Z(p)} = \frac{A_{\nu 1}}{p - p_\nu} + \mathfrak{P}\,(p - p_\nu).\qquad(154)$$

Aus der letzten Gleichung folgt

$$A_{\nu 1} = \frac{1}{p}\,\frac{p - p_\nu}{Z(p)} - (p - p_\nu)\,\mathfrak{P}\,(p - p_\nu);$$

hierin verschwindet der letzte Summand für $p \to p_\nu$, und der erste wird
nach der Bernoulli-L'Hospitalschen Regel wegen $Z(p_\nu) = 0$ gleich

$$\frac{1}{p_\nu}\cdot\frac{1}{Z'(p_\nu)},$$

wo $Z'(p_\nu) \neq 0$ ist wegen der Einfachheit der Wurzel p_ν. Man braucht
das nur statt $A_{\nu 1}$ in (153) einzusetzen, um (152) zu erhalten.

Ist dagegen $p_\nu = 0$, $\nu = 0$, so gelten auch noch die Formeln (153)
und (154), aber jetzt wird

$$A_{01} = \frac{1}{Z(0)},$$

wo wegen der vorausgesetzten Einfachheit der Wurzel $p_0 = 0$ ja $Z(0) \neq 0$
sein muß. Also wird dann $Z_0(t) = 1/Z(0)$. Setzt man alles in (149) ein,
so erhält man

$$x(t) = \frac{1}{Z(0)} + \sum_\nu \frac{e^{t p_\nu}}{p_\nu Z'(p_\nu)}\qquad (\nu = 1, 2, \ldots).\quad(155)$$

Die Formel (155) stellt den ursprünglich von Heaviside allein be-
achteten Fall dar.

10. Beweis der Heaviside-Wagnerschen Formel. Zum Beweise sollen
folgende vier Voraussetzungen gemacht werden:

1. $Z(p)$ sei eindeutig.

2. Die Eigenwerte $p_\nu (\nu = 1, 2, \ldots)$ sollen keine positiven Real-
teile besitzen.

3. Es soll $C(p) = \dfrac{1}{Z(p)}$ nicht für alle $|p| > \Omega$ beliebig groß werden,
vielmehr soll es immer noch Werte $R > \Omega$ geben, so daß für alle $|p| = R$
die Funktion $C(p)$ beschränkt bleibt.

4. $Z(p)$ besitze nur isolierte Nullstellen, $C(p)$ also nur isolierte Pole,
keine wesentlich singulären Stellen; $C(p)$ soll also eine meromorphe
Funktion (**E 5**) sein. Man betrachte jetzt das Integral (146)

$$J = \frac{1}{2\pi i}\oint e^{t p}\,C(p)\,\frac{dp}{p} = \frac{1}{2\pi i}\oint \frac{e^{t p}\,dp}{p\cdot Z(p)},\qquad(156)$$

erstreckt über den in Abb. 29 angegebenen geschlossenen Integrationsweg der komplexen p-Ebene. Nach dem Residuensatze ist

$$J = \sum_{\nu=0}^{n} \mathfrak{Res}\left(\frac{e^{t\,p}}{p \cdot Z(p)}\right)_{p=p_\nu}, \tag{157}$$

wo $p_0 = 0,\ p_1,\ p_2,\ \ldots p_n$ die im Innern des Integrationsweges gelegenen Pole bedeuten, die nach Voraus-
setzung nur in endlicher Anzahl dort auftreten können. Die Bezeichnung sei etwa
so gewählt, daß $|p_\nu| \leqq |p_{\nu+1}|$ und, falls
$|p_\nu| = |p_{\nu+1}|$, daß arc $(p_\nu) <$ arc $(p_{\nu+1})$ ist.

Nun sei k_ν die Ordnungszahl der Lö-
sung p_ν der Gleichung $p\,Z(p) = 0$, oder k_ν
die Ordnungszahl des Poles p_ν der Funktion $1/p\,Z(p)$. Dann gilt die Laurentsche Entwicklung (151) nach Potenzen von $\zeta = p - p_\nu$.
Andererseits ist

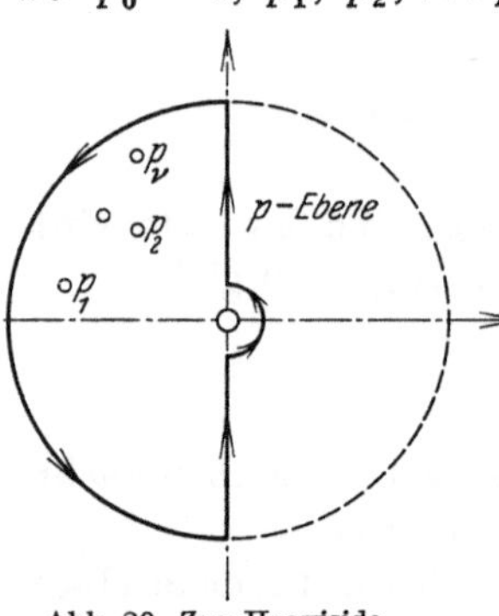

Abb. 29. Zur Heaviside-
Wagnerschen Formel.

$$e^{t\,p} = e^{t\,p_\nu} \cdot e^{t\,\zeta} = e^{t\,p_\nu}\left(1 + \frac{t\,\zeta}{1!} + \frac{t^2\,\zeta^2}{2!} + \cdots\right),$$

mithin

$$\left.\begin{aligned}
\frac{e^{t\,p}}{p\,Z(p)} &= e^{t\,p_\nu}\left(1 + \frac{t}{1!}\,\zeta + \frac{t^2}{2!}\,\zeta^2 + \cdots\right)\\
&\quad \cdot\left(\frac{A_{\nu\,k_\nu}}{\zeta^{k_\nu}} + \frac{A_{\nu,\,k_\nu-1}}{\zeta^{k_\nu-1}} + \cdots + \frac{A_{\nu,\,1}}{\zeta} + \mathfrak{P}(\zeta)\right),
\end{aligned}\right\} \tag{158}$$

eine Formel, aus der man leicht den Koeffizienten von $\zeta^{-1} = (p - p_\nu)^{-1}$
entnehmen kann, nämlich

$$\left.\begin{aligned}
&\mathfrak{Res}\left(\frac{e^{t\,p}}{p\,Z(p)}\right)_{p=p_\nu}\\
&= e^{t\,p_\nu}\left(A_{\nu\,1} + A_{\nu\,2}\frac{t}{1!} + A_{\nu\,3}\frac{t^2}{2!} + \cdots + A_{\nu\,k_\nu}\frac{t^{k_\nu-1}}{(k_\nu - 1)!}\right).
\end{aligned}\right\} \tag{159}$$

Dieser Ausdruck stimmt mit der rechten Seite von (150) überein; mithin
ist nach (157)

$$J = \sum_{\nu=0}^{n} Z_\nu(t). \tag{160}$$

Läßt man jetzt in der Abb. 29 den Radius R unbegrenzt wachsen,
jedoch so, daß die Werte von R der Voraussetzung 3. genügen, so werden,
falls die Anzahl der Eigenwerte p_ν endlich ist, infolge der Voraussetzungen 2. und 4. diese von einem bestimmten R an sämtlich von dem Halbkreise umfaßt werden, oder, wenn es unendlich viele Eigenwerte p_ν
gibt, so wird doch jeder schließlich umfaßt werden können.

Das Integral (156) geht für $R \to \infty$ wegen der Beschränktheit von
$C(p)$ nach den Ergebnissen der Nummern 1 u. f. in das zugehörige
Hakenintegral (146) über, während die Residuensumme (160) entweder

eine endliche mit soviel Summanden ist, als verschiedene Eigenwerte vorkommen, oder eine unendliche Reihe darstellt.

Damit ist die Heaviside-Wagnersche Formel (149) bewiesen.

Die Konvergenz der unendlichen Reihe muß natürlich in jedem Falle besonders nachgewiesen werden.

11. Ergänzung zu Nr. 8. Wenn die Anzahl m der Eigenwerte p_ν eine endliche ist, dann ist $C(p)$ eine gebrochene rationale Funktion. Nach (146) und (149) ist jetzt

$$x(t) = \frac{1}{2\pi i} \int_\Gamma e^{pt}\, C(p)\, \frac{dp}{p} = \sum_{\nu=0}^{m} Z_\nu(t) \,. \tag{161}$$

Wir haben solche Funktionen als Lösungen von linearen Differentialgleichungen erkannt, deren Störungsglieder Stoßfunktionen sind. Nur war noch der Nachweis zu erbringen, daß die Differentiation nach dem Argumente t unter dem Integralzeichen gestattet ist. Dies läßt sich aber im Falle der Formel (161) leicht zeigen.

Bei der Differentiation unter dem Integralzeichen tritt nämlich einfach $p \cdot C(p) = C(p)_1$ an Stelle von $C(p)$, also auch $p^{-1} Z(p) = Z(p)_1$ an Stelle von $Z(p)$.

Wir entwickeln nun das entstehende Integral ebenfalls nach dem Residuensatze und setzen daher

$$\frac{1}{2\pi i} \int_\Gamma e^{pt}\, C(p)_1\, \frac{dp}{p} = \sum_{\nu=0}^{m} Z_\nu(t)_1 \,. \tag{162}$$

Von den Voraussetzungen in Nr. **10** gelten 1., 2. und 4. ohne weiteres auch für $C(p)_1$ und $Z(p)_1$; auch die Anzahl m der verschiedenen Pole ist dieselbe geblieben, allein der Pol $p = 0$ könnte möglichenfalls nicht mehr auftreten. Nur die Voraussetzung 3. hat man ausdrücklich für $C(p)_1$ aufrechtzuerhalten. Dann ist

$$Z_\nu(t)_1 = \Re\mathfrak{e}\left(\frac{e^{tp}}{p\, Z(p)_1} \right)_{p=p_\nu}$$

und nach (158) mit $p = \zeta + p_\nu$

$$\frac{e^{tp}}{p\, Z(p)_1} = \frac{(\zeta + p_\nu)\, e^t}{p\, Z(p)} = \frac{\zeta\, e^{tp}}{p\, Z(p)} + p_\nu \frac{e^{tp}}{p\, Z(p)}$$

$$= e^{tp_\nu}\left(\zeta + \frac{t}{1!}\zeta^2 + \frac{t^2}{2!}\zeta^3 + \cdots \right)$$

$$\cdot \left(\frac{A_{\nu\, k_\nu}}{\zeta^{k_\nu}} + \frac{A_{\nu,\, k_\nu - 1}}{\zeta^{k_\nu - 1}} + \cdots + \frac{A_{\nu 1}}{\zeta} + \mathfrak{P}(\zeta) \right).$$

Daraus entnimmt man das Residuum als Koeffizienten von ζ^{-1} zu

$$\left. \begin{aligned} Z_\nu(t)_1 = e^{tp_\nu}\Bigg[&A_{\nu 2} + A_{\nu 3}\frac{t}{1!} + \cdots + A_{\nu k_\nu}\frac{t^{k_\nu - 2}}{(k_\nu - 2)!} \\ &+ p_\nu\left(A_{\nu 1} + A_{\nu 2}\frac{t}{1!} + \cdots + A_{\nu k_\nu}\frac{t^{k_\nu - 1}}{(k_\nu - 1)!} \right) \Bigg]. \end{aligned} \right\} \tag{163}$$

Andrerseits ergibt die Differentiation der rechten Seite von (161)

$$\frac{dx(t)}{dt} = D\,x(t) = \sum_{\nu=0}^{m} Z'_\nu(t)\,, \qquad (164)$$

und man zeigt leicht aus (150) durch unmittelbare Differentiation

$$Z'_\nu(t) = Z_\nu(t)_1\,. \qquad (165)$$

Hieraus folgt die Übereinstimmung von (164) mit (162), und damit die Gültigkeit der Differentiation des Hakenintegrals (161) unter dem Integralzeichen.

In (164) würde der Eigenwert $p = 0$ nicht mehr auftreten, wenn $Z'_0(t)$ identisch Null, d. h. $Z_0(t)$ konstant wäre. Das ist, wie die Formel (151) zeigt, dann und nur dann der Fall, wenn $C(p)$ für $p = 0$ regulär ist. Dann ist aber die Funktion $p\,C(p) = C(p)_1$ für beliebig große Werte von $|p|$ nicht mehr beschränkt, also die Voraussetzung 3. in Nr. 10 nicht mehr erfüllt. Dieser Fall ist daher auszuschließen.

Wenn $x(t)$ mehrfach nach t unter dem Integralzeichen differenziert wird, gelten dieselben Betrachtungen, nur muß man bei λ-maliger Differentiation ausdrücklich voraussetzen, daß $p^\lambda\,C(p)$ auch für beliebig große Werte von $|p|$ noch beschränkt sei. In der rationalen Funktion $C(p)$ selbst muß daher der Pol $p = 0$ mindestens die Ordnungszahl λ besitzen.

Wir gehen jetzt zu der wichtigsten geometrischen Anwendung der komplexen Funktionen über, der konformen Abbildung.

12. Konforme Abbildung. Es seien x, y, etwa als Funktionen eines Parameters gedacht, die Koordinaten eines veränderlichen Kurvenpunktes. Der Vektor

$$dz = dx + i\,dy = ds \cdot e^{i\vartheta} \qquad (166)$$

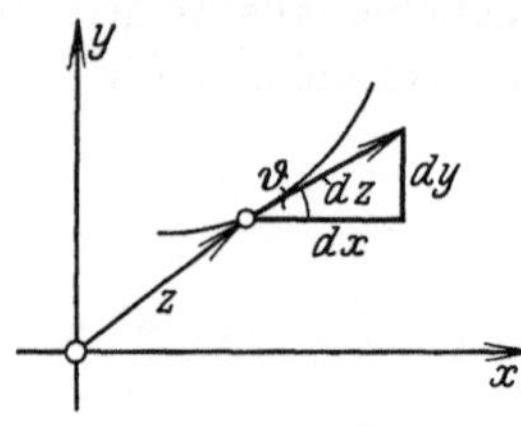

Abb. 30. Vektor des Linienelements.

verläuft wegen

$$\vartheta = \operatorname{arc}(dz) = \operatorname{arc\,tg} \frac{dy}{dx}$$

tangential zur Kurve; seine Länge $|dz| = \sqrt{dx^2 + dy^2} = ds$ bedeutet das Bogenelement der Kurve (Abb. 30). Nun sei $w = f(z)$ eine analytische Funktion von z. Es ist dann

$$dw = f'(z) \cdot dz\,. \qquad (167)$$

Durch $w = f(z)$ wird eine Beziehung zwischen den Punkten z der z-Ebene und den entsprechenden Punkten w der w-Ebene hergestellt, oder — wie man sagt — die beiden Ebenen werden auf einander abgebildet.

Den Kurven (I) und (II) der z-Ebene entsprechen ihre ebenso bezeichneten Bilder in der w-Ebene (Abb. 31).

Man setze nun

$$|dw| = dS; \qquad \mathrm{arc}\,(dw) = \Theta,$$

sodaß also

$$dw = dS \cdot e^{i\Theta} \qquad (168)$$

wird. Aus (167) folgt

$$dS \cdot e^{i\Theta} = f'(z)\,ds \cdot e^{i\vartheta}. \qquad (169)$$

In dieser Gleichung können jetzt Argumente und Beträge beiderseits verglichen werden, falls nur $f'(z) \neq 0$ ist. Das ergibt für die Beträge

$$dS = |f'(z)|\,ds \qquad (170)$$

und für die Argumente

$$\Theta = \mathrm{arc}\,f'(z) + \vartheta. \qquad (171)$$

$|f'(z)|$ mißt daher das Verhältnis der Längen entsprechender Linienelemente, während $\mathrm{arc}\,f'(z)$ die bei der Abbildung

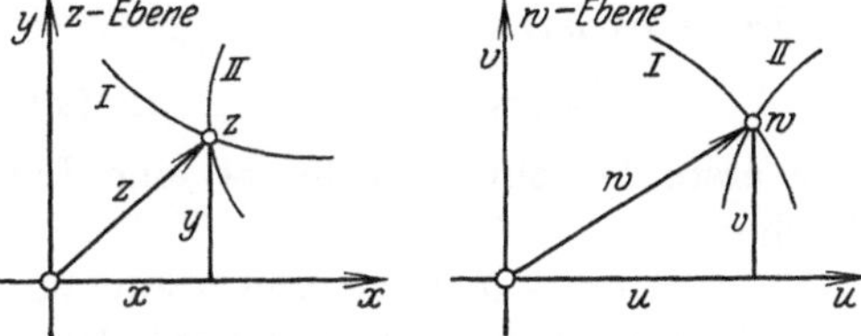

Abb. 31. Zur konformen Abbildung.

erfolgte Drehung eines Linienelements bedeutet[1]. Beide sind nur vom Orte z der abzubildenden z-Ebene abhängig. Sind daher (I) und (II) zwei durch den Punkt z gehende Kurven der z-Ebene, ds_1, ds_2 ihre Linienelemente, ϑ_1, ϑ_2 die zugehörigen Tangentenwinkel, so hat man nach (170) und (171)

$$dS_1 : dS_2 = ds_1 : ds_2, \qquad (172)$$

und

$$\Theta_1 - \Theta_2 = \vartheta_1 - \vartheta_2. \qquad (173)$$

Diese Gleichungen sagen aus, daß die Längenverhältnisse um so mehr erhalten bleiben, je kleiner die Längen sind, und daß die Winkel ungeändert bleiben. Man nennt daher die durch eine analytische Funktion $w = f(z)$ vermittelte Abbildung der z-Ebene auf die w-Ebene in den kleinsten Teilen ähnlich oder konform und winkeltreu. Alle diese Betrachtungen gelten, wie schon gesagt, nur unter der Voraussetzung, daß $f'(z) \neq 0$ ist.

13. Beispiele der konformen Abbildung. Eine sehr einfache Bestätigung der Tatsache, daß bei der konformen Abbildung die Winkel erhalten bleiben, liefern die Cauchy-Riemannschen Differentialgleichungen (11). Denn aus ihnen folgt sofort

$$\frac{\partial u}{\partial x}\frac{\partial v}{\partial x} + \frac{\partial u}{\partial y}\frac{\partial v}{\partial y} = 0, \qquad (174)$$

und das ist bekanntlich die Bedingung dafür, daß sich die beiden Kurven-

---

[1] $f'(z)$ pflegt man daher auch als das „Verzerrungsverhältnis" zu bezeichnen.

scharen $u =$ konst und $v =$ konst der z-Ebene senkrecht schneiden. Die Bilder dieser beiden Kurvenscharen sind in der w-Ebene ($w = u + iv$) die Koordinatengeraden $u =$ konst, $v =$ konst.

Wir besprechen nun ganz kurz einige der einfachsten konformen Abbildungen.

1. Es sei

$$w = z - z_0 \, .$$

Diese Abbildung stellt eine Verschiebung der z-Ebene längs des Vektors z_0 dar.

2. $w = mz$ für reelles m ergibt eine Maßstabsänderung der z-Ebene.

3. $w = az$ stellt für komplexes a eine Drehstreckung dar. Denn es ist

$$|w| = |a| \cdot |z|; \qquad \text{arc} \, (w) = \text{arc} \, (a) + \text{arc} \, (z) \, .$$

Die erste Gleichung bedeutet eine Längenänderung, die zweite eine Drehung.

4. $w = az + b$ (für a und b konstant) liefert eine Vereinigung von 1. und 3., also Verschiebung längs b, Maßstabsänderung im Verhältnis $|a|$ nach Drehung um arc (a).

5. $w = \dfrac{1}{z}$ stellt eine Transformation durch reziproke Radien mit nachfolgender Spiegelung an der x-Achse dar; denn es ist

$$|w| = \frac{1}{|z|}; \qquad \text{arc} \, (w) = - \, \text{arc} \, (z) \, .$$

Hierbei rückt der Nullpunkt $z = 0$ ins Unendliche ($w = \infty$).

14. Fortsetzung: Linear gebrochene Funktionen. Die linear gebrochene Transformation

$$w = \frac{\alpha z + \beta}{\gamma z + \delta}, \tag{175}$$

worin $\alpha, \beta, \gamma, \delta$ vier der Bedingung $\alpha \delta - \beta \gamma \neq 0$ unterworfene komplexe Konstanten sind, kann mittels der Umformung

$$w \equiv \frac{\alpha}{\gamma} - \frac{\alpha \delta - \beta \gamma}{\gamma (\gamma z + \delta)} = A + \frac{B}{\zeta},$$
$$\zeta = \gamma z + \delta$$

auf die konformen Abbildungen 4. und 5. zurückgeführt werden.

Man bilde erst die z-Ebene auf die ζ-Ebene konform ab, was für die z-Ebene nach 4. eine Verschiebung längs des Vektors δ, eine Maßstabsänderung im Verhältnis $|\gamma|$ und eine Drehung um den Winkel arc (γ) ergibt. Sodann bilde man die ζ-Ebene auf die w-Ebene ab, die man erhält, wenn man die ζ-Ebene längs des Vektors $A = \dfrac{\alpha}{\gamma}$ verschiebt, ferner eine Transformation durch reziproke Radien und Spiegelung an der reellen Achse vornimmt und noch eine Drehung um arc $(B) = $ arc $(\gamma) - $ arc $(\alpha\delta - \beta\gamma)$ und Maßstabsänderung um $|B| = |\alpha\delta - \beta\gamma| : |\gamma|$ hinzufügt.

Hierbei ist stillschweigend $\gamma \neq 0$ angenommen worden. Für $\gamma = 0$ würde nämlich (175) von der Form 4. sein. Es ist ferner

$$\frac{dw}{dz} = \frac{\alpha\delta - \beta\gamma}{(\gamma z + \delta)^2};$$

hieraus ist ersichtlich, weshalb die Voraussetzung $\alpha\delta - \beta\gamma \neq 0$ gemacht werden mußte.

Durch die konforme Abbildung (175) wird die Gesamtheit aller Kreise (und Geraden) der z-Ebene übergeführt in die Gesamtheit aller Kreise (und Geraden) der w-Ebene. Hierbei kann die Abbildung dreier Punkte der z-Ebene in drei Punkte der w-Ebene willkürlich vorgeschrieben werden, entsprechend der Anzahl der verfügbaren Konstanten $\alpha : \beta : \gamma : \delta$.

a) Um die spezielle linear gebrochene Transformation

$$w = \frac{\alpha z + \beta}{\gamma z + \delta},$$

in der jetzt $\alpha, \beta, \gamma, \delta$ reell und $\alpha\delta - \beta\gamma > 0$ sein sollen, zu untersuchen, setze man $w = u + iv$; der konjugierte Wert ist

$$\tilde{w} = \frac{\alpha\tilde{z} + \beta}{\gamma\tilde{z} + \delta} = u - iv.$$

Daher ist

$$\frac{w - \tilde{w}}{2i} = v = \frac{(\alpha\delta - \beta\gamma)}{(\gamma z + \delta) \cdot (\gamma\tilde{z} + \delta)}\, y.$$

Da sich hiernach v von y um einen **positiven reellen** Faktor unterscheidet, so vermittelt die eben betrachtete Funktion w eine Abbildung der oberen Halbebene $y \geqq 0$ auf die obere Halbebene $v \geqq 0$.

b) Die linear gebrochene Transformation

$$w = \frac{i - z}{i + z}.$$

Hier ist

$$|w| = \left|\frac{i - z}{i + z}\right| = \sqrt{\frac{x^2 + (y - 1)^2}{x^2 + (y + 1)^2}} = \sqrt{\frac{x^2 + y^2 + 1 - 2y}{x^2 + y^2 + 1 + 2y}}.$$

Für $y = 0$ entsteht

$$|w| = 1.$$

Die x-Achse wird also in den Einheitskreis der w-Ebene übergeführt. Für $y > 0$ wird

$$|w| < 1,$$

d. h., die obere Halbebene $y > 0$ geht in das **Innere des Einheitskreises** $w = 1$ über. In welche Kurve der w-Ebene geht der Kreis $|z| = 1$ über?

15. Abbildungen Riemannscher Flächen. Die bis jetzt betrachteten Abbildungen waren sämtlich durch eineindeutige (d. h. eindeutige und eindeutig umkehrbare) Funktionen vermittelt. Infolgedessen entsprach jedem Punkte der z-Ebene genau ein Punkt der w-Ebene und umgekehrt. Bei den folgenden Abbildungen ist das nicht mehr der Fall. Daher können jetzt die Abbildungen der ganzen z-Ebene Teilbereiche der w-Ebene sein oder auch diese mehrfach überdecken. Zwei Beispiele dafür sind die folgenden:

1. $w = z^n$ für $n > 0$, ganzzahlig.

Die Umkehrungsfunktion

$$z = \sqrt[n]{w}$$

ist n-deutig; sie wird eindeutig auf einer n-fach

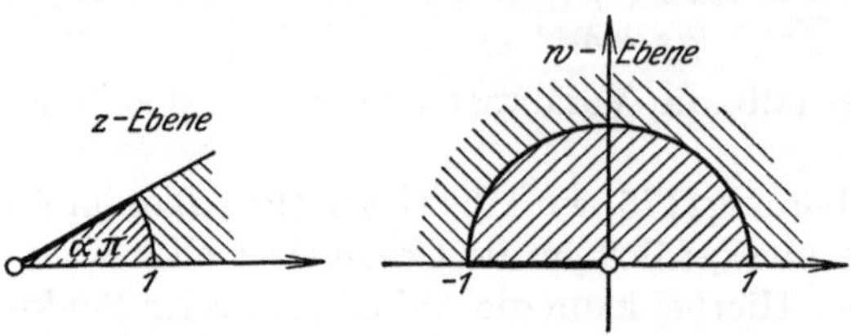

Abb. 32. Konforme Abbildung eines Winkelraumes auf eine Halbebene.

überdeckten w-Ebene, der zugehörigen Riemannschen Fläche. Die Funktion bildet daher diese Riemannsche Fläche umkehrbar-eindeutig auf die schlichte z-Ebene ab.

2. Die Funktion $w = z^{1/\alpha}$, worin α reell ist, bildet einen Ausschnitt des Einheitskreises vom Winkel $\alpha\pi$ auf den Halbkreis der w-Ebene ab (Abb. 32).

16. Konforme Abbildungen eines konvexen Polygons auf eine Halbebene. Wir wollen schließlich noch eine besonders wichtige Abbildung besprechen, die von Christoffel (1867) und von H. A. Schwarz (1869) zuerst behandelt worden ist, und gehen zu diesem Zweck von der Funktion

$$w = f(z) = \int_{z_0}^{z} \frac{dz}{(z - x_1)^{\alpha_1} (z - x_2)^{\alpha_2} \cdots (z - x_n)^{\alpha_n}} \tag{176}$$

aus. Hierin sollen $x_1 < x_2 < \cdots x_n$ beliebige reelle Werte und $\alpha_1, \alpha_2, \ldots \alpha_n$ ebenfalls reelle Konstanten bedeuten, die jedoch den Bedingungen

$$0 < \alpha_k < 1 \qquad (k = 1, 2, \ldots, n) \tag{177}$$

und

$$\alpha_1 + \alpha_2 + \cdots + \alpha_n = 2 \tag{178}$$

unterworfen seien. Die Veränderliche z werde auf die obere Halbebene $\Im\, z \geqq 0$ beschränkt. Der Integrationsweg in (176) kann in einem beliebigen Punkte z_0 der oberen Halbebene beginnen und beliebig in dieser Ebene verlaufen, jedoch muß er die Punkte $x_1, x_2, \ldots x_n$ vermeiden. Um der Funktion $w = f(z)$ eine eindeutige Bedeutung zu erteilen, werde darin unter $(z - x_k)^{\alpha_k}$ folgender Wert verstanden:

$$(z - x_k)^{\alpha_k} = |z - x_k|^{\alpha_k} \cdot e^{i\alpha_k \operatorname{arc}(z - x_k)} \quad \text{mit} \quad 0 < \operatorname{arc}(z - x_k) < \pi . \tag{179}$$

Dann ist w eine in der oberen Halbebene eindeutige und analytische

Funktion. Denn sie hat die Ableitung

$$\frac{dw}{dz} = \frac{1}{(z-x_1)^{\alpha_1}(z-x_2)^{\alpha_2}\ldots(z-x_n)^{\alpha_n}} = f'(z)\,, \qquad (180)$$

diese existiert für jeden Wert von $z \neq x_1, x_2, \ldots x_n$ und verschwindet nirgends. Das ist auch für $z = \infty$ der Fall, wie die Substitution $\zeta = 1:z$ zeigt. Nun ist

$$\text{arc}\,(f'(z))$$

$$= -\alpha_1\,\text{arc}\,(z-x_1) - \alpha_2\,\text{arc}\,(z-x_2) - \cdots - \alpha_n\,\text{arc}\,(z-x_n)\,. \qquad (181)$$

Wenn der Punkt z die x-Achse im positiven Sinne durchläuft, dann ist im Bereiche $-\infty < z < x_1$

$$\text{arc}\,(z-x_1) = \pi\,, \quad \text{arc}\,(z-x_2) = \pi\,, \quad \ldots, \quad \text{arc}\,(z-x_n) = \pi\,,$$

während für $x_1 < z < x_2$

$$\text{arc}\,(z-x_1) = 0\,, \quad \text{arc}\,(z-x_2) = \pi\,, \quad \ldots, \quad \text{arc}\,(z-x_n) = \pi$$

ist. Der Punkt $z = x_1$ mag dabei durch einen kleinen Halbkreis in der oberen Halbebene $\mathfrak{Im}\,z \geqq 0$ umgangen werden. Das entsprechende Verhalten tritt bei den übrigen Punkten $x_2, x_3, \ldots x_n$ auf, und man übersieht leicht, daß arc $(f'(z))$ auf jeder einzelnen der Strecken $-\infty \ldots x_1$, $x_1 \ldots x_2$, $x_2 \ldots x_3, \ldots, x_{n-1} \ldots x_n$, $x_n \cdots +\infty$ einen konstanten Wert behält. Der Formel (171) zufolge, wo ϑ den Wert Null hat, erhält also auch Θ einen konstanten Wert. Jeder der obigen Strecken der x-

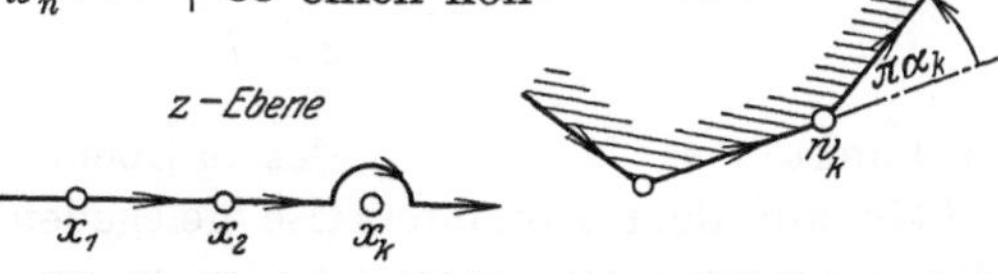

Abb. 33. Konforme Abbildung einer Halbebene auf ein Polygon.

Achse entspricht demnach in der w-Ebene ein Stück einer Geraden, und wegen der Stetigkeit von $f(z)$ beschreibt, wenn z die x-Achse von $-\infty$ bis $+\infty$ durchläuft, w in der w-Ebene einen Polygonzug. In der Umgebung von $z = x_k$ nimmt der Arkus von $(z-x_k)$ von π auf 0 ab, also ist die Änderung von arc $(f'(z))$ gleich $(-\alpha_k)\cdot(-\pi) = \alpha_k\pi$. Das ist der Außenwinkel des Polygonzuges der w-Ebene (vgl. Abb. 33) in der entsprechenden Ecke $w = w_k$.

Die Summe dieser Außenwinkel beträgt wegen (178)

$$\sum \alpha_k \pi = 2\pi\,.$$

Da w sonst, auch bei $z = \infty$ regulär ist, enthält das Polygon genau die n Ecken $w_1, w_2, \ldots w_n$; es ist konvex und geschlossen.

Die durch (176) gegebene Funktion vermittelt demnach unter den Bedingungen (177), (178) und (179) eine konforme Abbildung der reellen Achse der z-Ebene auf den Rand eines konvexen geschlossenen Polygons der w-Ebene. Aus (180) ist ersichtlich, daß die Abbildung an den Ecken des Polygons nicht mehr konform ist. Wir haben freilich noch nicht bewiesen, daß auch das Innere des Polygons dadurch auf die obere Halbebene $\mathfrak{Im}\ z > 0$ abgebildet wird.

Nimmt man beispielsweise $n = 4$ und

$$\alpha_1 = \alpha_2 = \alpha_3 = \alpha_4 = \tfrac{1}{2},$$

so ist das entstehende Polygon ein Rechteck, und die abbildende Funktion, durch die dieses Rechteck der w-Ebene konform auf die reelle Achse der z-Ebene abgebildet wird, ist

$$w = \int_{z_0}^{z} \frac{dz}{\sqrt{(z - x_1)(z - x_2)(z - x_3)(z - x_4)}}, \tag{182}$$

ein elliptisches Integral erster Gattung.

17. Konforme Abbildung eines konvexen Polygons auf den Einheitskreis. Um zunächst diese Aufgabe zu lösen, braucht man nur die z-Ebene der vorigen Nummer auf eine ζ-Ebene konform so abzubilden, daß der oberen Hälfte der z-Ebene der Einheitskreis der ζ-Ebene entspricht.

Diese Aufgabe ist schon in Nr. **14 b** gelöst worden. Wir setzen deshalb

$$\zeta = \frac{i - z}{i + z},$$

d. h.

$$z = i\frac{1 - \zeta}{1 + \zeta}.$$

Den Punkten x_1, x_2, $\ldots x_n$ der x-Ebene mögen die übrigens (vgl. Nr. **14 b**) auf dem Einheitskreise gelegenen Punkte $\zeta_1, \zeta_2, \ldots \zeta_n$ der ζ-Ebene entsprechen. Dann ist

$$z - x_k = \frac{-2i}{1 + \zeta_k}\frac{\zeta - \zeta_k}{1 + \zeta},$$

$$dz = \frac{-2i}{1 + \zeta_k}\frac{d\zeta}{(1 + \zeta)^2}.$$

Führt man dies in (176) ein, so erhält man nach einigen hier übergangenen Zwischenrechnungen

$$w = C\int_{\zeta_0}^{\zeta} \frac{d\zeta}{(\zeta - \zeta_1)^{\alpha_1}(\zeta - \zeta_2)^{\alpha_2}\cdots(\zeta - \zeta_n)^{\alpha_n}}. \tag{183}$$

Hierin ist

$$C = i(1 + \zeta_1)^{\alpha_1}(1 + \zeta_2)^{\alpha_2}\cdots(1 + \zeta_n)^{\alpha_n},$$

$$\zeta_0 = \frac{i - z_0}{i + z_0}.$$

Die äußerlich ebenso wie (176) gebildete Formel (183) vermittelt also unter den zu den früheren noch hinzukommenden Bedingungen

$$|\zeta_1| = 1, \quad |\zeta_2| = 1, \ \ldots, \ |\zeta_n| = 1 \tag{184}$$

eine konforme Abbildung eines Polygons der w-Ebene auf die Peripherie des Einheitskreises der ζ-Ebene.

Ist zum Beispiel

$$\alpha_1 = \alpha_2 = \cdots = \alpha_n = \frac{2}{n},$$

so ist das Polygon ein regelmäßiges n-Eck. Man wähle noch die Punkte $\zeta_1, \zeta_2, \ldots \zeta_n$ auf dem Einheitskreise so, daß sie den Kreis in n gleiche Teile teilen, d. h. man setze

$$\zeta_k = e^{k\frac{2\pi i}{n}} \qquad (k = 1, 2, \ldots, n).$$

Dann ist

$$(\zeta - \zeta_1)(\zeta - \zeta_2) \ldots (\zeta - \zeta_n) = \zeta^n - 1,$$

was ja, gleich Null gesetzt, nichts anderes ergibt als die Kreisteilungsgleichung, durch die $\zeta_k = \sqrt[k]{1}$ bestimmt wird. Damit wird aus (183)

$$w = C \cdot \int\limits_{\zeta_0}^{\zeta} \frac{d\zeta}{\sqrt[n]{(\zeta^n - 1)^2}} \tag{185}$$

Dieses Abelsche Integral vermittelt die konforme Abbildung eines regelmäßigen n-Ecks auf die Peripherie des Einheitskreises der z-Ebene.

18. Abbildung des Innern des Polygons. Es bleibt nun noch zu beweisen, daß die Funktionen (176) und (183) auch das **Innere des Polygons** auf die **obere Halbebene der** z-Ebene und das **Innere des Einheitskreises der** ζ-Ebene abbilden. Es sei w_0 irgendein innerer Punkt des Polygons. Dann ist nach (38)

$$\frac{1}{2\pi i} \oint \frac{d(w - w_0)}{w - w_0} = 1,$$

wobei das Integral über den Umfang des Polygons zu erstrecken ist. Setzt man $w - w_0 = F(\zeta)$, so ist dieses Integral andrerseits gleich

$$\frac{1}{2\pi i} \oint \frac{F'(\zeta)}{F(\zeta)} d\zeta = 1,$$

worin jetzt der Einheitskreis der ζ-Ebene einmal zu umlaufen ist. Im Innern des Einheitskreises ist aber $F(\zeta)$ überall regulär; also gibt das Integral zufolge der Bemerkung am Schluß von **E 5a** die Anzahl der Nullstellen von $F(\zeta)$ im Innern des Einheitskreises an. Mithin verschwindet dort $F(\zeta)$ genau einmal. Ist ζ_0 diese Nullstelle, so ist dort $w = w_0$. Jedem inneren Punkt w_0 des Polygons entspricht also genau ein Punkt ζ_0 im Innern des Einheitskreises, was zu beweisen war. Daraus folgt, daß auch das Innere des Polygons mittels (176) eindeutig auf die obere Hälfte der z-Ebene konform abgebildet wird, und umgekehrt.

19. Das Schwarzsche Spiegelungsprinzip. Aus der vorhergehenden Aufgabe der konformen Abbildung des Umfangs und des Inneren eines Polygons der w-Ebene auf die reelle Achse und die obere Hälfte der z-Ebene mittels der Funktion (176), $w = f(z)$, bleibt noch die Frage offen, wie es mit der konformen Abbildung der unteren Halbebene bestellt sei. Das Nächstliegende würde sein, die Funktion $w = f(z)$ in der Umgebung eines der reellen Achse genügend nahe gelegenen regulären Punktes nach **D, 6** in eine Potenzreihe zu entwickeln, und diese, wenn möglich, über die x-Achse hinweg in die untere Halbebene analytisch fortzusetzen. H. A. Schwarz hat ein Verfahren ersonnen, das in vielen Fällen schneller und einfacher zum Ziele führt.

Es sei ($\mathfrak{B}$) ein Gebiet der oberen Hälfte der z-Ebene, das von einem Stück AB der reellen Achse und einer Kurve (C) der oberen Halbebene

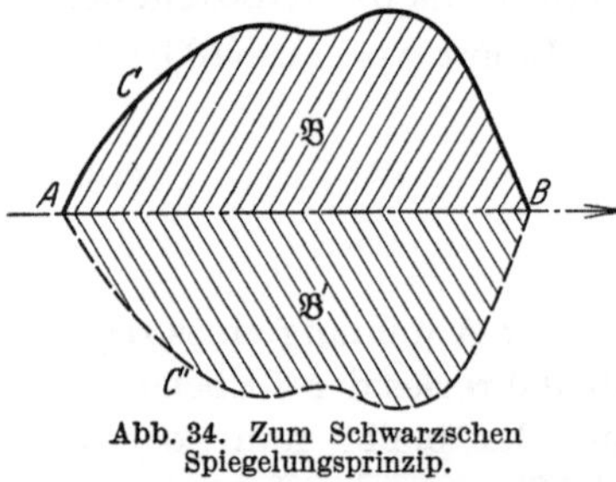
Abb. 34. Zum Schwarzschen Spiegelungsprinzip.

begrenzt werde (Abb. 34); eine im Innern und auf dem Rande von ($\mathfrak{B}$) analytische Funktion $w = f(z)$ bilde ($\mathfrak{B}$) konform auf einem Bereich (B) der w-Ebene eineindeutig so ab, daß dem geradlinigen Stück AB auch in der w-Ebene eine geradlinige Strecke g entspricht und umgekehrt. Man spiegele nun den Bereich ($\mathfrak{B}$) an der x-Achse, wobei er in ($\mathfrak{B}'$) übergehe, und ordne immer dem Punkte $\tilde{z} = x - iy$,

d. h. dem Spiegelpunkte von $z = x + iy$, den Punkt $\overline{w}$ der w-Ebene zu, der durch Spiegelung von w an der Geraden g gefunden wird. Die so entstehende Funktion

$$\overline{w} = g(\tilde{z})$$

ist die analytische Fortsetzung von $w = f(z)$ in die untere Halbebene hinein. Sie bildet den gespiegelten Bereich ($\mathfrak{B}'$) auf das Spiegelbild von (B) an der Geraden g der w-Ebene konform ab.

Beweis: Zunächst ist klar, daß man statt der Strecke g ein Stück der reellen Achse der w-Ebene benutzen darf; andernfalls führt man zuvor eine passende Drehung und Verschiebung der w-Ebene aus. Nunmehr ist $\overline{w} = \tilde{w} = u - iv$ der zu $w = u + iv$ konjugierte Wert, und die in Betracht kommende Funktion ist

$$\tilde{w} = \tilde{f}(\tilde{z}),$$

die konjugierte Funktion des konjugierten Argumentes. Diese ist aber mit $w = f(z)$ analytisch, denn die Cauchy-Riemannschen Differentialgleichungen (11) bleiben ungeändert, wenn man darin v mit $-v$ und zugleich y mit $-y$ vertauscht. Nun sei $W = F(z)$ diejenige Funktion, die in der oberen Halbebene mit $w = f(z)$ und in der untern mit $\tilde{w} = \tilde{f}(\tilde{z})$

übereinstimmt, längs der reellen Achse natürlich mit w und $\tilde{w}$, die ja dort beide übereinstimmen. Dann ist

$$\oint_{(C,C')} \frac{F(\zeta)\,d\zeta}{\zeta-z} = \oint_{ABCA} \frac{F(\zeta)\,d\zeta}{\zeta-z} + \oint_{AC'BA} \frac{F(\zeta)\,d\zeta}{\zeta-z},$$

denn die Strecke AB wird im Hin- und Rückgang durchlaufen, die entsprechenden Integrale heben sich also auf. Aber es ist nach der Cauchyschen Integralformel (47)

$$\oint_{ABCA} \frac{F(\zeta)\,d\zeta}{\zeta-z} = \oint_{ABCA} \frac{f(\zeta)\,d\zeta}{\zeta-z} = 2\pi\,i\,f(z) \quad \text{oder} \quad = 0,$$

je nachdem z auf der oberen oder auf der unteren Halbebene liegt, und ebenso

$$\oint_{AC'BA} \frac{F(\zeta)\,d\zeta}{\zeta-z} = \oint_{AC'BA} \frac{\tilde{f}(\zeta)\,d\zeta}{\zeta-z} = 0 \quad \text{oder} \quad 2\pi\,i\,\tilde{f}(z),$$

also durch Addition

$$\oint_{(C,C')} \frac{F(\zeta)\,d\zeta}{\zeta-z} = 2\pi\,i\,F(z).$$

Wie in C, 15 gezeigt worden ist, folgt hieraus, daß $F(z)$ für jeden inneren Punkt von $(\mathfrak{B}+\mathfrak{B}')$ eine **analytische Funktion** ist; also ist $\tilde{f}(\tilde{z})$ die analytische Fortsetzung von $f(z)$.

Übrigens ist es gar nicht nötig, daß $f(z)$ längs des Stückes AB der reellen Achse analytisch sei; es genügt die Stetigkeit. Denn man braucht nur AB in einen Parallelstreifen von beliebiger Schmalheit einzuschließen und dessen Ränder bei der Integration zu benutzen. Die entstehenden Integrale unterscheiden sich wegen der Stetigkeit von $f(z)$ beliebig wenig von den obigen.

Das Spiegelungsprinzip gibt zu sehr vielen Anwendungen Anlaß. Man kann z. B. von dem elliptischen Integral (182), das die obere Hälfte der z-Ebene auf ein Rechteck der w-Ebene abbildet, durch doppelte Spiegelung leicht beweisen, daß z eine doppeltperiodische Funktion von w sein muß. Doch soll dies dem Leser überlassen bleiben.

Zweiter Teil

Anwendungen.

A. Aufbau elektrischer und magnetischer Felder aus Quellinienpotentialen.

Von **W. Schottky**, Berlin.

1. Stellung der Aufgabe. Die nächstliegenden Anwendungen der Funktionentheorie ergeben sich auf die zweidimensionalen Potentialfelder; denn nach Ziffer 8, Seite 6 stellt jede komplexe analytische Funktion innerhalb ihres Regularitätsbereiches eine Lösung der Potentialgleichung dar. Nächst den homogenen Feldern sind die einfachsten die rotationssymmetrischen. Daher befaßt sich das erste Kapitel der Anwendungen mit rotationssymmetrischen Feldern einfachster Art. Es wird weiter gezeigt, daß mit ihrer Hilfe eine große Zahl praktisch wichtiger Feldformen synthetisch aufgebaut werden kann.

2. Definition und Eigenschaften des Quellinienpotentials. Unter Quellinienpotential versteht man eine zweidimensionale Potentialfunktion, die von einer gleichmäßig geladenen unendlich langen Quellinie erregt wird. Die Spur dieser Quellinie mit der xy-Ebene sei der Punkt $P_0(x_0\,y_0)$, welcher demnach der einzige Punkt der xy-Ebene ist, der eine Singularität aufweist (Abb. 35). Die Quelle sendet ein nach allen Seiten symmetrisches Feld aus. Die Funktion, die diese Bedingung erfüllt, ist die Funktion $u = \ln r$, wobei

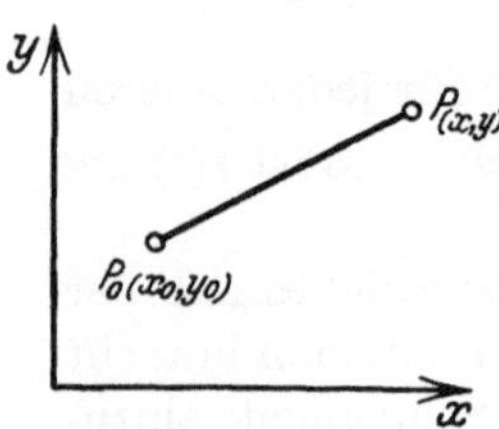

Abb. 35. Quellinie und Aufpunkt.

$r = \sqrt{(x - x_0)^2 + (y - y_0)^2}$ die Entfernung des Aufpunktes $P(xy)$ von der Quellinie bezeichnet. Diese Funktion genügt im ganzen Raum außer im Punkt P_0 der Bedingung $\Delta u = 0$. Der Beweis hierfür kann durch direkte Ausrechnung geführt werden; vom Standpunkt der Funktionentheorie ist er deshalb überflüssig, weil $\ln r$ den reellen Teil der Funktion $\ln(z - z_0)$ darstellt. Daher genügt nach den Cauchy-Riemannschen Gleichungen $u = \Re \ln(z - z_0)$ außerhalb $z = z_0$ der Laplaceschen Gleichung[1]

$$\frac{\partial^2 u}{d x^2} + \frac{\partial^2 u}{\partial y^2} = 0 \,. \tag{1}$$

---

[1] Hier wie im folgenden ist $\Re$ der Realteil, während $\Im$ den Imaginärteil einer komplexen Funktion bezeichnet.

Selbstverständlich ist nicht nur $\ln(z - z_0)$ eine Lösung der Potential-gleichung, sondern auch $K \ln(z - z_0)$. Die hier eingeführte Konstante K besitzt eine einfache physikalische Bedeutung. Wir betrachten zu diesem Zweck neben dem Potential den Feldvektor

$$\mathfrak{A} = - \operatorname{grad} u. \tag{2}$$

Wir wollen unter der „Quellung" dieses Vektors das Integral

$$\oint \mathfrak{A}_n \, ds \tag{3}$$

verstehen, wobei $\mathfrak{A}_n$ die zum Linienelement ds senkrecht stehende Feldkomponente bedeutet (Abb. 36). Berechnen wir die Quellung für einen Kreis vom Halbmesser r_0, so wird zunächst der Feldvektor

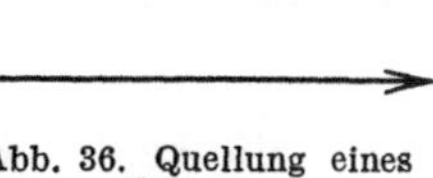

Abb. 36. Quellung eines Vektors.

$$\mathfrak{A} = - \frac{K \, d \ln r}{dr} \bigg|_{r=r_0} = - \frac{K}{r_0}. \tag{4}$$

Daher erhält man

$$\oint \mathfrak{A}_n \, ds = - \frac{K}{r_0} \oint ds = - 2 \pi K. \tag{5}$$

3. Deutung des Quellinienpotentials als elektrisches Potential φ. Wir denken uns jetzt speziell u als elektrisches Potential φ gedeutet und definieren die elektrische Feldstärke in üblicher Weise durch

$$\mathfrak{E} = - \operatorname{grad} u = \mathfrak{A}. \tag{6}$$

Wir berechnen das Integral

$$\oint \mathfrak{E}_n \, ds = - 2 \pi K. \tag{7}$$

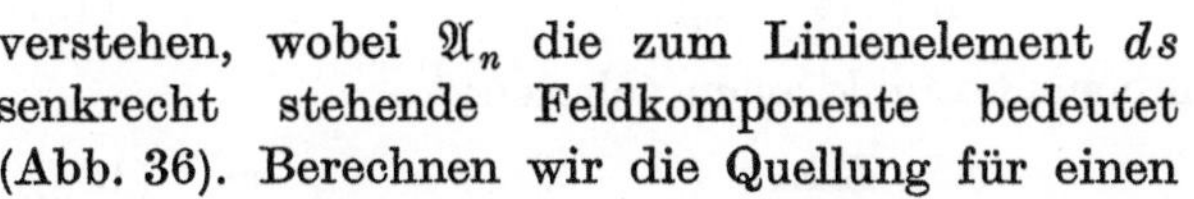

Abb. 37. Ladungs-belag der Quellinie.

Dieses Integral können wir uns nach Abb. 37 geome-trisch vorstellen als Mantelflächenintegral eines Kreis-zylinders der Höhe 1. Nun ist der Ladungsbelag q innerhalb eines Raumelementes von der Höhe 1 gegeben durch

$$q = \Delta \oint \mathfrak{E}_n \, ds. \tag{8}$$

Hierbei beschränken wir uns auf den leeren Raum, so daß Δ die Konstante $\dfrac{1}{4 \pi \cdot 9 \cdot 10^{11}}$ bedeutet. Mit Rücksicht auf (7) wird

$$q = - 2 \pi \Delta K. \tag{9}$$

Mit Benutzung dieser Konstanten lautet das elektrische Quellinien-potential

$$\varphi = - \frac{q}{2 \pi \Delta} \ln r. \tag{10}$$

$\Delta = \varepsilon_c$

Die elektrische Feldstärke hat in radialer Richtung den Wert

$$-\frac{\partial \varphi}{\partial r} = \frac{q}{2\pi\Delta}\cdot\frac{1}{r} \tag{11}$$

in zirkularer Richtung ist sie Null. Die Potentialflächen sind also Kreiszylinder um die durch P_0 gehende Quellinie, die Kraftlinien sind die dazu senkrechten radialen Strahlen $\vartheta =$ konst. Die komplexe Mutterfunktion, aus der sich diese beiden Linienscharen in der komplexen xy-Ebene ableiten lassen, ist wie unter Ziffer (10) gezeigt wurde, die komplexe Funktion

$$f = K \ln (z - z_0)\,, \tag{12}$$

zu der die beiden Komponentenfunktionen gehören:

$$\varphi = K \ln r \tag{13a}$$

und

$$\psi = K\,\vartheta\,. \tag{13b}$$

4. Aufbau elektrischer Felder aus Quellinienpotentialen. Der Zylinderkondensator. Es gibt weder unendlich ausgedehnte noch unendlich dünne elektrische Leiter. Gleichwohl läßt sich die Berechnung des Feldes eines solchen idealisierten Leiters für die Anwendungen nutzbar machen. Die Bedingung der unendlichen Ausdehnung kann für ein mittleres Gebiet des Leiters ersetzt werden durch die Bedingung, daß die Randeffekte sich in dem untersuchten Gebiet nicht mehr bemerkbar machen. Diese Frage ist natürlich mit Hilfe dreidimensionaler Annäherungsüberlegungen von Fall zu Fall zu prüfen. Was jedoch die Idealisierung des unendlich dünnen Leiters betrifft, so kann man hiervon in vielen Fällen auf sehr einfache Weise loskommen und zu Problemen mit endlichen Leiterdimensionen übergehen. Betrachten wir z. B. wieder eine einzelne Quelllinie mit der Potentialfunktion $\varphi = K \ln r$ und der Kraftlinienfunktion $\psi = K\,\vartheta$. In der x, y-Ebene erhalten wir dann ein Feldbild, bestehend aus Kreisen und Radien, mit einer Singularität im Mittelpunkt (Abb. 38). Nun betrachten wir nicht dieses ganze Kraftfeld, sondern nur den Raum zwischen zwei Potentialflächen F' und F'' mit den Radien r' und r''. Zwischen diesen Flächen ist die Gleichung $\Delta \varphi = 0$ erfüllt, das Potential auf beiden Flächen ist konstant, zwischen ihnen herrscht ein Potentialunterschied $\varphi'' - \varphi'$, dem durch geeignete Wahl von K jeder beliebige Betrag gegeben werden kann. Das sind aber genau die Bedingungen, aus denen man das Feld zwischen zwei konzentrischen

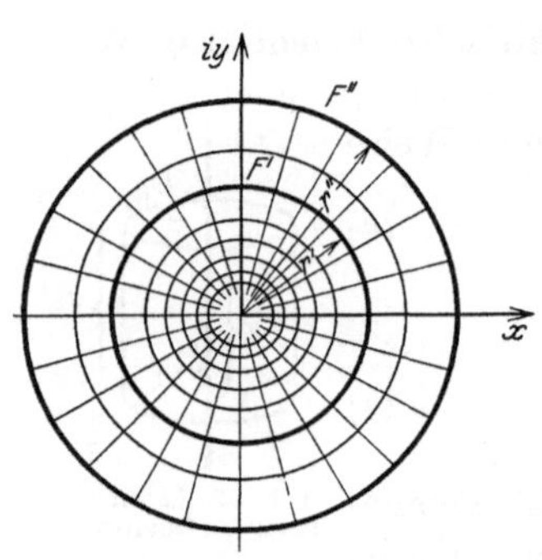

Abb. 38. Zylinderkondensator.

zylindrischen Leitern mit den Radien r_1 und r_2 zu bestimmen hat; auch hier ist das Potential auf jeder Zylinderfläche konstant, zwischen den Flächen gilt die Gleichung $\Delta \varphi = 0$, und es ist ein bestimmter Potentialunterschied gegeben. Da man außerdem in solchen Fällen immer zeigen kann, daß eine Lösung, die die gegebenen Grenzbedingungen erfüllt, zugleich die einzige und wahre Lösung ist, stellt das Feld einer Quellinie im Mittelpunkt der beiden Zylinder zugleich das wahre Feld in den Zwischenräumen zwischen den Zylindern dar.

Bei passender Wahl von K ist also:

$$\left.\begin{array}{l} \varphi' = -K \ln r' \\ \varphi'' = -K \ln r'' \end{array}\right\} \tag{14}$$

und also die **Spannung**

$$U = \varphi'' - \varphi' = -K \ln \frac{r''}{r'}. \tag{14a}$$

Man kann daraus berechnen

$$K = \frac{-U}{\ln \dfrac{r''}{r'}}, \tag{15}$$

also

$$\varphi = \frac{U}{\ln (r''/r')} \cdot \ln r. \tag{16}$$

Die Beziehung zwischen K und U hat aber nicht bloß eine rechnerische Bedeutung, sondern K ist im wesentlichen proportional mit dem Ladungsbelag q [vgl. Gleichung (9)]. Also ist q zugleich die zu dem Potentialunterschied U gehörige Ladung des betreffenden Zylinderkondensators, und

$$\frac{q}{U} = \frac{2 \pi \Delta}{\ln \dfrac{r''}{r'}} \tag{17}$$

ist definitionsgemäß die Kapazität dieses Zylinderkondensators pro Längeneinheit, soweit die Randeffekte vernachlässigt werden können. Falls das Medium zwischen den Zylindern die Dielektrizitätskonstante ε besitzt, vergrößert sich die Kapazität bekanntlich auf das εfache.

5. Zusammensetzung von Feldern aus mehreren Quellinienpotentialen. Ebenso großes Interesse besitzen Felder, die durch Superposition mehrerer Quellinienpotentiale entstehen. Diese Potentiale stellen zunächst wieder die Felder von unendlich dünnen geraden parallelen Ladungslinien mit den Ladungsbelägen q_1, q_2 usw. dar. Denn bei Zusammensetzung der Potentiale φ_1, φ_2 usw. zu einem Potential φ ist wieder die Bedingung $\Delta \varphi = 0$ außerhalb der Ladungslinien erfüllt, während die Quellung $\int \mathfrak{E}_n \cdot ds$ des Feldes um jede Linie herum den durch die betreffende Ladung bestimmten Wert besitzt. Ebenso wie im Falle des Zylinderkondensators kann man aber auch in diesen

Fällen die Betrachtung auf die Zwischenräume zwischen gewissen Potentialflächen bzw. Potentiallinien beschränken und erhält dann neue Formen von Leitern und zugleich die Lösung des betreffenden Potentialproblems.

Ein einfaches Beispiel dieser Art macht Gebrauch von der Kombination zweier entgegengesetzt geladener Quellinien, die durch die Punkte P_1 und P_2 gehen (Abb. 39). Das Feld dieser Quellinien für einen Aufpunkt P kann man entweder reell aus der Addition der Funktionen φ_1 und φ_2 berechnen:

$$\varphi = \varphi_1 + \varphi_2 = - \frac{q}{2\pi\varDelta} \cdot \ln r_1 + \frac{q}{2\pi\varDelta} \cdot \ln r_2 = \frac{q}{2\pi\varDelta} \cdot \ln \frac{r_2}{r_1}. \qquad (18)$$

Hieraus ergibt sich folgende Konstruktion der Äquipotential- und Kraftlinien: Man hat sich die Linien als Potentiallinien einzuzeichnen,

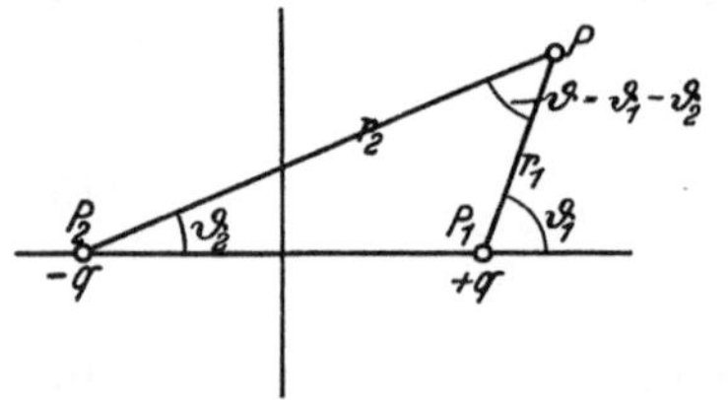

Abb. 39. Zum Feld zweier Quellinien.

längs deren das Verhältnis der Entfernungen von den Punkten P_1 und P_2 konstant ist, und hierzu senkrecht die Kraftlinien. Man erhält dann ein Gesamtbild, das, wie man sieht, aus Kreiszylindern besteht, die einander senkrecht schneiden. Man erkennt, daß man, analog wie im Falle des zylindrischen Kondensators, jetzt wieder zwei von den auftretenden Kreisen als Leiterflächen erklären kann und auf diese Weise die Potentialverteilung zwischen entgegengesetzt geladenen kreiszylinderförmigen Leitern erhält, die aber jetzt beliebige Lage und Größe relativ zueinander haben können. Damit läßt sich auch das Problem der gegenseitigen Kapazität zweier paralleler Kreiszylinder in Strenge lösen. Anwendung finden diese Rechnungen z. B. bei der Berechnung der Kapazität einer zweidrähtigen Freileitung, von einem Draht gegen Erde (Grenzfall des unendlich großen Krümmungsradius der einen Fläche) und in ähnlichen Fällen.

Die funktionentheoretische Methode vertieft die Behandlung eines solchen Beispieles, denn bei dieser Methode addiert man zweckmäßig nicht die Potentialfunktionen, sondern die Mutterfunktionen w_1 und w_2 der Potential- und Kraftlinienfunktionen. Man bilde also:

$$w = \varphi + i\psi = w_1 + w_2 = K \cdot \ln(z - z_1) - K \ln(z - z_2). \qquad (19)$$

Der reelle Teil dieser Mutterfunktion genügt wieder der Gleichung $\varDelta u = 0$ und hat in den Quellinienpunkten P_1 und P_2 entgegengesetzt gleiche Quellung; das liefert uns nichts Neues, da $\mathfrak{Re} \ln(z - z_1) = \ln r$ ist und wir somit auf genau die gleiche Darstellung wie bei Benutzung des reellen logarithmischen Potentials geführt werden. Neu ist aber die Benutzung der Kraftlinienfunktion $\psi = \psi_1 + \psi_2$. Diese Funktion liefert uns, wie wir allgemein wissen, durch die Linien $\psi =$ konst. sogleich in geschlossener Form das System der Kraftlinien. Nun ist aber $\ln(z - z_1) = \ln r_1 + i\vartheta$, wobei ϑ der Winkel des Aufpunktvektors mit einer festen Achse ist, am einfachsten der durch P_1 und P_2 gehenden Achse, die wir als x-Achse wählen (Abb. 39). Also ist $\psi = \vartheta_1 - \vartheta_2$ einfach

die Differenz der Winkel der Strahlen r_1 und r_2 mit der festen Achse, also der Winkel zwischen r_1 und r_2. Die Kraftlinien stellen demnach Kurven dar, längs deren der Abschnitt $P_1 P_2$ unter einem stets gleichen Winkel erscheint; das sind bekanntlich alle Kreisbögen über $P_1 P_2$ (Abb. 40).

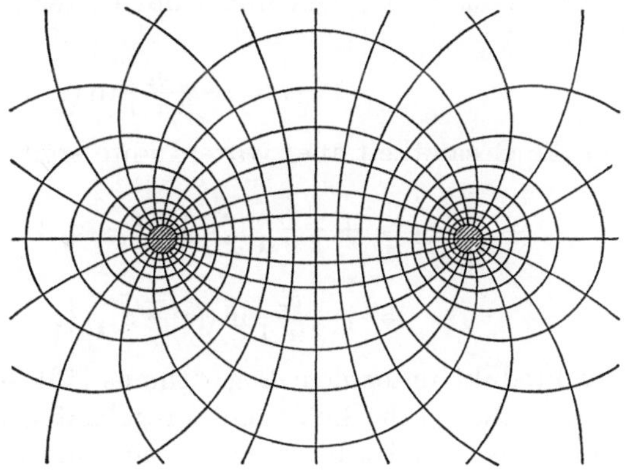

Abb. 40. Feldbild zweier Quellinien.

Die Funktionentheorie weist jedoch noch, direkter als die reelle Behandlung, auf eine weitere Art der Ausbeutung eines gegebenen Kraftlinienfeldes für die Anwendungen hin. Ebenso wie die Funktion w läßt sich auch die Funktion $-iw = \psi - i\varphi$ als Mutterfunktion auffassen, es lassen sich die Linien $\psi =$ konst. als Potentiallinien, $\varphi =$ konst. als Kraftlinien deuten. In unserem Spezialproblem würde man so z. B. das Feld zwischen zwei Kreisbögen über derselben Sehne finden, die auf verschiedenen Potentialen gehalten werden.

6. Das Gitterpotential einer Verstärkerröhre. Als weitere Anwendung wollen wir jetzt das Feld in einer Verstärkerröhre aus Quellinienpotentialen aufbauen. Wir betrachten eine 3-Elektrodenröhre mit zylindrischer Anordnung nach Abb. 41. Die Elektroden seien lang

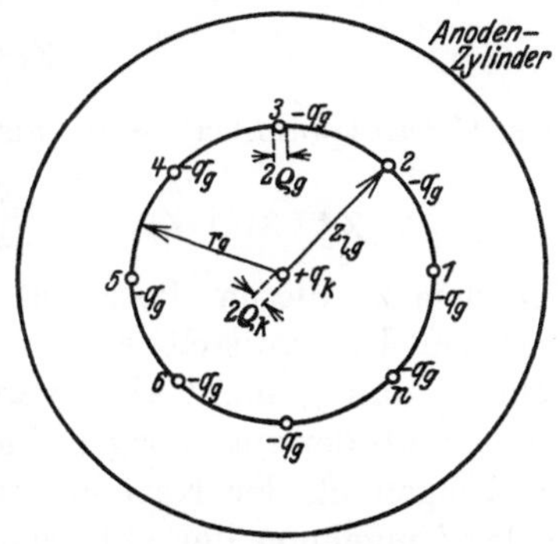

Abb. 41. Elektrodenanordnung bei einer 3-Elektrodenröhre.

im Verhältnis zu ihrem Durchmesser, und das Gitter bestehe aus n achsenparallelen Drähten (Halbmesser ϱ_g). In der Achse des Zylinders befindet sich die Kathode mit dem Halbmesser ϱ_k. Die Ladung der Kathode pro Längeneinheit sei $+q_k$, die der Gitterdrähte sei auf allen Drähten gleich und je gleich $-q_g$. Wir berechnen zunächst nur das Potential der Kathodenladung und der Gitterladungen und vernachlässigen die Raumladung der Elektronen. Die Ladungen denken wir uns jeweils in den Achsen der betreffenden Drähte konzentriert. Dann ist also das Potential jedes Einzeldrahtes ein Quellinienpotential der besprochenen Art, wobei jedoch die Verlagerung der Quellinie aus dem Ursprung des Koordinatensystems zu beachten ist. Es bezeichne $z_{g\,l} = z_{l\,g}$ den Ortsvektor der Quellinie l des Gitters. Sie hat also das komplexe Potential

$$\chi_l = + \frac{q_g}{2\,\pi\,\varDelta} \ln\,(z - z_{g\,l})\,. \tag{20}$$

Für die Gesamtheit aller Gitterdrähte ergibt sich

$$\left.\begin{aligned}
\chi_g = \sum_1^n \chi_l &= + \frac{q_g}{2\,\pi\,\varDelta} \sum_1^n \ln\,(z - z_{g\,l}) \\
&= + \frac{q_g}{2\,\pi\,\varDelta} \ln\,((z - z_{g\,1})\,(z - z_{g\,2}) \cdots (z - z_{g\,n}))\,.
\end{aligned}\right\} \tag{21}$$

Das Produkt unter dem Logarithmus läßt sich geschlossen auswerten; denn da die $z_{g\,l}$ die Ecken eines regelmäßigen Polygons bilden, welches dem Kreis vom Halbmesser r_g eingeschrieben ist, so wird

$$(z - z_{g\,1})\,(z - z_{g\,2}) \cdots (z - z_{g\,n}) = z^n - z_g^n\,. \tag{22}$$

Mithin ist

$$\chi_g = + \frac{q_g}{2\,\pi\,\varDelta} \ln\,(z^n - z_g^n) = + \frac{n\,q_g}{2\,\pi\,\varDelta} \ln\,\sqrt[n]{z^n - z_g^n}\,. \tag{23}$$

Hierüber lagert sich noch das Potential der Kathodenladung

$$\chi_k = \frac{-\,q_k}{2\,\pi\,\varDelta} \ln z\,. \tag{24}$$

Das Gesamtpotential wird also

$$\chi = \chi_k + \chi_g = - \frac{q_k}{2\,\pi\,\varDelta} \ln z + \frac{n\,q_g}{2\,\pi\,\varDelta} \ln \sqrt[n]{z^n - z_g^n}\,. \tag{25}$$

Von dem zu diesem Potential gehörenden Feld können wir folgendes aussagen. In unmittelbarer Nähe der Gitterpunkte 1, 2 usw. überwiegt, wenn q_g und q_k nicht allzu verschiedener Größenordnung sind, immer der Einfluß der zugehörigen Quellinie. Das gilt um so mehr, als sich in der Umgebung der Kathode die übrigen Felder sehr weitgehend und in der Umgebung der Gitterpunkte wenigstens recht erheblich gegenseitig kompensieren. Schlägt man also Kreise um die Mittelpunkte der einzelnen Quellzentren mit Radien, die klein sind, gegen den Abstand von dem zunächst benachbarten Quellpunkt, so ist auf diesen Kreisen $\ln |z|$ bzw. $\ln |z - z_{g\,l}|$ angenähert konstant, und da dies jeweils das weitaus überwiegende Glied des Potentials ist, auf diesen Kreisen auch $\varphi = $ konst. Weiter liefert das durch (25) dargestellte Potential in hinreichend weiter Entfernung von sämtlichen Quellinien angenähert Kreiszylinder als Äquipotentialflächen. Es ist deshalb zulässig, einen dieser Zylinder mit dem Anodenzylinder zusammenfallen zu lassen, dem wir das Anodenpotential φ_a zuerteilen. Durch geeignete Wahl von q_k und $n \cdot q_g$ kann man den Potentialdifferenzen $\varphi_g - \varphi_k$ als „Gitterspannung" und $\varphi_a - \varphi_k$ als „Anodenspannuug" jeden beliebigen Wert erteilen oder umgekehrt auch die zu diesen Potentialwerten gehörigen Ladungen q_k und $n \cdot q_g$ bestimmen.

7. Berechnung des Durchgriffes einer Verstärkerröhre. Nun interessiert zwar in Verstärkerröhren der Zusammenhang zwischen Ladungen und Potentialdifferenz in gewisser Weise; speziell kann man hieraus die Teilkapazitäten des Drei-Elektrodensystemes berechnen. Die weitaus wichtigere Größe ist aber der sogenannte Durchgriff. Die Berechnung des Durchgriffes soll hier nach einer Methode durchgeführt werden, die den Vorteil hat, daß der Übergang zu raumladungserfüllten Feldern mit ihr besonders übersichtlich ausgeführt werden kann[1]. Wir erteilen Kathode und Anode wieder die Potentiale φ_k und φ_a, denken uns jedoch die Gitterdrähte vorübergehend durch einen homogenen geschlossenen Gitterzylinder G mit dem Steuerpotential φ_{st} ersetzt. Dieses Potential soll so gewählt werden, daß das Feld in der Nähe der Kathode und Anode denselben Wert bekommt, wie im wirklichen Fall durch das Gitter mit dem Potential φ_g. Dies ist immer möglich.

Wir berechnen zunächst die gesamte Ladung, d. h. die Summe von innerer und äußerer Ladung, die der Gitterzylinder trägt, wenn $\varphi_{st} - \varphi_k$ und $\varphi_a - \varphi_{st}$ gegeben sind. Die äußere Ladung ist pro Längeneinheit

$$q' = - \varDelta \oint \mathfrak{E}'_{g_i} ds. \tag{26}$$

Darin ist $\mathfrak{E}'_g$ die auf den Gitterzylinder zu gerichtete Feldstärke des Anoden-Gitterraumes. Da diese Feldstärke längs des Gitterzylinders konstant ist, ergibt (26)

$$q' = \varDelta \, \mathfrak{E}'_g \oint ds = \varDelta \, \mathfrak{E}'_g \, 2 \pi \, r_g. \tag{27}$$

Die innere Ladung ist entsprechend pro Längeneinheit

$$q'' = + \varDelta \oint \mathfrak{E}''_g ds, \tag{28}$$

wobei jetzt $\mathfrak{E}''_g$ die auf die Kathode zu gerichtete Feldstärke des Gitter-Kathodenraumes ist. Nun sind der Anoden-Gitterraum und der Gitter-Kathodenraum durch den homogenen Gitterzylinder elektrostatisch gegeneinander abgeschirmt; daher ist die Kathodenladung $+ q_k$ lediglich durch $\mathfrak{E}''_g$ bestimmt und ist gleich $+ q''$. In Gleichung (25) ist dem-

---

[1] Schottky, W.: Über Hochvakuumverstärker. Arch. Elektrot. **8**, 1 u. 299 (1919); nach Arbeiten, die im Sommer 1915 ausgeführt wurden.

6*

nach der erste Posten auf der rechten Seite gleich dem komplexen Steuerpotential χ_{st} und daher läßt sich schreiben:

$$\chi - \chi_{st} = + \frac{n\,q_g}{2\,\pi\,\varDelta}\ln \sqrt[n]{z^n - z_g^n}\,. \tag{29}$$

Daraus folgt das Gitterpotential φ_g selbst, indem wir $z = r_g + \varrho_g$ (mit $\varrho_g \ll r_g$) setzen und den Realteil abspalten.

$$\begin{aligned}
\varphi_g - \varphi_{st} &= + \frac{n\,q_g}{2\,\pi\,\varDelta}\,\Re\ln\sqrt{(r_g + \varrho_g)^n - r_g^n} \\[1ex]
&= + \frac{n\,q_g}{2\,\pi\,\varDelta}\ln\left|\sqrt[n]{r_g^n + n\,r_g^{n-1}\,\varrho_g + \cdots - r_g^n}\right| \\[1ex]
&= \sim + \frac{n\,q_g}{2\,\pi\,\varDelta}\ln\left(r_g\sqrt[n]{\frac{n\,\varrho_g}{r_g}}\right).
\end{aligned} \tag{30}$$

Hierbei besteht q_g aus q' und q''. Die Teilladung q' läßt sich aber aus der Potentialdifferenz $\varphi_a - \varphi_{st}$ des Anoden-Gitterraumes nach der Zylinder-Kondensatorformel angeben und q'' aus (28). Daher entsteht mit r_g als Gitterradius und r_a als Anodenradius:

$$\varphi_g - \varphi_{st} = (\varphi_a - \varphi_{st})\,\frac{1}{\ln\dfrac{r_a}{r_g}}\ln\left(r_g\sqrt[n]{\frac{n\,\varrho_g}{r_g}}\right) - \frac{n}{\varDelta}\,r_g\,\mathfrak{E}''\ln\left(r_g\sqrt[n]{\frac{n\,\varrho_g}{r_g}}\right). \tag{31}$$

Wir nehmen nun an, daß $\mathfrak{E}''_g$ linear von φ_{st} abhängt, dann folgt aus (31)

$$\text{konst}\cdot\varphi_{st} = \varphi_g + \frac{\ln\dfrac{n\,r_g}{\varrho_g}}{n\ln\dfrac{r_a}{r_g}}\cdot\varphi_a\,, \tag{32}$$

also ergibt die Differentiation

$$\frac{\partial\,\varphi_{st}}{\partial\,\varphi_a} : \frac{\partial\,\varphi_{st}}{\partial\,\varphi_g} = \frac{\ln\dfrac{n\,r_g}{\varrho_g}}{n\ln\dfrac{r_a}{r_g}} = D\,. \tag{33}$$

Dies ist aber gerade das Verhältnis, das in der allgemeinen Verstärkertheorie als Durchgriffsfaktor D auftritt; es bestimmt das Verhältnis der Stromänderung mit dem Gitterpotential zur Stromänderung mit dem Anodenpotential, da der Strom nur von dem Steuerpotential φ_{st} über die Raumladungsgleichung abhängt. Somit ist hier in allgemeiner Form die Berechnung des Durchgriffes für zylindrische Gitter mit Längsdrähten gegeben.

Der Grund, weshalb wir $\mathfrak{E}''_g$ hier nicht ausgerechnet haben, ist einmal der, daß es bei der Berechnung des Durchgriffes doch wieder herausfällt. Weiter ist aber die Berechnung von $\mathfrak{E}''_g$ aus dem raumladungsfreien Kathodenfeld sicher unzulässig. Der Verfasser hat gezeigt[1], daß

---

[1] Schottky, W.: Zur Raumladungstheorie der Verstärkerröhren. Wiss. Veröffentl. a. d. Siemens Konzern 1, H. 1, 64 (1920).

$$\varDelta = \varepsilon_g$$

ein Zusammenhang zwischen $\mathfrak{E}''_g$ und φ_{st} vielmehr aus der Raumladungstheorie berechnet werden muß und dann zu bestimmten Aussagen für die „Steuerschärfe" eines Gitters führt. Ist ein Gitter doppelseitig von ausgedehnten Elektroden und raumladungsfreien Räumen umgeben, so kann man natürlich $\mathfrak{E}''_g$ in analoger Weise berechnen wie $\mathfrak{E}'_g$.

8. Berechnung des Verstärkerröhrenfeldes mittels der konformen Abbildung $z = \sqrt[n]{Z}$. Wir haben bisher das Gitterpotential aus Quellinien aufgebaut. Dieselbe Formel kann man auch nach einem funktionentheoretischen Verfahren ermitteln[1]. Man geht aus von einer Mutterfunktion w in der $Z = (X + iY)$-Ebene (Abb. 42). Statt die Funktion w von Z zu betrachten, untersucht man die Funktion $\sqrt[n]{Z} = z = x + iy$. Trägt man sich die z-Werte in einer neuen komplexen Ebene xy auf,

so entsprechen dem **einen** Punkt in der XY-Ebene n Punkte in der xy-Ebene. Man erkennt das daraus, daß die ganze Z-Ebene auf den Winkelbereich $\dfrac{2\,\pi}{n}$ abgebildet wird, so daß also die volle z-Ebene n Exemplare der Z-Ebene nebeneinander oder, was auf dasselbe hinausläuft: die volle Z-Ebene

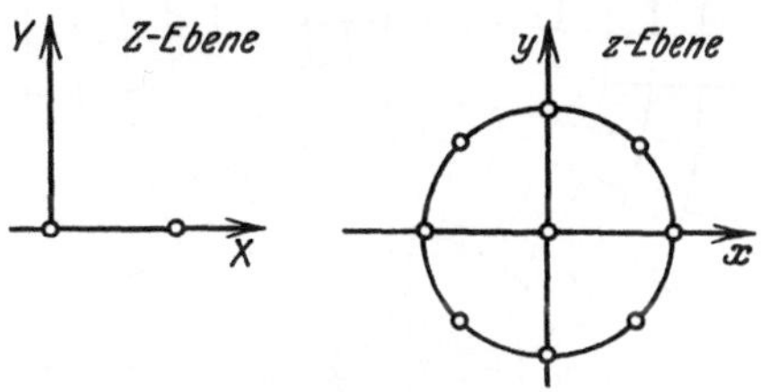

Abb. 42. Konstruktion des Gitterfeldes durch konforme Abbildung.

ein Exemplar der gesamten z-Ebene in n Blättern übereinander enthält.

Man sieht nun leicht, daß man zu der Potentialfunktion eines Kreisgitters mit zentraler Quellinie kommen kann, wenn man in der Z-Ebene eine Potentialfunktion betrachtet, die von je einer Quelle im Nullpunkt und einer Quelle mit anderer Ladung in einem bestimmten Abstand vom Nullpunkt, etwa auf der X-Achse herrührt. Bei der Transformation wird dann die letztgenannte Quelle $n$mal auf der Peripherie eines Kreises erscheinen; die Mittelladung wird immer an derselben Stelle auftreten, jedoch mit n-facher Stärke. Die Abstände von Kern- und Gitterquellinien werden sich in bestimmter Weise verzerren, aber man kann ja dann den ursprünglichen Abstand passend wählen. Das Wichtige ist nun, daß man für das Potential der Gitterquellinien, das sich bei der Summation aus Einzelpotentialen in der unübersichtlichen Form einer Logarithmensumme von verschiedenen Abständen ergab, hier von selbst eine geschlossene Darstellung erhält. Der Gitterpunkt 1 in der Z-Ebene wird nämlich durch das Glied $\ln (Z - Z_1)$ der w-Funktion charakterisiert; überträgt man das in die z-Ebene, so erhält man hier sofort ohne Benutzung der Kreisteilungsgleichung $\ln (z^n - z_1^n)$. Der

---

[1] Abraham, M.: Berechnung des Durchgriffes von Verstärkerröhren. Arch. Elektrot. 8, 42 (1919).

reelle Teil dieser Funktion ist, bis auf die Ladungskonstante, das Potential des Kreisgitters. Es interessiert nun speziell der Wert dieser Potentialfunktion auf den Kreisen ϱ_g um die Gitterpunkte, den wir bereits in Gleichung (30) berechnet haben.

9. Potentiale von ebenen Quellinienreihen. Neben den zylindrischen Gitteranordnungen spielen in den verschiedensten Gebieten eine große Rolle die ebenen, aus sehr vielen parallelen Fäden bestehenden Gitteranordnungen, die sich durch eine unendliche Reihe von äquidistanten, gleich oder entgegengesetzt geladenen Quellinien darstellen lassen. Das

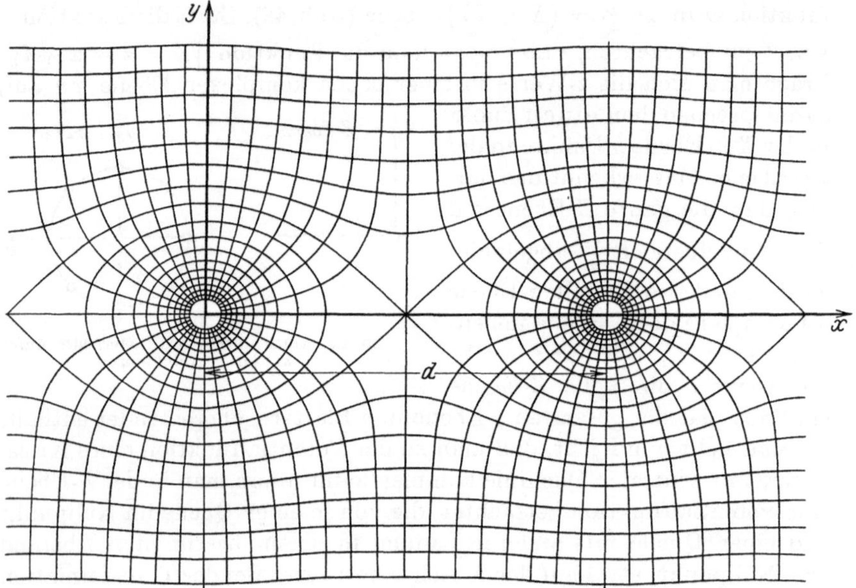

Abb. 43. Potentialbild einer unendlichen Reihe gleichgeladener Quellinien.

Potential einer solchen unendlichen Reihe ist durch einfache Zusammensetzung der logarithmischen Einzelpotentiale nicht gerade sehr bequem zu berechnen; die Funktionentheorie ermöglicht jedoch hier, geschlossene Funktionen von x, y anzugeben, die die Berechnung sehr vereinfachen.

Wir betrachten die Mutterfunktion $w = \ln \sin z$. Diese Funktion ist in der ganzen z-Ebene regulär, außer an den Stellen, wo $\sin z = 0$ wird. An diesen Stellen, also für $x = 0$, $x = \pi$, $x = -\pi$, usw., verhält sich jedoch die Funktion wie $\ln(z - z_0)$, also wie ein gewöhnliches logarithmisches Quellinien-Potential. Man sieht das sehr einfach ein für $x = 0$. Für $x = \pi$ usw. wiederholt sich der reelle Teil der Funktion, so daß dort und an den weiteren Nullstellen dieselben Verhältnisse herrschen. Der reelle Teil von w stellt also eine Potentialfunktion dar, die der Gleichung $\Delta \varphi = 0$ an allen Stellen, außer den Stellen $0, \pi$ usw. auf der x-Achse genügt; an diesen Stellen verhält sie sich, als ob Quellinien stets gleicher Ladung dort vorhanden wären. Bilden wir $w = -\dfrac{q \cdot}{2\pi\varDelta} \cdot \ln \sin z$, so bedeutet q wieder die Ladung pro Längeneinheit der Quellinien. Wegen der Eindeutigkeit der Potentiallösung haben wir also in $\Re e\, w$ tatsächlich die Potentialfunktion vor uns, die in geschlossener Form das Potential der äquidistant längs der x-Achse verteilten Quellinien angibt; schreibt man $\dfrac{\pi z}{d}$ statt z, so liegen die Quellinien in den Punkten $\dfrac{\pi \cdot x}{d} = k\pi$, also $x = d$, $2d$ usw. (Abb. 43).

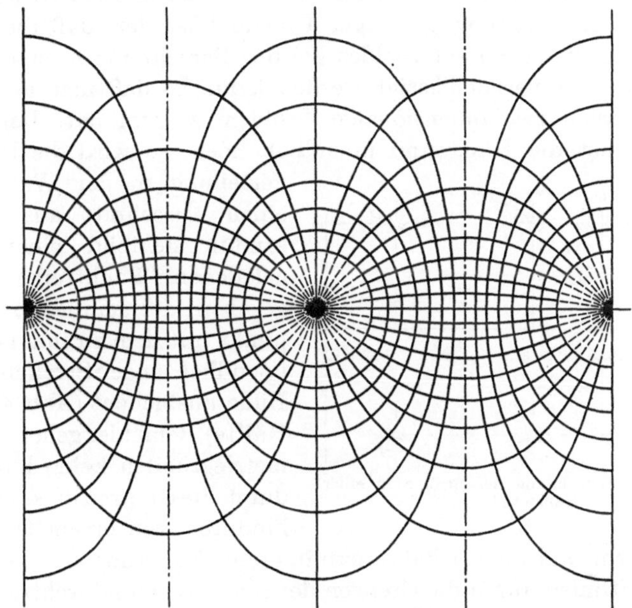

Abb. 44. Feldbild einer Reihe von abwechselnd positiven und negativen Quellinien.

Indem man wieder von der Eigenschaft Gebrauch macht, daß die Potentiale in kleinen Kreiszylindern um die Quellpunkte nahezu konstant sind und die Symmetrie der Funktionen in bezug auf jeden Gitterpunkt benutzt, bekommt man mit der genannten Funktion die Lösung des Potentialproblems für eine unendliche Reihe von Kreiszylindern von konstantem Potential.

Man kann natürlich ebenso von der Funktion $\ln \cos z$ ausgehen. Dies liefert kein neues Bild. Dagegen ergibt die Zusammensetzung

$$\ln \sin z - \ln \cos z = \ln \frac{\sin z}{\cos z} = \ln \operatorname{tg} z$$

in ihrem Realteil die Anordnung alternierend positiver und negativer Quellinien (vgl. Abb. 44).

10. Anwendungen der einfach unendlichen Quellinienreihe. Als Anwendung des Potentials der ebenen Quellinienreihen betrachten wir die Strom- und Spannungsverteilung in einer Hauswand[1], in deren Mittelachse etwa durch Schadhaftwerden einer Isolation sich die Eintrittsstelle eines Stromes befindet. Dies Problem ist zwar kein elektrostatisches, aber die Gleichungen und Grenzbedingungen sind genau dieselben; das el. Potential gehorcht der Gleichung $\Delta\varphi = 0$ außerhalb der Quellstelle, und es bestehen analoge Zusammenhänge zwischen der Größe des austretenden Stroms, den Potentialen und Feldstärken wie zwischen Ladungen und Potentialen in einem Dielektrikum. Ein für unsere Betrachtung günstiger Umstand ist der, daß die Tiefenausdehnung dieses Potentialfeldes bei der Berechnung in erster Näherung überhaupt vernachlässigt werden kann, so daß man es hier mit einem wirklich zweidimensionalen Problem zu tun hat. Denkt man sich zunächst die Hauswand unendlich hoch, so wird die Potentialverteilung in der Wand durch einen Ausschnitt aus dem gesamten Feldbild einer gleichgeladenen Punktreihe wiedergegeben, der gerade einen Quellpunkt mit dem zu ihm gehörigen unendlich langen Streifen aus dem Bilde ausblendet (Abb. 45, obere Hälfte), denn hier gehen aus Symmetriegründen keine Kraftlinien durch die Grenzen dieses Streifens hindurch von einem Quellpunkt zum andern, und analog kann man in erster Näherung annehmen, daß keine Kraftlinien durch die Grenzen der Hauswand hindurchtreten. Dies der Abb. 43 entsprechende Kraftlinienbild ist jedoch nicht das endgültige; der Strom fließt ja in Wirklichkeit nicht nach oben und unten in der Hauswand ab, sondern alle Stromlinien gehen nach unten. Das können wir jedoch in einfacher Weise erreichen, indem wir unsere Potentialfunktionen an der Oberfläche spiegeln (Abb. 45, untere Hälfte) und dann wiederum nur das Feld oberhalb des Erdbodens betrachten (Abb. 45). Wir haben uns hierzu der Mutterfunktion $w = \text{konst}\,[\ln \sin z - \ln \sin (z - z_0)]$ zu bedienen, wobei der ursprüngliche Quellpunkt zu $z = 0$ angenommen ist und z_0 den Mittelpunkt mit den Koordinaten O und $-2h$ (h Höhe des Quellpunktes über der Erde) darstellt. Der reelle Teil dieser Funktion liefert die endgültige Potentialfunktion nach Abb. 46.

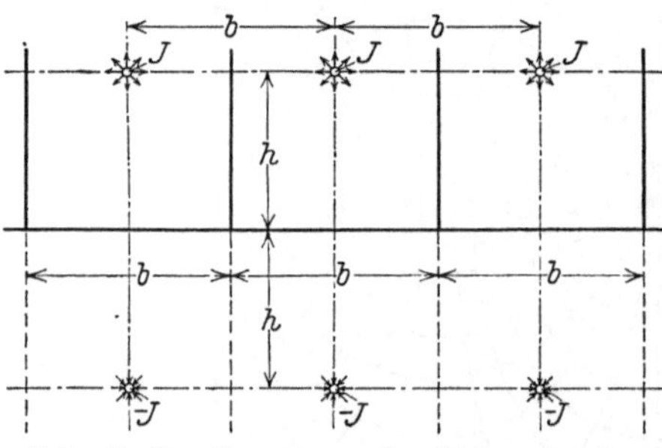

Abb. 45. Zur Berechnung der Ströme in einer Hauswand.

---

[1] Ollendorff, F.: Elektrische Stromleitung an feuchten Gebäudewänden. Arch. Elektrot. 19, 124 (1927).

Eine andere Anwendung, die allerdings auch nichtelektrostatischer Art ist, findet sich in der Literatur für den Fall der alternierenden Quellinienreihen. Man kann mit diesem Feldbild das Streufeld zwischen verhältnismäßig langen und nahen Polschuhen einer Vielpol-Maschine idealisieren. Die Berechnung ist von Hague[1] durchgeführt worden. Die bereits oben wiedergegebene Abb. 44 zeigt den Potential- und Kraftlinienverlauf als Ausschnitt aus der unendlichen alternierenden Quellinienreihe.

Von elektrischen Anwendungen der Potentialfunktionen einer ausgedehnten Quellinienreihe zwischen parallelen massiven Elektroden ist noch die Berechnung des Feldes in Elektrofiltern zu erwähnen. Hier

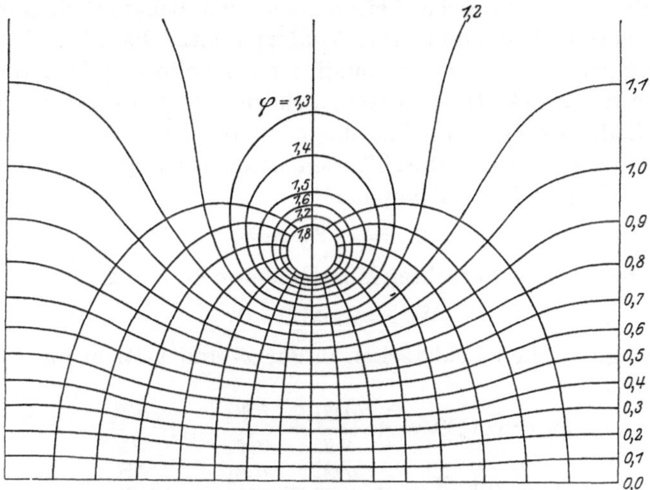

Abb. 46. Verlauf der Ströme in der Hauswand.

haben wir eine Reihe von dünnen Drähten oder netzartigen Elektroden als negativ geladene Sprühelektroden zwischen metallischen Wänden. Bei schwachen Strömen, also solange keine merklichen Raumladungen vorkommen, läßt sich das Auftreten der Mindestfeldstärke, die zur Koronabildung und damit zum Einsatz der selbständigen Entladung notwendig ist, aus der Potentialtheorie berechnen; allerdings wird man hier schon in den meisten Fällen den Einfluß der Nachbarladungen vernachlässigen und mit dem einfachen Fall eines Drahtes zwischen zwei Elektroden oder des Drahtes in einem Zylinder rechnen können. Bei größeren Stromstärken dagegen (von der Größenordnung 1 mA pro Meter Sprühdraht) verlieren die elektrostatischen Rechnungen überhaupt ihre Gültigkeit.

---

[1] J. Inst. El. Eng. **61**, 1072 (1923); vgl. auch F. Noether: Über eine Aufgabe der Kapazitätsberechnung. Wiss. Veröffentl. a. d. Siemens Konzern **II**, 198 (1922).

11. Die Rolle von Quellinienpotentialen bei der Berechnung von Stromfeldern. Wir gehen jetzt zu der Berechnung von magnetischen Feldern unendlich ausgedehnter linearer Stromfäden über. Sie können sich entweder in Luft erstrecken oder, was der weitaus wichtigere Fall ist, innerhalb oder außerhalb von Eisenmassen, denen wir ebenfalls eine in allen Querschnitten gleiche Form und eine unendliche Ausdehnung in der zur xy-Ebene senkrechten Richtung zuschreiben. Derartige Probleme liefern wichtige Annäherungsberechnungen der Felder von Wicklungen auf Transformatoren mit rechteckigem Eisen-Querschnitt sowie der Felder von Motoren und Generatoren, deren Achsenausdehnung groß gegen ihre radiale Ausdehnung ist.

Das Feld eines linearen Leiters läßt sich bekanntlich aus einem Vektorpotential $\mathfrak{B}$ ableiten. Das Vektorpotential hängt z. B. für die z-Richtung genau so mit der Stromdichte des Leiters in der z-Richtung[1] zusammen wie im elektrostatischen Feld das elektrostatische Potential mit der Ladungsdichte. So hat demnach für einen unendlich langen Draht, der vom Strom J durchflossen wird, das Vektorpotential lediglich eine gleichgerichtete Komponente

$$\mathfrak{B}_z = -\,2\,J \ln r,$$

während die hierzu senkrechten Komponenten $\mathfrak{B}_x$ und $\mathfrak{B}_y$ verschwinden:

$$\mathfrak{B}_x = 0, \;\; \mathfrak{B}_y = 0.$$

Für die magnetischen Feldstärken in der x- und y-Richtung gelten die Beziehungen

$$\mathfrak{H}_x = \operatorname{rot}_x \mathfrak{B} = +\,\frac{\partial \mathfrak{B}_z}{\partial y} - \frac{\partial \mathfrak{B}_y}{\partial z} = +\,\frac{\partial \mathfrak{B}_z}{\partial y},$$

$$\mathfrak{H}_y = \operatorname{rot}_y \mathfrak{B} = +\,\frac{\partial \mathfrak{B}_x}{\partial z} - \frac{\partial \mathfrak{B}_z}{\partial x} = -\,\frac{\partial \mathfrak{B}_z}{\partial x}.$$

Nun genügt das Potential einer Quellinie in dem ganzen Gebiet außerhalb der Quellen der Gleichung $\Delta \varphi = 0$, also hier $\Delta \mathfrak{B}_z = 0$. Bilden wir nun eine komplexe Mutterfunktion w, die die Potentialfunktion $\mathfrak{B}_z$ als reellen Anteil enthält, so ist der dazugehörige imaginäre Anteil ψ von w wieder eine Potentialfunktion, die vermöge der Cauchy-Riemannschen Gleichungen

$$\frac{\partial \psi}{\partial y} = \frac{\partial \varphi}{\partial x}; \qquad \frac{\partial \psi}{\partial x} = -\,\frac{\partial \varphi}{\partial y}$$

den Beziehungen genügt:

$$\frac{\partial \psi}{\partial y} = +\,\frac{\partial \mathfrak{B}_z}{\partial x} = -\,\mathfrak{H}_y,$$

$$\frac{\partial \psi}{\partial x} = -\,\frac{\partial \mathfrak{B}_z}{\partial y} = -\,\mathfrak{H}_x,$$

---

[1] Hier und in den folgenden Formeln die dritte Koordinate eines räumlichen kartesischen Koordinatensystems x, y, z.

so daß also $\mathfrak{H} = - \operatorname{grad} \psi$ wird. Für die zweidimensionalen Probleme ist also auf elektromagnetischem Gebiet die funktionentheoretische Darstellung vielleicht von noch umfassenderer Bedeutung als für elektrostatische Probleme; beide Teile einer komplexen Mutterfunktion haben in den Raumteilen, wo $\mathfrak{V}_z$ der Gleichung $\varDelta \mathfrak{V}_z = 0$ genügt, eine direkte physikalische Bedeutung: der reelle Teil als Vektorpotential, der imaginäre Teil als skalares Potential. Aus dem Skalarpotential läßt sich die magnetische Feldstärke ebenso ableiten wie die elektrische aus dem elektrischen Potential. Allerdings besteht der grundlegende Unterschied, daß bei der Logarithmus-Funktion der Anteil $\psi = \text{konst.}\ \vartheta$ nicht eindeutig ist, sondern bei jedem Umlauf um die Quellinie um 2π zunimmt. Das ist eine wichtige Eigenschaft jedes skalaren Stromlinien-Potentials. Das Vektorpotential dagegen bestimmt den Verlauf der Kraftlinien, da es die zu dem Potential ψ zugeordnete Funktion ist: $\mathfrak{V}_z = \text{konst.}$ ist die Gleichung des Kraftliniensystems.

Durch Zusammensetzung von Quellinien-Vektorpotentialen kann man die gemeinsamen Magnetfelder beliebig vieler gerader Leiter in Luft bestimmen, also z. B. das Magnetfeld einer Doppel-Freileitung, das Magnetfeld einer mehrdrähtigen Antenne, das Magnetfeld einer zylindrisch angeordneten Drahtreihe oder einer großen Reihe von gleich- oder entgegengesetzt gerichteten Strömen. Dabei kann man natürlich auch die gleichen geschlossenen Funktionen benutzen wie im elektrostatischen Fall. Die stets gleiche Zuordnung von elektrischen und magnetischen Feldern in solchen Fällen ist der Grund, weshalb zwischen der Induktivität und Kapazität derartiger gerader Leiter immer dieselbe Beziehung besteht; daraus läßt sich die stets gleiche Fortpflanzungsgeschwindigkeit von elektromagnetischen Wellen längs gestreckter Drähte in Luft ableiten.

Will man die gefundenen Magnetfelder, ähnlich wie im Falle des Zylinderkondensators, nur für einen Teil des Raumes auswerten, so hat man allerdings darauf zu achten, daß die Oberfläche vollständiger magnetischer Leiter mit der Permeabilität $\mu = \infty$ hier nicht mit einer Fläche $\varphi = \text{konst.}$, sondern $\psi = \text{konst.}$ zusammenfallen muß. Geht man von dem elektrostatischen Feldbild aus, so muß man also die Oberfläche des vollkommen magnetischen Leiters mit einer elektrostatischen Kraftlinie identifizieren. Daraus ergibt sich z. B. daß das Bild eines Leiters parallel zu einer ebenen Eisenfläche durch Hinzufügen eines positiven, nicht eines negativen Spiegelbildes gegeben wird.

12. Berechnung der Stromfelder zwischen axialsymmetrischen Eisenmassen. Die Methode der Spiegelbilder ist praktisch am wichtigsten für ferromagnetische Körper, für die man in erster Näherung $\mu = \infty$ nehmen darf. Es soll deshalb noch eine andere funktionentheoretisch interessante Methode angedeutet werden, die bei der Berechnung der

Felder in Maschinen mit kreiszylindrischer Läufer- und Ständerform sehr weitgehenden Anforderungen gerecht wird. Man kann diese Probleme durch ein naheliegendes Überlagerungsverfahren auf die Berechnung des Feldes eines Einzeldrahtes zurückführen, der sich an irgendeiner Stelle innerhalb des Läufers oder zwischen Läufer und Ständer etwa nach Abb. 47 befindet.

Diese Probleme sind besonders von Searle[1] und Hague[2] behandelt worden. Man setzt das gesamte Magnetfeld aus zwei Teilen zusammen; das Primärfeld rührt von dem Draht selbst her, das Sekundärfeld ist durch Magnetisierung des Eisens durch das Drahtfeld gegeben und läßt sich, wenn man $\mu =$ konst. annimmt, von magnetischen Oberflächenbelegungen an den Grenzen der Eisenkörper herleiten. Infolgedessen läßt sich dieser Teil des Magnetfeldes innerhalb jeder Zone gleicher magnetischer Eigenschaften aus einem gewöhnlichen Potential ableiten,

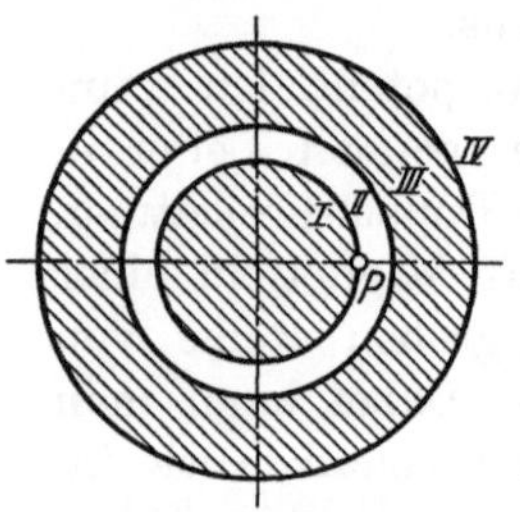

Abb. 47. Zur Berechnung des Magnetfeldes einer elektrischen Maschine.

das der Gleichung $\varDelta \varphi = 0$ genügt, also als reeller Teil einer komplexen Mutterfunktion w_m aufzufassen ist. Dementsprechend wird man auch für das Drahtfeld eine komplexe Mutterfunktion wählen, deren reeller Teil direkt das Potential ψ ergibt; es ist das Primärpotential $-iw = \psi = i\mathfrak{B}_z$, das für einen einzelnen Draht proportional $-i\cdot\ln z$ zu setzen ist.

Die Aufgabe reduziert sich also jetzt auf die Bestimmung der Funktion des Sekundärpotentials w_s für jede der vier Zonen I, II, III und IV (Abb. 47). Diese Funktion muß nun offenbar in jeder Zone symmetrisch in bezug auf die durch den Draht und die Figurenachse gehende Gerade OP sein. Es läßt sich nun zeigen, daß sich eine solche Funktion im allgemeinsten Fall zusammensetzen läßt aus der Wirkung von Mehrfachpolen verschieden hoher Ordnung, die in der Mittelachse angeordnet zu denken sind. Wenn nämlich u die Potentialfunktion eines Pols ist, so bestimmt $\dfrac{\partial u}{\partial x}$ die Potentialfunktion eines in der x-Richtung angeordneten Dipols, $\dfrac{\partial^2 u}{\partial x^2}$ die eines Quadrupols usw. Differenzieren wir nun die Mutterfunktion w eines Pols nach der komplexen Variablen z, so wird $\dfrac{\partial w}{\partial z} = \dfrac{\partial u}{\partial z} + i\dfrac{\partial v}{\partial z}$, also mit Rücksicht auf den analytischen Charakter von w auch gleich $\dfrac{\partial u}{\partial x} + i\dfrac{\partial v}{\partial x}$. Da nun diese Darstellung zugleich wieder das Reelle und Imaginäre trennt, so ist damit gezeigt,

---

[1] Electrician **11**, 453 u. 510 (1928).

[2] Electromagnetic Problems in Electrical Engineering. London: Oxford University Press 1929.

daß $\Re\,\dfrac{\partial w}{\partial z}$ das Potential eines Dipols in der x-Richtung bestimmt, und Entsprechendes gilt für die Dipole höherer Ordnung. Führen wir die Rechnung für den Dipol aus, so bekommen wir:

$$\frac{\partial w}{\partial z} = \frac{1}{z} = \frac{1}{r}\cdot e^{-i\vartheta} = \frac{\cos\vartheta}{r} - \frac{i\sin\vartheta}{r},$$

$$\Re\,\frac{\partial w}{\partial z} = \frac{\cos\vartheta}{r};$$

allgemein gilt

$$\frac{\partial^n w}{\partial z^n} \doteq \mathrm{konst}\,\frac{1}{z^n} = \mathrm{konst}\left(\frac{1}{r^n}\cdot e^{-in\vartheta}\right) = \left(\frac{\cos n\vartheta}{r^n} - \frac{i\sin n\vartheta}{r^n}\right)\cdot\mathrm{konst},$$

also wird

$$\Re\,\frac{\partial^n w}{\partial z^n} = \mathrm{konst}\,\frac{\cos n\vartheta}{r^n}.$$

Die Funktion $\cos n\vartheta$ hat in der Tat die Eigenschaft, daß sie zu dem Speer $\vartheta = 0$ symmetrisch ist. Die Gesamtdarstellung des Magnetfeldes wird also gegeben durch eine Mutterfunktion:

$$w_m = A_0 + A_1\cdot\ln z + A_2\cdot\frac{1}{z} + A_3\cdot\frac{1}{z^2} + A_4\cdot\frac{1}{z^3}\ \text{usw.},$$

wobei die Vorzeichen und Zahlenkonstanten in den A_k enthalten sind. Allerdings ist diese Darstellung insofern noch speziell, als die Vielfachpole hier alle im Nullpunkt liegen; Pole an irgendeiner Stelle würden die Symmetrie verletzen, aber Mehrfachpole im Unendlichen tun dies nicht. Wir können also zu w_m auch noch Pole hinzufügen, die durch die Transformation $z' = \dfrac{1}{z}$ aus dem gegebenen Pol hervorgehen; dies ergibt für die beiden ersten Glieder nichts Neues, aber für die folgenden Glieder die neuen Formen $z, z^2 \ldots z^n$, mit dem reellen Anteil $r^n\cdot\cos n\Theta$. Im ganzen handelt es sich also bei dem reellen Teil um eine Fourierzerlegung der in ϑ periodischen Funktion mit Komponenten, die die Glieder $\dfrac{1}{r^n}$ und r^n enthalten; in komplexer Darstellung:

$$w_s = A_0 + A_1\cdot\ln z + A_2 z + \frac{B_2}{z} + A_3 z^2 + \frac{B_3}{z^2} + \cdots$$

Mit dem reellen Teil dieser Funktion hat man nun die allgemeinsten symmetrischen Potentialfunktionen in der Hand; setzt man die Koeffizienten für jede der 4 Zonen verschieden an, so kann man das Feld auf beiden Seiten jeder Grenzlinie, normal und tangential durch die Koeffizienten A und B ausdrücken. Dazu kommt natürlich noch das aus der Mutterfunktion w_p abgeleitete Eigenfeld des Drahtes.

Die Grenzbedingungen verlangen zunächst die Stetigkeit der parallel zu den Grenzflächen gerichteten Feldkomponenten; außerdem muß die senkrecht zur Grenzfläche gerichtete Induktion stetig bleiben. Es gilt also in leicht verständlicher Bezeichnung $\mathfrak{H}'_{\|} = \mathfrak{H}''_{\|}$ und $\mathfrak{H}'_{\perp} = \mu\cdot\mathfrak{H}''_{\perp}$.

Diese Bedingungen sind für sämtliche Grenzflächen anzuschreiben und liefern dann gerade genügend Gleichungen, um sämtliche Koeffizienten A und B zu bestimmen, d. h. durch die geometrischen Abmessungen, die Konstanten und die Lage und Stärke des Stromfadens auszudrücken. Durch Superposition verschiedener Drahtpotentiale lassen sich dann natürlich die Magnetfelder ganzer Wicklungen bestimmen.

13. Grenzen der funktionentheoretischen Methode. Zum Schluß soll noch kurz die Behandlung von solchen zweidimensionalen Problemen besprochen werden, bei denen die Leiter nicht mehr durch einfache Quellinien genügend genau dargestellt werden können. Es sind das z. B. die Probleme des Magnetfeldes von Leitern, die in rechteckigen Nuten eines Ankers eingelassen sind; dahin gehören ferner die genaueren Feld- und Streufeldprobleme von Transformatoren. U. a. interessiert hier der Fall der scheibenförmig gegeneinander abgeteilten Wicklungen, die bei der Berechnung des magnetischen Feldes jeweils als ein einziger homogener stromführender Leiter angesehen werden.

In diesen Fällen existiert nach wie vor ein Vektorpotential $\mathfrak{B}_z$, aus dem sich das Magnetfeld bestimmen läßt, aber dieses Vektorpotential genügt nicht mehr der Potentialgleichung $\varDelta \mathfrak{B}_z = 0$, sondern es ist innerhalb der Leiter $\varDelta \mathfrak{B}_z = -4\pi i$, wenn i die Stromdichte senkrecht zur xy-Ebene bezeichnet. $\mathfrak{B}_z$ läßt sich also innerhalb der Leiter auch nicht mehr als reeller Teil einer regulären komplexen Mutterfunktion darstellen, oder, anders ausgedrückt, die Mutterfunktion müßte sich innerhalb der Leiterquerschnitte überall singulär verhalten. Es ist klar, daß in diesen Fällen die Benutzung komplexer Funktionen nur in ziemlich gekünstelter Weise beibehalten werden kann; wesentlich einfacher ist hier die direkte Benutzung der Potentialfunktion $\mathfrak{B}_z$, wenigstens innerhalb der Zonen, wo die Leiter sich befinden[1]. In solchen Fällen beschränkt sich die Anwendung der funktionentheoretischen Methode auf die Berechnung der Felder außerhalb der stromdurchflossenen Leiter.

B. Zweidimensionale Strömungsfelder.

Von **K. Pohlhausen,** Berlin.

1. Stellung der Aufgabe. Das folgende Kapitel befaßt sich mit der Anwendung der Funktionentheorie auf die zweidimensionalen Strömungen idealer Flüssigkeiten. Es handelt sich dabei um die Berechnung des stationären Strömungsfeldes um zylindrische Körper und um die Ermittlung der auf sie wirkenden Kräfte. Insbesondere interessiert

---

[1] Rogowski, W.: Mitteilungen über Forschungsarbeiten des VDI. **1909**, H. 71, S. 1—36; ETZ **1910**, 1033—36, 1069—71. Roth, E.: Bull. Soc. Franc. Electr. **7**, 840—966 (1927); Rev. gén. électr. **22**, 417—24 (1927); **23**, 773—87 (1928).

in der Aerodynamik die Berechnung des Auftriebes, den ein (unendlich langer) Tragflügel in einem strömenden Medium erfährt. Von der Behandlung nicht stationärer Vorgänge und von mehrdimensionalen Strömungen soll abgesehen werden.

Dieser Abschnitt erfordert nur die elementaren Kenntnisse der Funktionentheorie: das Wesen der komplexen Funktion und ihre Aufteilung in Realteil und Imaginärteil. Außerdem werden sich eine Reihe Anwendungsbeispiele ergeben, die als Ergänzung und Vertiefung der konformen Abbildung angesehen werden können.

Es wird angenommen, daß der Strömungsvorgang nur von zwei Raumkoordinaten abhängt. Weiter vernachlässigen wir die Reibung der Flüssigkeit und betrachten sie als inkompressibel.

2. Grundlagen und Bezeichnungen. Im mathematischen Teil ist gezeigt worden, daß jede komplexe analytische Funktion $F(z)$ der partiellen Differentialgleichung

$$\frac{\partial^2 F}{\partial x^2} + \frac{\partial^2 F}{\partial y^2} = 0 \tag{1}$$

genügt und in einen Real- und Imaginärteil zerlegt werden kann, so daß

$$F(z) = \varphi(x, y) + i\,\psi(x, y). \tag{2}$$

Dabei sind sowohl $\varphi(x, y)$ als auch $\psi(x, y)$ reelle Funktionen, die für sich der Differentialgleichung (1) genügen.

Man bezeichnet $\varphi(x, y)$ bei strömungstechnischen Anwendungen als Geschwindigkeitspotential und $\psi(x, y)$ als Stromfunktion. Beide sind verknüpft durch die Cauchy-Riemannschen Differentialgleichungen

$$\left. \begin{aligned} \frac{\partial \varphi}{\partial x} &= \frac{\partial \psi}{\partial y}, \\ \frac{\partial \varphi}{\partial y} &= -\frac{\partial \psi}{\partial x}. \end{aligned} \right\} \tag{3}$$

Die Kurven $\varphi(x, y) = \text{konst.}$ werden Äquipotentiallinien oder Niveaulinien und die Kurven $\psi(x, y) = \text{konst.}$ Stromlinien genannt. Beide Kurvenscharen stehen wegen (3) aufeinander senkrecht.

Die Komponenten der Geschwindigkeit v der durch $\varphi(x, y)$ gegebenen Potentialströmung sind[1]:

$$\left. \begin{aligned} v_x &= \frac{\partial \varphi}{\partial x} = \frac{\partial \psi}{\partial y}, \\ v_y &= \frac{\partial \varphi}{\partial y} = -\frac{\partial \psi}{\partial x}. \end{aligned} \right\} \tag{4}$$

---

[1] In der Strömungslehre stellt man also das Feld als positiven Gradienten des Potentials dar, während man in der Elektrotechnik bekanntlich den negativen Gradienten als Feld ansieht.

Differenziert man die komplexe Funktion $F(z)$ nach z, so erhält man z. B.

$$\frac{dF(z)}{dz} = \frac{\partial \varphi}{\partial x} + i\,\frac{\partial \psi}{\partial x} = v_x - i\,v_y\,. \tag{5}$$

Diese komplexe Zahl stellt den an der positiven x-Achse gespiegelten physikalischen Geschwindigkeitsvektor dar und wird als **komplexe Geschwindigkeit** bezeichnet. Für den absoluten Betrag von $\dfrac{dF(z)}{dz}$ finden wir

$$\left|\frac{dF(z)}{dz}\right| = |F'(z)| = \sqrt{\left(\frac{\partial \varphi}{\partial x}\right)^2 + \left(\frac{\partial \psi}{\partial x}\right)^2} = \sqrt{v_x^2 + v_y^2} = |v|\,. \tag{6}$$

Es ist also der absolute Betrag von $F'(z)$ gleich dem absoluten Betrag der Strömungsgeschwindigkeit.

3. Axial-symmetrische Strömungen. Von den elementaren Funktionen ist die Funktion $F(z) = c \ln z$ für die Anwendungen von Bedeutung. Sie stellt zwei grundverschiedene Strömungsfelder dar, je nachdem c reell oder imaginär ist.

a) **Die Konstante c ist reell, Quellinien.** Wir setzen $c = \dfrac{q}{2\,\pi}$ und erhalten:

$$F(z) = \frac{q}{2\,\pi} \ln z\,. \tag{7}$$

Man bezeichnet q als die **Ergiebigkeit pro Längeneinheit** der Quellinie. Es ist das Potential als Realteil von $\dfrac{q}{2\,\pi} \ln z$:

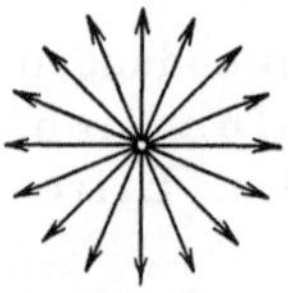

$$\varphi = \frac{q}{2\,\pi} \ln r = \frac{q}{2\,\pi} \ln \sqrt{x^2 + y^2} = \frac{q}{4\,\pi} \ln(x^2 + y^2)\,, \tag{8}$$

und die Stromfunktion als Imaginärteil

$$\psi = \frac{q}{2\,\pi} \text{ arc tg } \frac{y}{x}\,. \tag{9}$$

Abb. 48. Quell-
linienströmung.

Die Äquipotentiallinien sind also konzentrische Kreise um den Durchstoßpunkt der Quellinie durch die $x\,y$-Ebene, während die Strömung selbst radial nach außen bzw. nach innen erfolgt, je nachdem q positiv oder negativ ist (Abb. 48).

b) **Die Konstante c ist rein imaginär, Wirbellinien.** Wir setzen $c = -\dfrac{i\,\varGamma}{2\,\pi}$, so daß

$$F(z) = -\frac{i\,\varGamma}{2\,\pi} \ln z\,. \tag{10}$$

Hierbei bezeichnet man $\varGamma$ als Zirkulation. Für das Potential ist

$$\varphi = -\frac{\varGamma}{2\,\pi} \text{ arc tg } \frac{y}{x}\,. \tag{11}$$

Die Funktion arc tg $\dfrac{y}{x}$ ist vieldeutig; bei jedesmaligem Umfahren der Wirbellinie nimmt das Potential um den Betrag $\varGamma$ zu. Man kann sich von dieser Vieldeutigkeit befreien, indem man vom Ursprung radial nach außen einen Verzweigungsschnitt führt. Dieser Verzweigungsschnitt darf nicht überschritten werden. Vgl. S. 49.

Die Stromfunktion lautet:

$$\psi = -\frac{\Gamma}{4\pi}\ln(x^2 + y^2). \qquad (12)$$

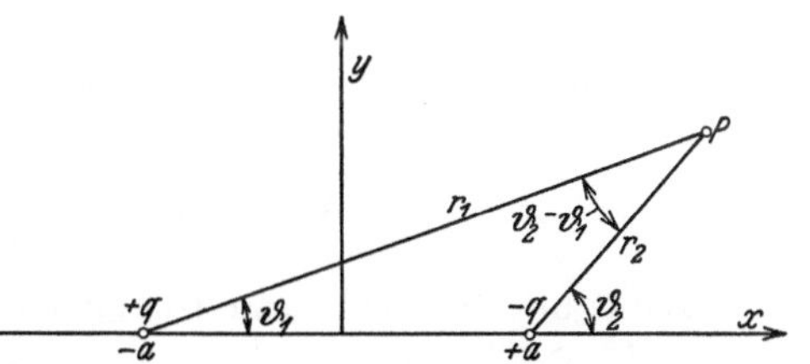

Die Äquipotentiallinien sind in diesem Falle Strahlen durch den Durchstoßpunkt der Wirbellinie mit der xy-Ebene und die Stromlinien konzentrische Kreise. Die Strömung umkreist also den Durchstoßpunkt im mathematisch-positiven Sinne, d. h. entgegengesetzt dem Uhr-zeiger (Abb. 49).

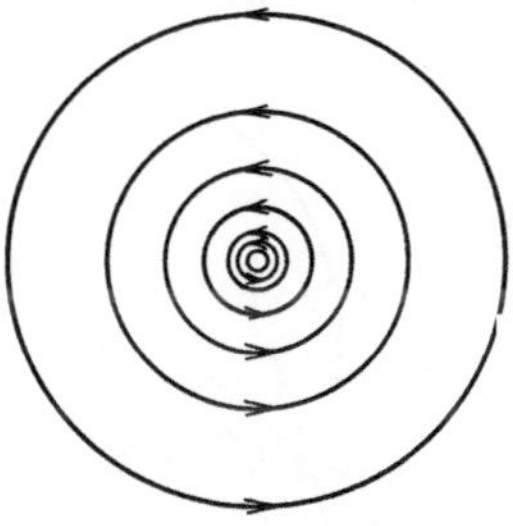

Abb. 49. Wirbellinienströmung.

In der Strömungslehre findet die Funktion $c\ln z$ sowohl mit reeller als auch rein imaginärer Konstante c Anwendung, wie im folgenden gezeigt wird.

4. Die Quell- und Senkenströmung. Im Punkte $z = -a$ der Abb. 50 befinde sich eine Quellinie von der Ergiebigkeit $+q$, während im Punkte $z = +a$ eine „Senkenlinie" von entgegengesetzt gleicher Stärke $-q$ liegt. Die gesamte von der Quellinie ausgehende Flüssigkeitsmenge wird also von der Senkenlinie aufgenommen. Gefragt ist nach der Gestalt des Strömungsfeldes. Mit Hilfe von (7) folgt durch Superposition

Abb. 50. Zum Strömungsfeld zweier Quellinien.

$$F(z) = \frac{q}{2\pi}\ln(z+a) - \frac{q}{2\pi}\ln(z-a) = \frac{q}{2\pi}\ln\frac{z+a}{z-a}. \qquad (13)$$

Wir führen ein Paar Polarkoordinaten mit dem Ursprung in $z = -a$ und $z = +a$ ein. Mit den Bezeichnungen der Abb. 50 wird

$$F(z) = \frac{q}{2\pi}\ln\frac{r_1 e^{i\vartheta_1}}{r_2 e^{i\vartheta_2}}, \qquad (14)$$

so daß die Stromfunktion als Imaginärteil von (14)

$$\psi = \frac{q}{2\pi}(\vartheta_1 - \vartheta_2) = -\frac{q}{2\pi}(\vartheta_2 - \vartheta_1) \qquad (15)$$

wird. Der Winkel $\vartheta_2 - \vartheta_1$ ist aber gleich dem Winkel ϑ, den r_1 und r_2 bei P miteinander einschließen, also ist

$$\psi = -\frac{q}{2\pi}\vartheta. \qquad (16)$$

Die Kurven $\psi =$ konst. sind demnach Kreise durch $z = +a$ und $z = -a$, die ϑ als Peripheriewinkel enthalten (Abb. 51).

5. Quell- und Senkenströmung mit Parallelströmung. Wir überlagern dem soeben gefundenen Strömungsfeld eine Parallelströmung in Richtung der positiven x-Achse von der Geschwindigkeit v_0. Das komplexe Potential einer solchen Strömung lautet $F_1(z) = v_0 z$. Man überzeugt sich hiervon, indem man das Potential abtrennt:

$$\varphi = v_0 x,$$

so daß nach (5)

$$v = \frac{\partial \varphi}{\partial x} = v_0$$

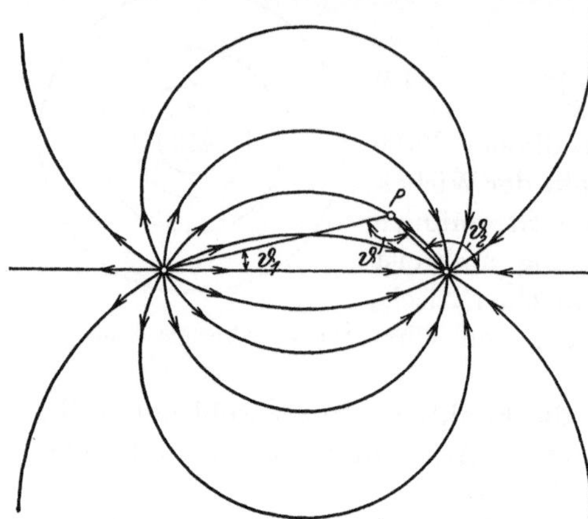

Abb. 51. Quell- und Senkenströmung.

folgt. Demnach kann also das Gesamtfeld einer Quell- und Senkenlinie im Parallelfeld durch das folgende komplexe Potential beschrieben werden:

$$F(z) = v_0 z + \frac{q}{2\pi} \ln \frac{z+a}{z-a}. \tag{17}$$

Die Zerlegung in Real- und Imaginärteil liefert

$$F(z) = v_0 x + i v_0 y + \frac{q}{2\pi} \ln \frac{r_1}{r_2} - \frac{q}{2\pi} i \vartheta. \tag{18}$$

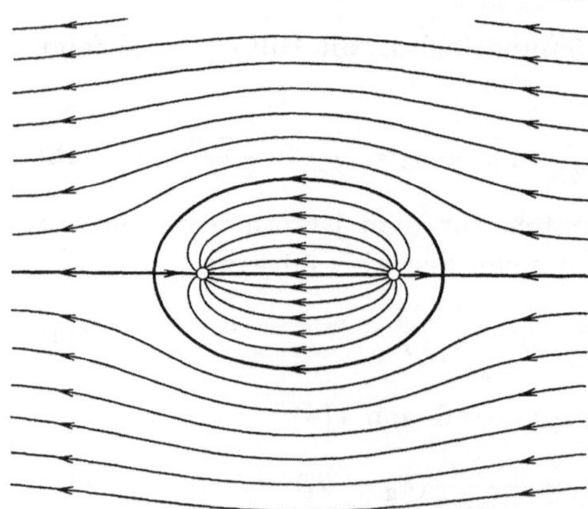

Abb. 52. Strömung um einen Ovalzylinder.

Für die Stromfunktion erhalten wir

$$\psi = v_0 y - \frac{q}{2\pi} \vartheta.$$

Die Stromlinien sind also gegeben durch

$$v_0 y - \frac{q}{2\pi} \vartheta = \text{konst}. \tag{19}$$

Von den Stromlinien interessiert diejenige, für welche die Konstante gleich Null ist. Wir erhalten hierfür nämlich die x-Achse und eine geschlossene Kurve von ovaler Gestalt, welche die Quell- und Senkenlinie umschließt (Abb. 52). Da bei stationärer Strömung die Teilchen der Flüssigkeit den Stromlinien folgen und keine Strömung senkrecht zu einer Stromlinie stattfindet, so kann jede Stromlinie als feste Wand angesehen werden. Wählen wir das Oval als feste Wand, so stellt das Strömungsfeld der Abb. 52 die ebene Potentialströmung um einen Zylinder von ovalem Querschnitt vor. Wir wollen feststellen, in welchen Punkten des Feldes die Geschwindigkeit den Betrag Null hat. Man bezeichnet solche Punkte als Staupunkte. Der absolute Betrag der Geschwindigkeit ist gegeben durch

$$\left| \frac{dF(z)}{dz} \right|.$$

Für Staupunkte ist also

$$\left| \frac{dF(z)}{dz} \right| = 0. \tag{20}$$

Wir erhalten durch Differentiation von (17) für den Ortsvektor z_0 des Staupunktes:

$$\left. \left| \frac{dF(z)}{dz} \right| \right|_{z=z_0} = v_0 + \frac{q}{2\pi}\left(\frac{1}{z_0+a} - \frac{1}{z_0-a}\right) = 0 \tag{21}$$

oder aufgelöst

$$z_0^2 = a^2 + \frac{q\,a}{\pi\,v_0}. \tag{22}$$

Es existieren demnach zwei symmetrisch zum Koordinatenanfangspunkt gelegene Punkte auf der x-Achse, in welchen die Geschwindigkeit Null ist:

$$z_0 = \pm \sqrt{a^2 + \frac{q\,a}{\pi\,v_0}}. \tag{23}$$

Hierdurch ist zugleich die halbe Länge $A = z_0$ des Ovals gegeben. Zur Bestimmung der halben Breite B beachte man, daß für die Gleichung des Ovals die Konstante in (19) Null ist, also

$$v_0 y - \frac{q}{2\pi}\,\vartheta = 0,$$

woraus für $y = B$

$$\vartheta = \frac{2\pi v_0}{q}\,B.$$

An Hand von Abb. 53 ist

$$\operatorname{tg}\frac{\vartheta}{2} = \frac{a}{B}.$$

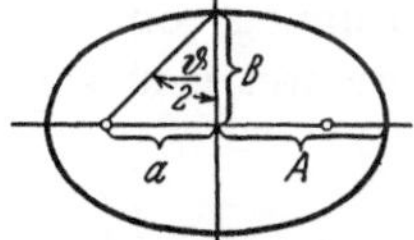

Abb. 53. Bestimmungsstücke des Ovals.

Man erhält also für B die transzendente Gleichung

$$\operatorname{tg}\left(\frac{\pi v_0 B}{q}\right) = \frac{a}{B} = \left(\frac{q}{\pi v_0 B}\right)\cdot\frac{a\pi v_0}{q}. \tag{24}$$

6. Strömung um einen Kreis. Wir lassen die im Punkte $z = \mp a$ liegenden Quell- und Senkenlinien immer näher an den Ursprung des Koordinatensystems heranrücken, führen also den Grenzübergang $a \to 0$ aus. Zugleich verfügen wir über die Ergiebigkeit der Quellinie so, daß stets das „Moment" $M = q\cdot 2\,a$ konstant bleibt.

7*

Wir entwickeln

$$\ln(z + a) = \ln\left\{z\left(1 + \frac{a}{z}\right)\right\} = \ln z + \frac{a}{z} - \frac{a^2}{2\,z^2} + \frac{a^3}{3\,z^3} - \cdots,$$

$$\ln(z - a) = \ln\left\{z\left(1 - \frac{a}{z}\right)\right\} = \ln z - \frac{a}{z} - \frac{a^2}{2\,z^2} - \frac{a^3}{3\,z^3} - \cdots$$

und bilden die Differenz

$$\ln\frac{z + a}{z - a} = \frac{2\,a}{z} + \frac{2\,a^3}{3\,z^3} + \cdots. \tag{25}$$

Mit Einführung des Momentes wird also

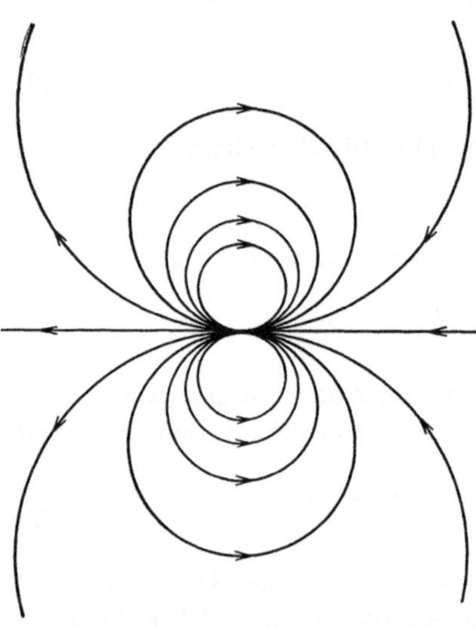

$$\lim_{a \to 0} F(z) = \lim_{a \to 0} \frac{q}{2\,\pi} \ln\frac{z + a}{z - a} = \frac{M}{2\,\pi} \cdot \frac{1}{z}.$$

Da nun

$$\frac{1}{z} = \frac{1}{x + i\,y} = \frac{x - i\,y}{x^2 + y^2}, \tag{26}$$

so folgt für die Stromlinien

$$\psi = -\frac{M\,y}{2\,\pi\,(x^2 + y^2)} = \text{konst.} \tag{27}$$

Die Stromlinien stellen Kreise dar, die die x-Achse im Ursprung berühren und deren Mittelpunkte auf der y-Achse liegen (Abb. 54). Man bezeichnet eine solche durch zwei unmittelbar benachbart liegende Quell- und Senkenlinien hervorgerufene Strömung als zweidimensionale Doppelquelle oder als zweidimensionalen Dipol vom Moment M.

Abb. 54. Doppelquelle.

Wir überlagern nunmehr einer solchen Doppelquelle eine Parallelströmung von der Geschwindigkeit v_0, die parallel zur negativen x-Achse gerichtet sein soll. Es ist also

$$F(z) = -v_0\left(z + \frac{M}{2\,\pi}\,\frac{1}{z}\right). \tag{28}$$

Zur Untersuchung des Strömungsbildes führen wir Polarkoordinaten ein:

$$F(z) = -v_0\left(r\,e^{i\vartheta} + \frac{M}{2\,\pi\,r}\,e^{-i\vartheta}\right) \tag{29}$$

oder da

$$e^{i\vartheta} = \cos\vartheta + i\sin\vartheta \quad\text{und}\quad e^{-i\vartheta} = \cos\vartheta - i\sin\vartheta,$$

so wird

$$F(z) = -v_0\left[\left(r + \frac{M}{2\,\pi\,r}\right)\cos\vartheta + i\left(r - \frac{M}{2\,\pi\,r}\right)\sin\vartheta\right]. \tag{30}$$

Die Stromlinien sind die Kurven

$$\psi = v_0\left(r - \frac{M}{2\,\pi\,r}\right)\sin\vartheta = \text{konst}. \tag{31}$$

Setzen wir die Konstante gleich Null, so ist

$$v_0 \left(r - \frac{M}{2\pi r}\right) \sin \vartheta = 0 .\tag{32}$$

Hieraus folgt entweder $\sin \vartheta = 0$, d. h. $\vartheta = 0$ und π (die x-Achse des Koordinatensystems) oder

$$r - \frac{M}{2\pi r} = 0 ,$$

$$r = \sqrt{\frac{M}{2\pi}} = R .\tag{33}$$

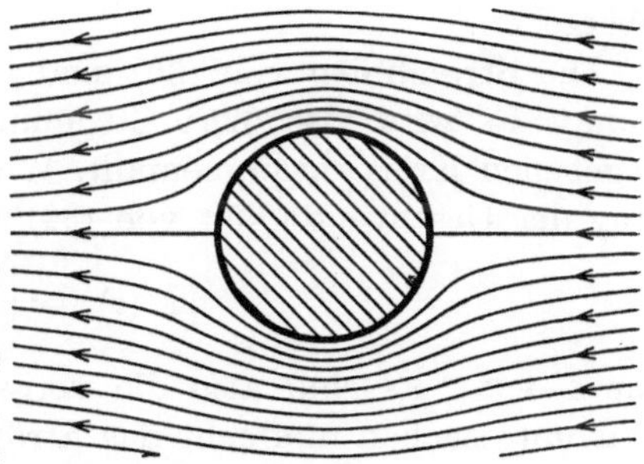

Der Kreis um den Nullpunkt mit dem Halbmesser R ist also ebenfalls eine Stromlinie. Ist der Radius des umströmten Zylinders vorgeschrieben, so gibt (33) das Moment an, welches man zur Erzeugung des Strömungsbildes in den Ursprung

Abb. 55. Ausweichströmung um den Kreis.

setzen muß. Das durch (31) bestimmte Strömungsfeld ist in Abb. 55 wiedergegeben. Man bezeichnet diese Strömung um den Kreis als Ausweichströmung.

Als Staupunkte erhalten wir mit

$$\left|\frac{dF(z)}{dz}\right|_{z=z_0} = \left| - v_0 \left(1 - \frac{R^2}{z_0^2}\right)\right| = 0 ,\tag{34}$$

$$z_0 = \pm R .$$

Die Schnittpunkte des Kreises auf der x-Achse sind also Staupunkte. Weiter interessiert noch der absolute Betrag der Geschwindigkeit im Schnittpunkt des Kreises mit der y-Achse:

Man erhält mit $z = \pm iR$

$$\left|F'(z)\right| = \left| - v_0 \left(1 - \frac{R^2}{i^2 R^2}\right)\right| = \left|2 v_0\right| .\tag{35}$$

Die Geschwindigkeit in diesen Punkten ist also gleich der doppelten Anströmgeschwindigkeit v_0. Man kann zeigen, daß sie zugleich die größte im Strömungsfeld um das Äußere des Kreises auftretende Geschwindigkeit ist.

7. Strömung um einen Kreiszylinder mit Zirkulation. Wir hatten mit (28) die Strömung um einen Kreiszylinder gefunden, bei welcher die x-Achse Symmetrielinie ist. Eine zweite mögliche Strömung um einen Kreis war durch

$$F(z) = - \frac{i\,\Gamma}{2\pi} \ln z \tag{36}$$

als rotationssymmetrische Strömung um den Nullpunkt gegeben worden (vgl. Ziffer 3). Wir können (36) und (28) überlagern und erhalten damit bei vorgegebener Geschwindigkeit v_0 im Unendlichen die allgemeinste derartige Strömung, die um einen Kreiszylinder möglich ist. Wir suchen also eine Strömung mit folgenden Randbedingungen:

1. Die Zylinderwand $r = R$ soll Stromlinie bleiben.

2. Die Strömung soll im Unendlichen in eine Parallelströmung übergehen.

Die Stromlinien von (36) sind konzentrische Kreise um den Nullpunkt. Es wird also eine Stromlinie geben, die mit dem durch (28) gegebenen Kreis zusammenfällt. Weiter verschwindet der absolute Betrag der Geschwindigkeit von (36)

$$|F'(z)| = \left| -\frac{i\,\Gamma}{2\,\pi} \cdot \frac{1}{z} \right| \tag{37}$$

für $z \to \infty$. Es sind also die vorgegebenen Randbedingungen erfüllt. Wir untersuchen nunmehr das Strömungsfeld von

$$F(z) = -v_0\left(z + \frac{R^2}{z}\right) - \frac{i\,\Gamma}{2\,\pi}\ln z \tag{38}$$

und erhalten für die Stromlinien

$$\psi = \text{konst.} = -v_0\,y\left(1 - \frac{R^2}{x^2 + y^2}\right) - \frac{\Gamma}{2\,\pi}\ln\sqrt{x^2 + y^2} \tag{39}$$

und für den absoluten Betrag der Geschwindigkeit

$$|F'(z)| = \left| -v_0\left(1 - \frac{R^2}{z^2}\right) - \frac{i\,\Gamma}{2\,\pi}\frac{1}{z} \right|. \tag{40}$$

Für die Staupunkte z_0 folgt aus $\left. \left| F'(z) \right| \right|_{z=z_0} = 0$ nach Multiplikation mit z_0^2:

$$v_0(z_0^2 - R^2) + \frac{i\,\Gamma}{2\,\pi}z_0 = 0, \tag{41}$$

also

$$z_0 = -\frac{i\,\Gamma}{4\,\pi\,v_0} \pm \frac{1}{4\,\pi\,v_0}\sqrt{16\,\pi^2\,v_0^2\,R^2 - \Gamma^2}. \tag{42}$$

Bei der Lage dieser Staupunkte sind mehrere Fälle zu unterscheiden. Es sei zunächst $\Gamma < 4\,\pi v_0 R$. Dann ist der absolute Betrag von (42)

$$|z_0| = R, \tag{43}$$

während das Argument ϑ zweideutig ist:

$$\begin{aligned}
\vartheta_1 &= -\arctan\frac{\Gamma}{\sqrt{16\,\pi^2\,v_0^2\,R^2 - \Gamma^2}}, \\
\vartheta_2 &= +\arctan\frac{\Gamma}{\sqrt{16\,\pi^2\,v_0^2\,R^2 - \Gamma^2}}.
\end{aligned} \tag{44}$$

Ändert sich Γ von Null bis $4\,\pi v_0 R$, so wandern die Staupunkte von ihrer Lage bei der Ausweichströmung auf der Kreisperipherie herab, bis sie sich bei $z_0 = -i R$ zu einem Doppelpunkt vereinigen. Ist jedoch

$\Gamma > 4\,\pi v_0 R$, so wird der Wurzelausdruck in (42) imaginär, so daß der eine Staupunkt längs der imaginären Achse in das Innere des Strömungsfeldes, der andere aber in das Innere des Zylinders rückt und keine physikalische Bedeutung hat. Die Strömung selbst wird durch die Abb. 56 a, b, c für die verschiedenen Größen von Γ wiedergegeben. Wir bemerken, daß die Strömung nicht mehr symmetrisch zur x-Achse erfolgt, sondern daß die Geschwindigkeit auf dem oberen Scheitel des Kreises vergrößert und auf dem unteren Scheitel verkleinert ist. Denn für $z = + iR$ ist

$$\left| F'(z) \right| = \left| -2\,v_0 - \frac{\Gamma}{2\,\pi R} \right| \quad (45)$$

und für $z = -iR$

$$\left| F'(z) \right| = \left| -2\,v_0 + \frac{\Gamma}{2\,\pi R} \right|. \quad (46)$$

Wir werden später zeigen, daß durch diese Unsymmetrie ein „Auftrieb" zustande kommt.

8. Bernoullische Gleichung und Kutta-Joukowskyscher Satz. Wir entnehmen der Hydromechanik für weitere Anwendungen der Funktionentheorie auf · zweidimensionale Strömungsfelder die folgenden Sätze:

a) **Die Bernoullische Druckgleichung.** Bezeichnet v die Geschwindigkeit, p den Druck, und ϱ die Dichte der Flüssigkeit, so gilt für eine stationäre Strömung, wenn äußere Kräfte nicht einwirken,

$$p + \frac{\varrho\,v^2}{2} = p_0 = \text{konst}. \quad (47)$$

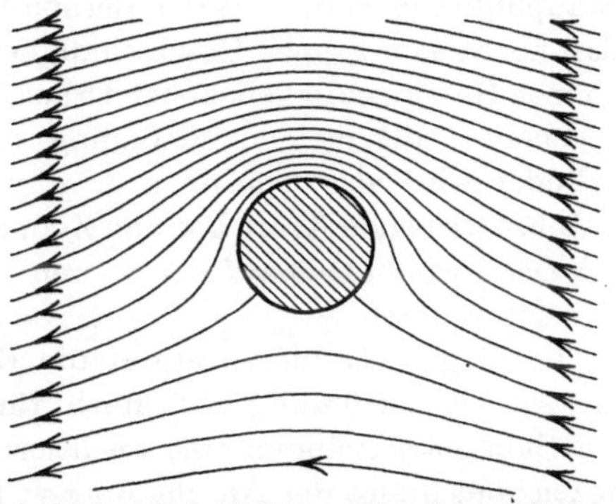

a) $\Gamma < 4\,\pi v_0 R$, beide Staupunkte auf dem Zylinder.

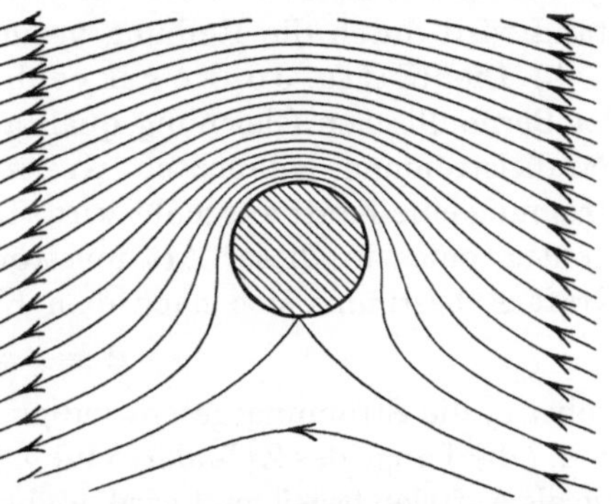

b) $\Gamma = 4\,\pi v_0 R$, die Staupunkte fallen zusammen.

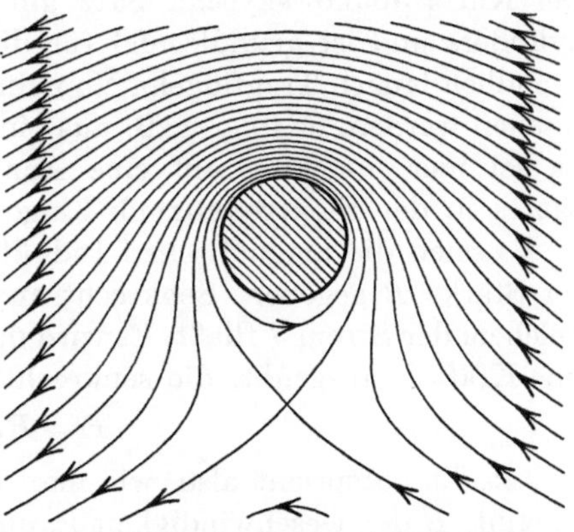

c) $\Gamma > 4\,\pi v_0 R$, Staupunkt in der Flüssigkeit.

Abb. 56 a bis c. Strömung um einen Zylinder mit Zirkulation (nach M. Lagally, Handbuch der Physik, Bd. VII, Kap. 1).

p_0 stellt den höchsten Druck vor, der bei dem Strömungsvorgang überhaupt auftritt. Man erhält ihn bei Umströmung fester Körper in dem Staupunkte ($v = 0$). Aus der Bernoullischen Gleichung (47) folgt weiter, daß an Stellen großer Geschwindigkeit niedriger Druck und an Stellen kleiner Geschwindigkeit hoher Druck herrschen muß. Bei der durch (38) gegebenen allgemeinen Strömung mit Zirkulation um einen Kreiszylinder wird also, wie oben erwähnt, eine in Richtung der positiven y-Achse wirkende Kraft auf den Zylinder ausgeübt, da nach (45) und (46) die Geschwindigkeit auf der oberen Hälfte des Zylinders größer ist als auf der unteren.

Im Gegensatz hierzu ergibt die Bernoullische Gleichung weder für die Ausweichströmung (30) noch für die reine Zirkulationsströmung aus Symmetriegründen eine resultierende Kraft auf den Zylinder. Man bezeichnet dieses der Anschauung widersprechende Ergebnis als hydrodynamisches Paradoxon. Der in Wirklichkeit stets beobachtete Widerstand wird durch die Reibung verursacht.

b) Die Kutta-Joukowskysche Formel. Wir haben mit Hilfe der Bernoullischen Gleichung qualitativ erkannt, daß auf einen in eine Parallelströmung getauchten Kreiszylinder mit zirkulatorischer Umströmung eine Kraft ausgeübt wird. Dies gilt allgemein für jede beliebige Kontur eines in dieser Art umströmten Zylinders. Die Größe dieser Kraft A bestimmt sich nach dem Kutta-Joukowskyschen Satz zu

$$A = \varrho\, v_0\, \varGamma\, l\,, \tag{48}$$

wobei v_0 die Strömungsgeschwindigkeit im Unendlichen, $\varGamma$ die Zirkulation, l die Länge des Zylinders und ϱ die Dichte bezeichnet. Die Kraft A, die als Auftrieb bezeichnet wird, steht senkrecht auf der Richtung von v_0. Der Kutta-Joukowskysche Satz gilt unabhängig von der Kontur des Zylinders und ist grundlegend für die Bestimmung des Auftriebs von unendlich langen Tragflügeln. Von einem Beweis des Satzes soll hier abgesehen werden, er folgt z. B. aus einer Anwendung des Impulssatzes[1]. Es sei hier nur kurz auf eine Analogie des Kutta-Joukowskyschen Satzes in der Elektrodynamik hingewiesen:

Es seien die magnetischen Induktionslinien eines Magnetfeldes von der Stärke B gegeben. Senkrecht zu diesem Felde liege ein Draht, in welchem der Strom J fließt. Es wird dann auf den Draht von der Länge l eine Kraft P ausgeübt, die senkrecht auf B und J steht und die Größe

$$P = B J l\,. \tag{49}$$

besitzt. Es entspricht also, wie man beim Vergleich von (48) und (49) erkennt, B der Geschwindigkeit v_0 und der Strom J der Zirkulation $\varGamma$.

9. Konforme Abbildung von Strömungsfeldern. Für den Kreiszylinder hatten wir in einfacher Weise das Strömungsfeld durch Überlagerung

---

[1] Vgl. die am Schluß angegebenen Lehrbücher und R. v. Mises: Zur Theorie des Tragflächenauftriebes. Z. Flugtechn. **1917**, H. 21/22, 157.

einer Parallelströmung und einer Doppelquellinie aufstellen können. Fügten wir außerdem noch eine rotationssymmetrische Zirkulationsströmung hinzu, so erhielten wir die allgemeinste mögliche zweidimensionale Strömung um einen Kreiszylinder. Mit Hilfe der konformen Abbildung ist es nun möglich, das ebene Strömungsfeld auch um andere zylindrische Körper zu ermitteln. Wir nehmen an, daß in der z-Ebene ($z = x + iy$) die Strömung um den Kreis mit dem Radius R durch die Funktion $F(z)$ vorgegeben sei. Wir bilden nun die z-Ebene auf eine zweite Ebene, die ζ-Ebene mit den Koordinaten $\zeta = \xi + i\eta$ mit Hilfe einer Funktion $\zeta = g(z)$ ab, oder nach z aufgelöst $z = h(\zeta)$. Bei dieser Abbildung soll der Kreis in der z-Ebene in die gewünschte Kontur übergehen. Das gesuchte Strömungsfeld um die Kontur ist dann gegeben durch den Imaginärteil der Schachtelfunktion:

$$F\{h(\zeta)\}.$$

10. Die konforme Abbildung $\dfrac{\zeta - 2a}{\zeta + 2a} = \left(\dfrac{z-a}{z+a}\right)^2$. Als Beispiel betrachten wir die durch die Funktion

$$\frac{\zeta - 2a}{\zeta + 2a} = \left(\frac{z-a}{z+a}\right)^2 \tag{50}$$

gegebene konforme Abbildung der z-Ebene auf die ζ-Ebene. Wir untersuchen, in welche Kurve ein in der z-Ebene liegender Kreis übergeht, der durch die auf der reellen Achse gelegenen Punkte $A(-a, 0)$ und

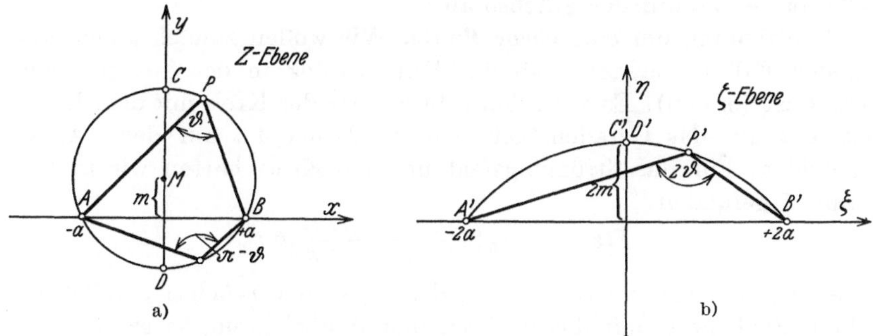

Abb. 57a und b. Abbildung des Kreises in ein Kreiszweieck.

$B(+a, 0)$ hindurchgeht. Sein Mittelpunkt M liege auf der imaginären Achse im Abstand m vom Nullpunkt (Abb. 57a).

Lösen wir (50) nach ζ auf, so erhalten wir

$$\zeta = z + \frac{a^2}{z}. \tag{51}$$

Die Punkte A und B werden also abgebildet in die beiden Punkte $A'(-2a, 0)$ und $B'(+2a, 0)$.

Dagegen bilden sich die Schnittpunkte C und D des Kreises mit der imaginären Achse beide in den einen Punkt $C(0, 2\,mi)$ ab, denn für $z = i\left(m \pm \sqrt{m^2 + a^2}\right)$ wird

$$\zeta = \xi + i\,\eta = i\left(m \pm \sqrt{m^2 + a^2} - \frac{a^2}{m \pm \sqrt{m^2 + a^2}}\right) = +\, 2\,m\,i\,.$$

Weiter erhält man durch Logarithmieren von (51)

$$\ln \frac{\zeta - 2\,a}{\zeta + 2\,a} = 2\ln \frac{z - a}{z + a}\,.$$

Nun war in Abschnitt 4 gezeigt worden, daß der Imaginärteil von $\ln \dfrac{z - a}{z + a}$ der Winkel APB bzw. der Imaginärteil von $\ln \dfrac{\zeta - 2\,a}{\zeta + 2\,a}$ der Winkel $A'P'B'$ ist. Es folgt also

$$\measuredangle APB = 2 \measuredangle A'P'B'\,.$$

Bewegt sich nun P auf einem Kreis, so bleibt der Peripheriewinkel konstant. Das Bild P' von P in der ζ-Ebene läuft dann auf einer Kurve, deren Peripheriewinkel ebenfalls konstant ist, aber den doppelten Betrag hat, also ebenfalls auf einem Kreis. Der Kreisbogen $A'C'B'$ wird dabei doppelt durchlaufen, da der Peripheriewinkel des Kreisbogens unterhalb der x-Achse gleich $\pi - \vartheta$, sein doppelter Betrag $2\pi - 2\vartheta$ gleich dem Winkel $A'P'B'$ ist. Rückt M in den Koordinatenanfangspunkt der z-Ebene, so wird die Pfeilhöhe m des Kreisbogens Null, und es bildet sich der Kreis in das doppelt durchlaufene Geradenstück von $+ 2\,a$ bis $- 2\,a$ auf der ξ-Achse ab.

11. Strömung um eine ebene Platte. Wir wollen zunächst den einfachsten Fall betrachten, daß das Kurvenstück in der ζ-Ebene eine Gerade ist ($m = 0$). Es wird dann durch (51) der Kreis mit dem Halbmesser a auf das Geradenstück von der Länge $4\,a$ auf der ξ-Achse abgebildet. Für das Strömungsfeld um den Kreis hatten wir in Abschnitt 7 gefunden:

$$F(z) = -\, v_0\left(z + \frac{a^2}{z}\right) - \frac{i\,\Gamma}{2\,\pi}\ln z\,.$$

Dabei war die Geschwindigkeit v_0 der negativen x-Achse parallel gerichtet. Schließt v_0 mit dieser Achse den Winkel α ein, so ist für z zu setzen: $z\,e^{i\alpha}$. Man erhält also zunächst:

$$\begin{aligned}
F(z) &= -\, v_0\left(z\,e^{i\alpha} + \frac{a^2}{z\,e^{i\alpha}}\right) - \frac{i\,\Gamma}{2\,\pi}\ln z\,e^{i\alpha} \\
&= -\, v_0\left(z\,e^{i\alpha} + \frac{a^2}{z\,e^{i\alpha}}\right) - \frac{i\,\Gamma}{2\,\pi}\ln z - \frac{i\,\Gamma}{2\,\pi}\,i\,\alpha\,.
\end{aligned} \tag{52}$$

Nun ist aber bei einem Strömungspotential eine additive Konstante belanglos; somit dürfen wir den letzten Posten unterdrücken und schreiben:

$$F(z) = -\, v_0\left(z\,e^{i\alpha} + \frac{a^2}{z\,e^{i\alpha}}\right) - \frac{i\,\Gamma}{2\,\pi}\ln z\,. \tag{53}$$

Wir erhalten das Strömungsfeld in der ζ-Ebene, indem wir z nach (51) ausdrücken und in (53) einsetzen. Bilden wir hiervon den Imaginärteil, so erhalten wir das gesuchte Strömungsfeld um eine ebene Platte, die unter dem Winkel α aus dem Unendlichen angeströmt wird.

Wir berechnen den absoluten Betrag der Geschwindigkeit v an den Plattenrändern, also für $\zeta = \pm 2\,a$. Es ist

$$|v| = \left|\frac{dF}{d\zeta}\right| = \left|\frac{dF}{dz}\cdot\frac{dz}{d\zeta}\right| = \left|\frac{\dfrac{dF(z)}{dz}}{\dfrac{d\zeta}{dz}}\right| . \quad (54)$$

Wir erhalten aus (53)

$$\frac{dF}{dz} = -\,v_0\left(e^{i\alpha} - \frac{a^2}{z^2\,e^{i\alpha}}\right) - \frac{i\,\Gamma}{2\,\pi\,z} . \quad (55)$$

Bei willkürlich vorgegebener Zirkulation Γ ist dieser Ausdruck auf dem Rande des Kreises und außerhalb des Kreises überall endlich.

Weiterhin ist mit (51)

$$\frac{d\zeta}{dz} = 1 - \frac{a^2}{z^2} ,$$

also für $z = \pm a$, d. h. denjenigen Punkten der z-Ebene, die in die Endpunkte des Geradenstückes in der ζ-Ebene übergehen,

$$\frac{d\zeta}{dz} = 0 .$$

Mithin wird in (54)

$$\frac{dF}{d\zeta} = \infty ,$$

d. h. die Plattenränder werden mit unendlich großer Geschwindigkeit umströmt.

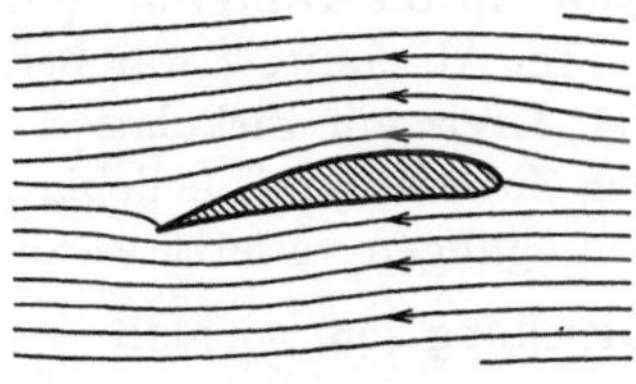

a) reine Potentialströmung.

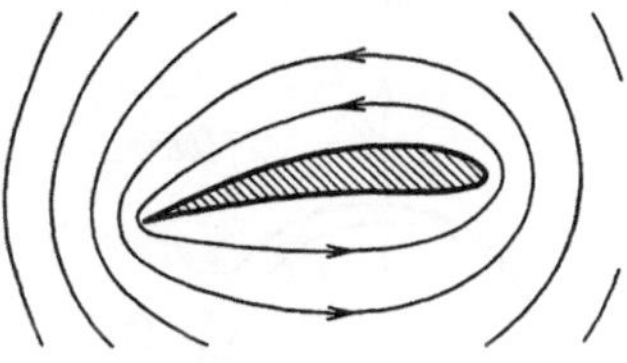

b) Zirkulationsströmung.

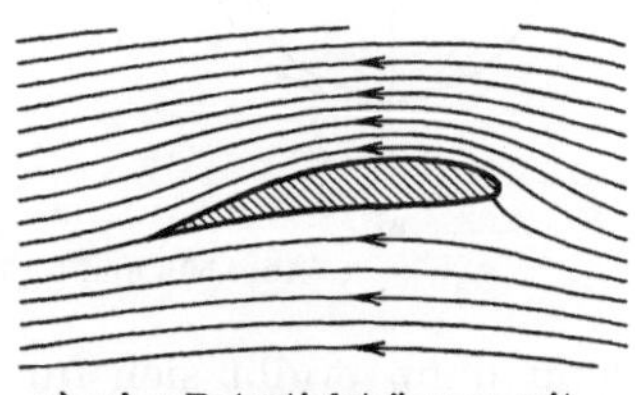

c) reine Potentialströmung mit Zirkulation.

Abb. 58a bis c. Strömung um ein Tragflügelprofil.

12. Die Kuttasche Bedingung. Mathematisch unendlich große Geschwindigkeiten treten stets dann auf, wenn scharfe Kanten oder Ecken umströmt werden. Physikalisch sind solche Geschwindigkeiten nicht möglich, da es vorher zum Zerreißen des Zusammenhanges der Flüssigkeit und zur Bildung von Wirbeln und Hohlräumen kommt. Man muß hierbei zwischen der Anström- und Abströmkante unterscheiden. An der Anströmkante läßt sich diese Gefahr beseitigen, indem man die Kante abrundet oder verdickt. Auch die Erfahrung in der Flugtechnik zeigt, daß sich Tragflügel mit verdickter Vorderkante günstig beim Flug erweisen. Dagegen läßt man die Hinterkante scharf. Die wirbelfreie Strömung ($\Gamma = 0$) wird also hier eine unendlich große Umströmungsgeschwindigkeit ergeben. Abb. 58a zeigt zur Erläuterung des eben Ausgeführten die Potentialströmung um ein Flügelprofil ohne Zirkulation. Man erkennt das Umströmen der Hinterkante, da der hintere Staupunkt auf der Oberseite des Profiles liegt.

Nach einem Gedanken von Kutta ist es nun möglich, das Umströmen der Hinterkante zu beseitigen und den glatten Abfluß an dieser Stelle dadurch zu erreichen, daß man den hinteren Staupunkt der Strömung in die Hinterkante des Flügelprofils legt.

Im Abschnitt 7 war bei der Behandlung der Potentialströmung um den Kreis mit Zirkulation darauf hingewiesen worden, daß die Größe der Zirkulation Γ beliebig gewählt werden kann, ohne daß die Randbedingungen verletzt werden. Kutta bestimmt nun Γ auf Grund der Gleichung (55) so, daß $\dfrac{dF}{dz}$ an der Hinterkante verschwindet:

$$\frac{dF}{dz} = -v_0\left(e^{i\alpha} - \frac{a^2}{z^2\,e^{i\alpha}}\right) - \frac{i\,\Gamma}{2\,\pi\,z} = 0 \text{ für } z = -2a. \tag{57}$$

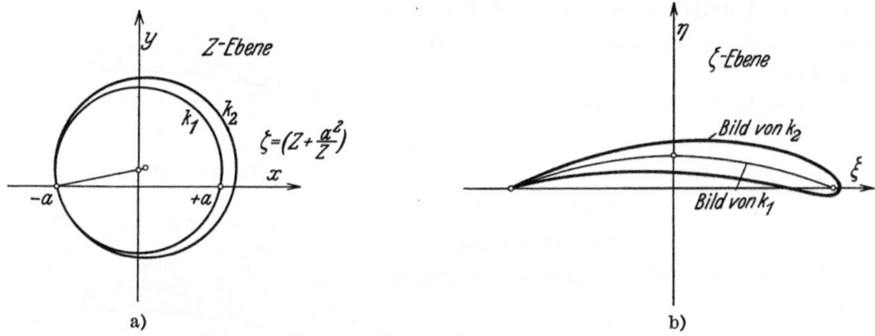

Abb. 59a und b. Zur Entstehung des Joukowsky-Profiles.

Denn dann ergibt sich für die Geschwindigkeit nach (54) hier der unbestimmte Ausdruck $\dfrac{0}{0}$. Man überzeugt sich durch Differentiation, daß der Grenzwert endlich bleibt. Gleichung (57) liefert also als Funktion von v_0, α und den Profilabmessungen eine Bestimmungsgleichung für Γ. Abb. 58b gibt eine Ansicht der reinen Zirkulationsströmung um das Profil, deren Stärke Γ so gewählt ist, daß beim Überlagern von 58a und 58b in Abb. 58c ein glattes Abströmen an der Hinterkante erfolgt. Der hintere Staupunkt fällt mit der Profilspitze zusammen.

13. Joukowsky-Profile. Die Abrundung der Vorderkante zur Vermeidung der hier auftretenden unendlich großen Geschwindigkeit kann in mathematisch einfacher Weise nach einem Vorschlag von Joukowsky berücksichtigt werden. Bei der Abbildung $\zeta = z + \dfrac{a^2}{z}$ geht der Kreis k_1 in der z-Ebene in einen Kreisbogen der ζ-Ebene über (Abb. 59a). Sucht man nun das Bild eines zweiten Kreises k_2 der z-Ebene, der den Kreis k_1 im Punkte $-a$ berührt und den Kreis k_1 vollständig umschließt, so erhält man in der ζ-Ebene eine Kurve, die den Kreisbogen im Innern enthält und im Punkte $\zeta = -2\,a$ in eine Spitze ausläuft. Man sieht aus Abb. 59b, daß sich auf diese Weise ein Profil ergibt, welches den in der Flugtechnik angewandten sehr ähnlich ist.

Für das Weitere interessiert nur die Strömung um den Kreis k_2, da dieser in das Joukowskyprofil übergeht. Um die Strömung in einfacher Weise zu berechnen, beziehen wir sie in der z-Ebene auf ein z'-Koordinatensystem, dessen Ursprung mit dem Mittelpunkt von k_2 zusammenfällt. Es sei nach Abb. 60 M der Mittelpunkt des Kreises k_1 in der z-Ebene, der durch die Transformation in den Kreisbogen $A'B'$ der ζ-Ebene abgebildet wird. Der Mittelpunkt O' des Kreises k_2, welcher den Kreis k_1 im Punkte A berührt und dessen Bild in der ζ-Ebene die Kontur des Joukowsky-Profiles ergibt, liegt auf der Linie AM um d über M hinaus. Wir entnehmen zunächst der Figur die folgenden geometrischen Beziehungen

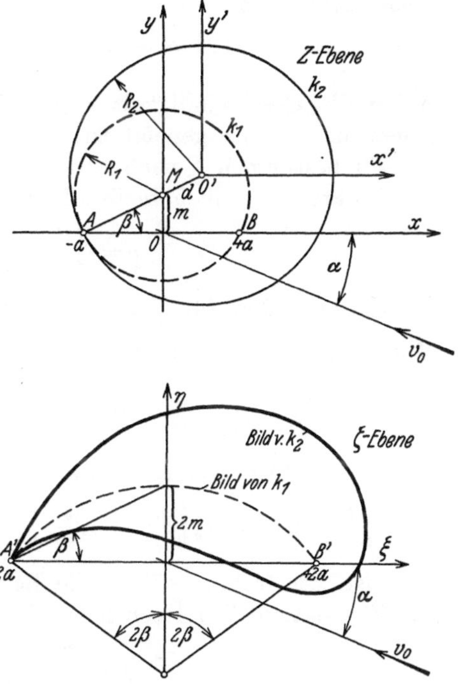

Abb. 60. Zur Strömung um ein Joukowsky-Profil.

$$R_1 = \sqrt{a^2 + m^2}\,, \qquad R_2 = \sqrt{a^2 + m^2} + d \quad \text{und} \quad m = a\,\mathrm{tg}\,\beta\,.$$

Die Koordinaten von O' sind:

$$\left.\begin{aligned} x_0 &= d\cos\beta\,,\\ y_0 &= m + d\sin\beta = a\,\mathrm{tg}\,\beta + d\sin\beta\,. \end{aligned}\right\} \tag{58}$$

Wir transformieren nunmehr auf ein Koordinatensystem $x'y'$ mit dem Nullpunkt in O', wobei die x'-Achse parallel der x-Achse und die y'-Achse parallel der y-Achse verlaufen soll. Die komplexe Variable in diesem Koordinatensystem sei $z' = x' + iy'$. Es ist

$$\left.\begin{aligned} x' &= x - d\cos\beta\,,\\ y' &= y - a\,\mathrm{tg}\,\beta - d\sin\beta\,. \end{aligned}\right\} \tag{59}$$

Die komplexe Variable im $x'y'$-System wird

$$\begin{aligned} z' = x' + iy' &= x - d\cos\beta + i\,(y - a\,\mathrm{tg}\,\beta - d\sin\beta)\\ &= z - d\cos\beta - i\,(a\,\mathrm{tg}\,\beta + d\sin\beta) \end{aligned}$$

oder

$$z' = z - d\,e^{i\beta} - i\,a\,\mathrm{tg}\,\beta\,.$$

Die Potentialströmung mit Zirkulation um den Kreis k_2 ist gegeben als Imaginärteil von

$$F(z') = -v_0\left(z'\,e^{i\alpha} + \frac{R_2^2}{z'\,e^{i\alpha}}\right) - \frac{i\,\Gamma}{2\,\pi}\ln z',\tag{60}$$

wobei die Geschwindigkeit v_0 im Unendlichen unter dem Winkel α gegen die x-Achse geneigt ist.

Wir bestimmen Γ nach Abschnitt 12 so, daß die Geschwindigkeit v im Punkte A' endlich bleibt. Der absolute Betrag von v ist

$$|v| = \frac{dF}{d\zeta} = \frac{dF}{dz'}\cdot\frac{dz'}{dz}\cdot\frac{dz}{d\zeta}\,.\tag{61}$$

Er ist zu bilden für $\zeta = -2\,a$, bzw. $z = -a$ oder $z' = -R_2 e^{i\beta}$. Wir erhalten $\dfrac{dz'}{dz} = 1$ und

$$\frac{d\zeta}{dz} = 1 - \frac{a^2}{z^2} = 0 \quad\text{für}\quad z = -a, \quad \text{d. h.}\quad \frac{dz}{d\zeta} = \infty\,.$$

Damit v endlich bleibt, muß also sein:

$$\frac{dF}{dz'} = 0 = -v_0\left\{e^{i\alpha} - \frac{R_2^2}{z'^2\,e^{i\alpha}}\right\} - \frac{i\,\Gamma}{2\,\pi\,z'}, \quad\text{für}\quad z' = -R_2 e^{i\beta}\,.\tag{62}$$

Dies ist, wie früher gezeigt, die Bestimmungsgleichung für die Größe der Zirkulation. Wir lösen nach Γ auf und erhalten

$$\Gamma = -\frac{2\,\pi\,v_0}{i}\left\{z'\,e^{i\alpha} - \frac{R_2^2}{z'\,e^{i\alpha}}\right\}\tag{63}$$

oder mit $z' = -R_2 e^{i\beta}$

$$\Gamma = \frac{2\,\pi\,v_0\,R_2}{i}\left\{e^{i(\alpha+\beta)} - e^{-i(\alpha+\beta)}\right\}\,.\tag{64}$$

Da

$$\frac{e^{i(\alpha+\beta)} - e^{-i(\alpha+\beta)}}{2\,i} = \sin(\alpha+\beta)$$

ist, so folgt

$$\Gamma = 4\,\pi\,v_0\,R_2\sin(\alpha+\beta)$$

oder mit

$$R_2 = \sqrt{a^2 + m^2} + d = a\left\{\sqrt{1 + \left(\frac{m}{a}\right)^2} + \frac{d}{a}\right\},\ \Bigg\}$$
$$\Gamma = 4\,\pi\,v_0\,a\left\{\sqrt{1 + \left(\frac{m}{a}\right)^2} + \frac{d}{a}\right\}\sin(\alpha+\beta)\,.\ \Bigg\}\tag{65}$$

Mit Hilfe des Kutta-Joukowskyschen Satzes (48) erhält man also für den Auftrieb des Profils pro Längeneinheit

$$A = 4\,\pi\,\varrho\,v_0^2\,a\left\{\sqrt{1 + \left(\frac{m}{a}\right)^2} + \frac{d}{a}\right\}\sin(\alpha+\beta)\,.\tag{66}$$

Die Joukowsky-Profile sind, wie man aus der Rechnung ersieht, durch zwei Parameter gekennzeichnet, nämlich das Verhältnis $\dfrac{d}{a}$, welches für die **Dicke** maßgebend ist, und das Verhältnis $\dfrac{m}{a}$, welches die **Wölbung** des Profiles angibt. Abb. 61 zeigt eine Anzahl solcher Profile. Ihre Kontur ist nach einem von E. Trefftz[1] angegebenen Verfahren zeichnerisch ermittelt worden.

Für $d = 0$ ergibt sich aus (66) der Auftrieb einer Kreisbogenplatte zu

$$A = 4\,\pi\,\varrho\,v_0^2\,a\,\sqrt{1 + \left(\frac{m}{a}\right)^2}\,\sin\,(\alpha + \beta), \quad (67)$$

wobei $4\,a$ die Sehnenlänge der Platte und $2\,m$ ihre Pfeilhöhe ist. Ist auch $m = 0$, so folgt für die ebene Platte von der Breite $4\,a$

$$A = 4\,\pi\,\varrho\,v_0^2\,a\sin\alpha. \quad (68)$$

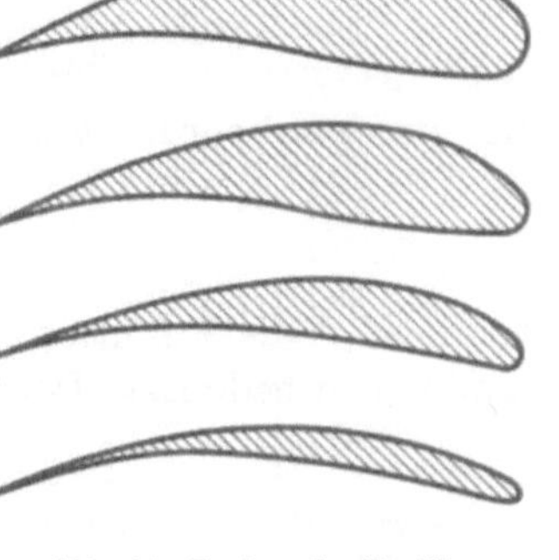

Abb. 61. Joukowsky-Profile.

14. Zweidimensionale Strömung mit Strahlbildung. Es lassen sich mit Hilfe der Funktionentheorie auch ebene Strömungen behandeln, bei denen freie Oberflächen auftreten, so daß eine Strahlbildung erfolgt. Allerdings muß man dann voraussetzen, daß keine äußeren Kräfte, also auch nicht die Schwerkraft, auf die Flüssigkeit einwirken. Unter dieser Voraussetzung folgt aus der Bernoullischen Druckgleichung, daß die freie Oberfläche der Flüssigkeit eine Stromlinie ist, längs der die Geschwindigkeit konstant ist.

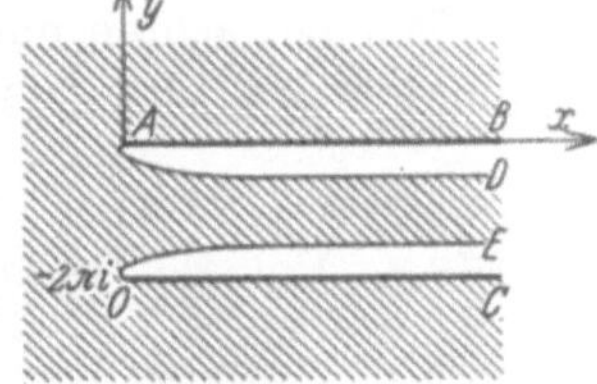

Abb. 62. Strömung in einem Kanal.

Wir behandeln als Beispiel nach Abb. 62 den Einströmvorgang einer Flüssigkeit in einen parallel begrenzten Kanal $A B O C$ aus einem allseitig ausgedehnten Raum.

Wir hatten früher das komplexe Potential χ als Funktion der komplexen Variablen $z = x + iy$ aufgefaßt und geschrieben:

$$\chi(z) = \varphi + i\psi. \quad (69)$$

Man kann nun auch z als Funktion von χ ansetzen, also

$$z = x + iy = z(\chi). \quad (70)$$

Die Cauchy-Riemannschen Gleichungen lauten dann:

$$\frac{\partial x}{\partial \varphi} = \frac{\partial y}{\partial \psi},$$

$$\frac{\partial x}{\partial \psi} = -\frac{\partial y}{\partial \varphi}.$$

---

[1] Vgl. E. Trefftz: Z. Flugtechn. **4,** 130 (1913) und R. v. Mises: Z. Flugtechn. **11,** 68, 87 (1920).

Es war nun

$$\frac{d\chi}{dz} = \frac{\partial \varphi}{\partial x} + i\,\frac{\partial \psi}{\partial x} = u - i\,v;$$

wir wollen darin $\dfrac{dz}{d\chi}$ mit ζ bezeichnen, so daß gilt:

$$\zeta = \frac{dz}{d\chi} = \frac{1}{u - i\,v} = \frac{u + i\,v}{u^2 + v^2} = \frac{u + i\,v}{|\mathfrak{v}|^2} \qquad (71)$$

oder in Polarkoordinaten

$$\zeta = \frac{dz}{d\chi} = \left|\frac{1}{\mathfrak{v}}\right| e^{i\,\vartheta}. \qquad (72)$$

Darin ist ζ als Funktion von $\mathfrak{v}$ aufgefaßt, so daß also ϑ das Argument von $\mathfrak{v}$ bedeutet. Der Vektor ζ stimmt also mit der Richtung der Geschwindigkeit überein und sein Be-

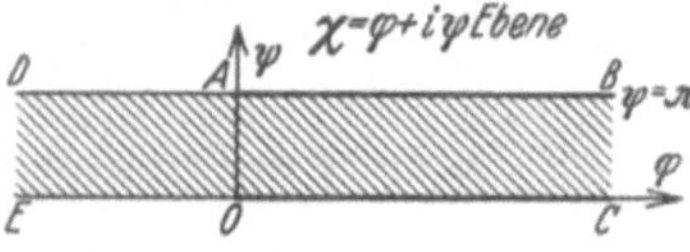

Abb. 63. Bereich des komplexen Geschwindigkeitspotentials.

trag ist gleich dem reziproken Betrag der Geschwindigkeit. Man kann deshalb die von dem Endpunkte des Vektors ζ beim Fortschreiten längs einer Stromlinie durchlaufene Kurve auch als Hodograph bezeichnen.

Wir betrachten nun zunächst die komplexe ζ-Ebene mit den Koordinaten ξ, η. In dieser Ebene erscheint jedenfalls die freie Strahlbegrenzung wegen der oben genannten physikalischen Bedingung als Kreis bzw. Kreisbogen,

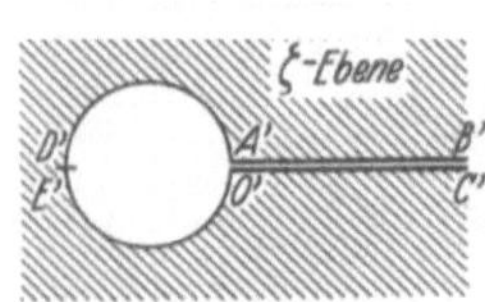

Abb. 64. Hodograph der Kanalströmung.

da aus $|\mathfrak{v}| = $ konst. natürlich $\left|\dfrac{1}{\mathfrak{v}}\right| = $ konst. folgt. Weiter erkennt man aus der Bedeutung von ζ, daß die geradlinigen Wände in der z-Ebene als Gerade durch den Koordinatenanfangspunkt dargestellt werden. In der $\chi = \varphi + i\psi$-Ebene sind die Stromlinien $\psi = $ konst. zur φ-Achse parallel verlaufende Gerade. Eine dieser Geraden stellt die feste Wand wie auch die Strahlgrenze dar. Es sei dies in Abb. 63 die Gerade DB, wobei das Stück AB der festen Wand, das Stück AD der freien Strahlgrenze entsprechen möge, während EO die andere Strahlbegrenzung und OC die zweite Kanal-

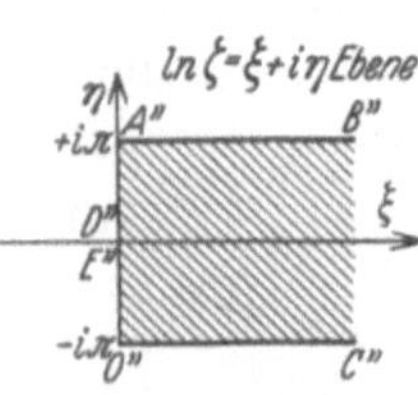

Abb. 65. Abbildung in der $w = \ln\zeta$-Ebene.

wand wiedergibt. In der ζ-Ebene erhalten wir als Abbildung nach Abb. 64 die Kontur $B'A'D'E'O'C'$, wobei die Kanalwände in zwei nebeneinander liegenden Strecken $B'A', O'C'$ der positiven reellen Achse und die Strahlgrenze in den verbindenden Vollkreis übergeht.

Die gestellte Aufgabe ist also gelöst, falls die ζ-Ebene auf die χ-Ebene abgebildet werden kann. Das Resultat dieser Abbildung sei $\zeta = f(\chi)$.

Es folgt dann aus $\zeta = \dfrac{dz}{d\chi}$ durch Integration

$$z = \int \zeta \, d\chi = \int f(\chi)\, d\chi = F(\chi), \qquad (73)$$

d. h. eine Darstellung der gesuchten Strahlgrenze als Funktion des komplexen Potentials.

Die Durchführung der Abbildung ist nunmehr nur noch eine Aufgabe der Funktionentheorie. Wir vereinfachen diese Aufgabe, indem wir die Kontur in der ζ-Ebene durch die Transformation $w = \ln \zeta$ in die w-Ebene abbilden und gleichzeitig $|\mathfrak{v}| = 1$ wählen. Es folgt aus (72)

$$w = \ln \zeta = -\ln|\mathfrak{v}| + i\,\vartheta. \qquad (74)$$

Demnach geht der Vollkreis in das Stück $A''O''$ der imaginären Achse mit der Länge 2π über, während die positive reelle Achse der ζ-Ebene in die zwei Halbstrahlen $A''B''$ und $O''C''$ der w-Ebene nach Abb. 65 abgebildet wird.

Dieser Halbstreifen in der w-Ebene läßt sich aber nach dem Schwarzschen Verfahren auf einen ganzen Streifen der χ-Ebene abbilden. Wegen der Zwischenrechnung verweisen wir auf das folgende Kapitel, das sich speziell mit solchen Abbildungsaufgaben befassen wird. Man erhält als Abbildungsfunktion zwischen der χ- und w-Ebene

$$w = 2\ln\left(e^{\chi} + \sqrt{e^{2\chi} - 1}\right) - i\pi. \qquad (75)$$

Wir verifizieren dies folgendermaßen:

Wir untersuchen zunächst, wie sich die φ-Achse in der w-Ebene abbildet. Es ist mit $\psi = 0$

$$w = 2\ln\left(e^{\varphi} + \sqrt{e^{2\varphi} - 1}\right) - i\pi.$$

Für $0 \leqq \varphi < \infty$ ist der Klammerausdruck reell und positiv. Insbesondere erhält man für $\varphi = 0$: $w = -i\pi$. Es wird also der positive Ast der φ-Achse in das Geradenstück $O''C''$ der w-Ebene übergeführt, welches parallel zur ξ-Achse im Abstand $-i\pi$ liegt.

Für $-\infty < \varphi = -|\varphi| \leqq 0$ ist:

$$w = 2\ln\left(e^{-|\varphi|} + \sqrt{e^{-2|\varphi|} - 1}\right) - i\pi = 2\ln\left(e^{-|\varphi|} + i\sqrt{1 - e^{-2|\varphi|}}\right) - i\pi.$$

Wir trennen den Logarithmus in seinen Real- und Imaginärteil:

$$\ln\left(e^{-|\varphi|} + i\sqrt{1 - e^{-2|\varphi|}}\right) = \frac{1}{2}\ln\left(e^{-2|\varphi|} + 1 - e^{-2|\varphi|}\right) + i\,\text{arc tg}\,\frac{1 - e^{-2|\varphi|}}{e^{-|\varphi|}}$$

$$= 0 + i\,\text{arc tg}\left(e^{|\varphi|} - e^{-|\varphi|}\right). \qquad (76)$$

Der Logarithmus ist also rein imaginär, so daß die negative φ-Achse in das Geradenstück $O''E''$ der η-Achse der w-Ebene übergeht.

Für die Gerade BD der χ-Ebene ist $\chi = \varphi + i\pi$. Es wird

$$w = 2\ln\left(e^{\varphi} \cdot e^{i\pi} + \sqrt{e^{2\varphi} \cdot e^{2\pi i} - 1}\right) - i\pi$$

oder, da $e^{i\pi} = -1$ und $e^{2i\pi} = +1$ ist,

$$w = 2\ln\left(-c^\varphi + \sqrt{e^{2\varphi} - 1}\right) - i\pi.$$

Für $0 \leqq \varphi < \infty$ erhält man:

$$w = 2\ln\left[-1\left(e^\varphi - e^\varphi\sqrt{1 - \frac{1}{e^{2\varphi}}}\right)\right] - i\pi$$

$$= 2\ln(-1) + 2\ln\left[e^\varphi\left(1 - \sqrt{1 - \frac{1}{e^{2\varphi}}}\right)\right] - i\pi$$

$$= 2\ln\left[e^\varphi\left(1 - \sqrt{1 - \frac{1}{e^{2\varphi}}}\right)\right] + i\pi.$$

Der positive Teil AB der Geraden geht also, da $\ln\left(e^\varphi\left(1 - \sqrt{1 - \frac{1}{e^{2\varphi}}}\right)\right)$ reell und positiv ist, in das parallel zur ξ-Achse im Abstand $+ i\pi$ verlaufende Geradenstück $A''B''$ über. Für Punkt A ist $\varphi = 0$, mithin $w = + i\pi$, d. h. Punkt A''.

Der negative Teil von AD bildet sich mit $-\infty < \varphi \leqq 0$ wegen (76) in das Stück $A''D''$ der η-Achse ab.

Wir erhalten nun aus (75)

$$\zeta = e^w = \left(e^\varkappa + \sqrt{e^{2\varkappa} - 1}\right)^2 = 2e^{2\varkappa} + 2e^\varkappa\sqrt{e^{2\varkappa} - 1} - 1. \qquad (77)$$

Hieraus folgt durch Integration

$$z = x + iy = \int_0^\varkappa \zeta\, d\varkappa = \int\left(2e^{2\varkappa} + 2e^\varkappa\sqrt{e^{2\varkappa} - 1} - 1\right) d\varkappa$$

$$= e^{2\varkappa} - \varkappa + e^\varkappa\sqrt{e^{2\varkappa} - 1} - \ln\left(e^\varkappa + \sqrt{e^{2\varkappa} - 1}\right) - 1. \qquad (78)$$

Man erhält hieraus die Strahlkontur, indem man die Stromliniengleichung $\varkappa = \varphi + i\pi$ einsetzt, wobei φ die Werte von 0 bis $-\infty$ durchläuft.

15. Literatur über zweidimensionale Strömungsfelder.

Betz, A.: Tragflügel und hydraulische Maschinen. Handb. der Physik 7, Kap. 4. Berlin 1927.
Fuchs, R., und L. Hopf: Aerodynamik. Berlin 1922.
Grammel, R.: Die hydrodynamischen Grundlagen des Fluges. Braunschweig 1917.
Lagally, M: Ideale Flüssigkeiten. Handb. der Physik 7, Kap. 1. Berlin 1927.
Müller, W.: Mathematische Strömungslehre. Berlin 1928.
Prandtl-Tietjens, L.: Hydro- und Aeromechanik 1. Berlin 1929.
Schmidt, H.: Aerodynamik des Fluges. Berlin u. Leipzig 1929.

C. Feldausbildung an Kanten.

Von E. Weber, Brooklyn.

1. Stellung der Aufgabe. Im mathematischen Teil wurde gezeigt, daß jede komplexe analytische Funktion die Potentialgleichung befriedigt. Man kann hiernach beliebig viele Lösungen dieser Gleichung angeben, indem man irgendeine solche Funktion betrachtet, deren Real- oder Imaginärteil dann etwa als Potential eines elektrostatischen Feldes zu deuten ist. In allen praktischen Fällen lautet jedoch die Aufgabe, nicht nur irgendeine Lösung der Potentialgleichung aufzustellen, sondern es sind stets auch gewisse Randbedingungen zu befriedigen. Man unterscheidet dabei verschiedene Arten: Wenn das Potential am Rande des Gebietes vorgegeben ist, so liegt eine Randwertaufgabe erster Art vor. Sind dagegen die Ableitungen des Potentiales am Rande vorgeschrieben, so hat man es mit einer Randwertaufgabe zweiter Art zu tun. Wechseln beide Bedingungen längs des Randes einander ab, so spricht man von einer Randwertaufgabe dritter Art. Die Funktionentheorie lehrt nun, daß man alle Randwertprobleme erster und zweiter Art lösen kann, indem man das gegebene Gebiet auf den Kreis abbildet. Für die Anwendung dieses Existenzsatzes ist es von grundlegender Bedeutung, daß man die Abbildungsfunktion durch eine Integration sofort gewinnen kann, falls das Gebiet geradlinig polygonal begrenzt ist. Die Differentialgleichung dieser Abbildungsfunktion wird als Schwarz-Christoffelscher Satz[1] bezeichnet (vgl. S. 70).

Für die Aufgaben dieses Abschnittes genügt es, diesen Satz für das Randwertproblem erster Art in einer speziellen Gestalt zu formulieren. Wir nehmen ein polygonal begrenztes Gebiet in der z-Ebene an, wobei das komplexe Potential $\chi = \varphi + i\psi$ als Funktion der komplexen Koordinaten $z = x + iy$ gesucht wird mit der Bedingung, daß der Real- bzw. Imaginärteil an den Rändern des Gebietes bestimmte, konstante Werte annehme. Der einfachste Fall wieder ist jener, in dem es sich um zwei zusammenhängende Ränder mit verschiedenen aber konstanten Potentialen handelt. Falls es in diesem Falle gelingt, den gegebenen Bereich in der z-Ebene auf einen Parallelstreifen in der χ-Ebene abzubilden, so wird das unbekannte Feld der z-Ebene auf das bekannte homogene Feld der χ-Ebene zurückgeführt. Dabei erfüllt nun in der χ-Ebene die Funktion selbst die Potentialgleichung, und ihr Real- bzw. Imaginärteil besitzt an den Rändern des Streifens einen konstanten Randwert. Ist jetzt $\chi = g(z)$ die Abbildungsfunktion, so ist durch sie auch in der z-Ebene die Potentialgleichung erfüllt und außerdem befriedigt $\chi = g(z)$ auf der polygonalen Kontur bestimmte Randbedingungen: Es führen diejenigen Teile der Polygonalkontur, die den Geraden $\varphi = $ konst entsprechen, ein konstantes Potential, während die Bilder der Geraden $\psi = $ konst den Feldlinien entsprechen. Die Funktion $\chi = g(z)$ stellt also die Lösung einer gewissen Randwertaufgabe einfachster Art dar.

---

[1] Schwarz, H. A.: Über einige Abbildungsaufgaben. Crelles J. 70, 105—120 (1869). Christoffel: Über die Abbildung einer einfach einblättrigen zusammenhängenden Fläche auf den Kreis. Göttinger Nachrichten 1870.

2. Abbildung polygonaler Bereiche auf die Halbebene. Die Abbildung der χ-Ebene auf die z-Ebene läßt sich oft nicht in einem Schritt ausführen. Wir zeigen zunächst, daß es genügt, den gegebenen Polygonalbereich auf die obere Halbebene einer komplexen Hilfsebene abzubilden, der t-Ebene. Da nämlich die rechteckige Umrandung des homogenen Feldes in der χ-Ebene ebenfalls einen polygonalen Bereich darstellt, so kann man mittels des gleichen Verfahrens auch die χ-Ebene auf die t-Ebene abbilden. Durch die Elimination von t folgt dann die gesuchte Abbildungsfunktion $\chi(z)$. Die Abbildung des Polygons auf die obere t-Halbebene leistet nun die Schwarzsche Formel durch folgenden Ansatz:

$$\frac{dz}{dt} = K(t - t_1)^{-\alpha_1} \cdot (t - t_2)^{-\alpha_2} \ldots (t - t_n)^{-\alpha_n}. \tag{1}$$

Da diese Formel im mathematischen Teil (S. 70) bereits abgeleitet wurde, begnügen wir uns hier für die Anwendungen mit einem Nachweis ihrer Richtigkeit.

Wir benutzen in folgendem zur eindeutigen Verständigung die Festsetzungen:

Winkel wollen wir stets im mathematischen Sinne positiv zählen, das ist entgegen dem Uhrzeigersinn (s. auch math. Teil).

Unter dem Rand eines Gebietes $\mathfrak{G}$ ist die Begrenzungslinie zu verstehen. Randintegrale, also Linienintegrale über den Rand eines Gebietes sind stets so auszuführen, daß dabei das Gebiet $\mathfrak{G}$ zur Linken bleibt.

Als Vorbereitung behandeln wir den Fall, daß der vorgegebene Bereich nur eine Ecke aufweist. Die Schwarzsche Formel nimmt dann folgende einfache Gestalt an:

$$\frac{dz}{dt} = K(t - t_1)^{-\alpha_1}. \tag{2}$$

Hierin möge die Variable t die Realachse der komplexen t-Ebene durchlaufen und K der Einfachheit halber reell vorausgesetzt werden. Wir schreiben nun

$$(t - t_1)^{-\alpha_1} = |t - t_1|^{-\alpha_1} \cdot e^{-i\alpha_1 \arg(t - t_1)}. \tag{3}$$

Solange $t < t_1$ ist, hat das Argument von $(t - t_1)$ den Wert π und daher

$$(t - t_1)^{-\alpha_1} = |t - t_1|^{-\alpha_1} \cdot e^{-i\pi\alpha_1}. \tag{4}$$

Sobald dagegen $t > t_1$ wird, verschwindet das Argument von $(t - t_1)$ und wir erhalten

$$(t - t_1)^{-\alpha_1} = |t - t_1|^{-\alpha_1}. \tag{5}$$

Man erkennt hieraus, daß für $t > t_1$ das Element dz in die Richtung von dt fällt, d. h. daß das Bild des rechts von t_1 gelegenen Teils der reellen t-Achse in ein Stück der reellen Achse der z-Ebene übergeht.

Für $t < t_1$ dagegen wird dz um den Winkel $-\gamma_1 = -\pi\alpha_1$ gegen die reelle Achse gedreht, so daß sich als Bild des links von t_1 gelegenen Stückes der reellen Achse der t-Ebene eine Gerade mit der Neigung γ_1 gegen die reelle Achse der z-Ebene ergibt. Die Gleichung (2) leistet also die Abbildung der oberen halben t-Ebene auf einen Winkelbereich der z-Ebene mit dem Außenwinkel $\gamma_1 = \pi\alpha_1$ (Abb. 66).

Ist umgekehrt der Außenwinkel γ_1 vorgegeben, so bestimmt sich also der zugehörige Exponent α_1 der Differentialgleichung zu

$$\alpha_1 = \frac{\gamma_1}{\pi}. \tag{6}$$

Wir benutzen dieses Ergebnis, indem wir den allgemeinen Ansatz (1) in die Form bringen

$$\frac{dz}{dt} = K\,(t - t_1)^{-\frac{\gamma_1}{\pi}} \cdot (t - t_2)^{-\frac{\gamma_2}{\pi}} \ldots (t - t_n)^{-\frac{\gamma_n}{\pi}}. \tag{7}$$

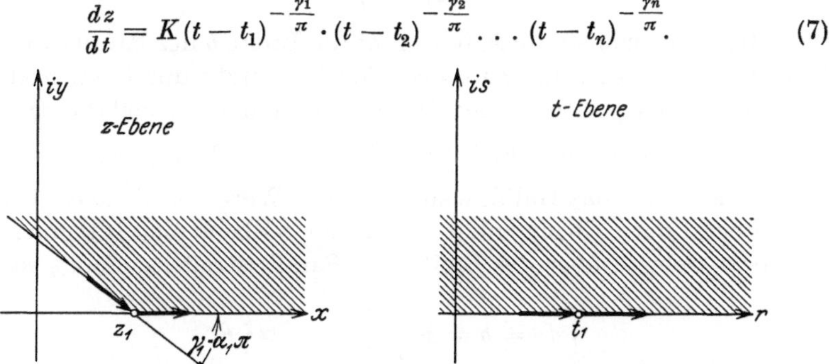

Abb. 66. Abbildung der oberen Halbebene auf einen Winkelbereich.

Es genügt zu zeigen, daß sich z. B. die Stelle $t = t_1$ genau so verhält wie vorher. Wir nehmen hierzu an, daß $t_1 < t_2 < t_3 < \ldots t_n$ sei. Dann sind für $t < t_1$ sämtliche $(t - t_\lambda)$ negativ, daher sämtliche $\arg(t - t_\lambda) = \pi$, und es ergibt sich also

$$(t - t_1)^{-\frac{\gamma_1}{\pi}} \cdot (t - t_2)^{-\frac{\gamma_2}{\pi}} \ldots (t - t_n)^{-\frac{\gamma_n}{\pi}}$$

$$= \left| t - t_1 \right|^{-\frac{\gamma_1}{\pi}} \ldots \left| t - t_n \right|^{-\frac{\gamma_n}{\pi}} \cdot e^{-i\left\{\frac{\gamma_1}{\pi}\arg(t-t_1) + \cdots + \frac{\gamma_n}{\pi}\arg(t-t_n)\right\}} \tag{8}$$

$$= \left| t - t_1 \right|^{-\frac{\gamma_1}{\pi}} \ldots \left| t - t_n \right|^{-\frac{\gamma_n}{\pi}} \cdot e^{-i(\gamma_1 + \cdots \gamma_n)}.$$

Geht nun t durch t_1 hindurch, so ändert sich nur das Argument von $(t - t_1)$, es ist

$$(t - t_1)^{-\frac{\gamma_1}{\pi}} = \left| t - t_1 \right|^{-\frac{\gamma_1}{\pi}} \cdot e^{-i\frac{\gamma_1}{\pi}\arg(t-t_1)} = \left| t - t_1 \right|^{-\frac{\gamma_1}{\pi}} \cdot e^{-i\gamma_1} \quad \text{für} \quad t < t_1, \tag{9}$$

$$(t - t_1)^{-\frac{\gamma_1}{\pi}} = \left| t - t_1 \right|^{-\frac{\gamma_1}{\pi}} \cdot e^{-i\frac{\gamma_1}{\pi}\arg(t-t_1)} = \left| t - t_1 \right|^{-\frac{\gamma_1}{\pi}} \cdot 1 \quad \text{für} \quad t > t_1. \tag{10}$$

Da nun beiderseits von t_1 das Element dt reell ist, so weisen die entsprechenden Bildelemente dz einen Außenwinkel γ_1 gegeneinander auf.

Für alle anderen Punkte t_λ kann man ebenso schließen, so daß hiermit der Schwarzsche Satz im wesentlichen verifiziert ist.

Die Integration einer Potenz führt im allgemeinen wieder auf eine Potenz, es wird also die Abbildung in der Umgebung einer Ecke in Form einer Potenzfunktion geliefert. Eine Ausnahme hiervon bildet nun, genau wie im Reellen, die Potenz mit dem Exponenten minus eins, welche bei der Integration auf den Logarithmus führt. Der Exponent $\alpha = +1$ bedeutet abbildungsgeometrisch nach (6) einen „Winkel" von der Größe $\gamma = +\pi$, d. h. einen Parallelstreifen, der sich ins Unendliche erstreckt. Bei dieser einfachen Abbildung ist mit Wahl des Punktes t_1 im Koordinatenanfangspunkt nach (2)

$$\frac{dz}{dt} = \frac{K}{t}. \tag{11}$$

Die Integrationskonstante K bestimmt die Breite b des Parallelstreifens. Denn bei der Integration muß man den Nullpunkt durch einen kleinen Halbkreis in der positiv reellen Halbebene umfahren, weil dieser Punkt die singuläre Stelle der Funktion $\frac{1}{t}$ ist. Durch Integration ergibt sich (vgl. Seite 22) für das Halbkreisintegral der Wert $(-\pi i)$. Diesem Halbkreisintegral der t-Ebene entspricht in der z-Ebene eine Integration im regulären Gebiete über die Breite des Parallelstreifens. Somit schließt man

$$\int dz = b = K \int \frac{dt}{t} = -\pi i K, \tag{12}$$

also

$$K = \frac{+b}{-\pi i} = \frac{ib}{\pi}. \tag{13}$$

3. Kraftlinienverlauf am Rande eines Schenkelpoles. Als erstes Beispiel für die Anwendung des Schwarzschen Satzes behandeln wir die Ausbreitung der Kraftlinien am Rande eines Schenkelpoles einer Dynamomaschine nach Abbildung 67. Zwischen den Polflächen und dem Anker ist das Feld im wesentlichen homogen entsprechend der Breite Δ des Luftspaltes und der magnetischen Potentialdifferenz φ_0 der Polschuh-

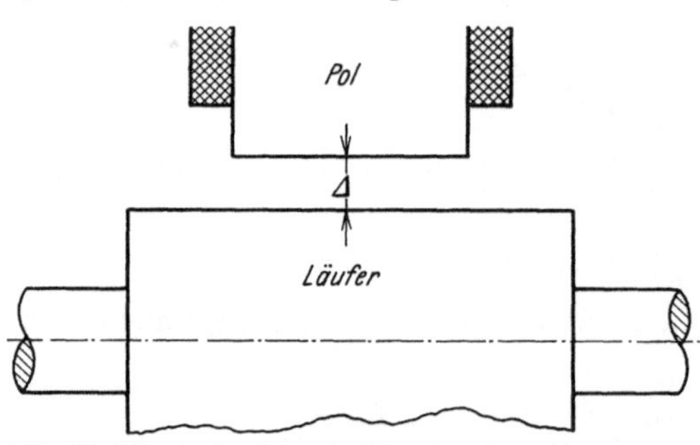

Abb. 67. Schema des Querschnittes einer Dynamomaschine.

oberfläche gegen den Anker. Störungen dieses Verlaufes treten am Polschuhrande auf. Wir vernachlässigen die Krümmung von Polschuh und Anker und betrachten alle Radialschnitte als gleichwertig. Man erhält dann die ebene Anordnung nach Abb. 68. Praktisch ist stets die Polschuhbreite groß gegen den Luftspalt, so daß wir die Verhältnisse an einer Polschuhkante genau genug durch die vereinfachte Abb. 69 darstellen können. Wir führen ein Koordinatensystem $z = x + iy$ ein, dessen Ursprung 0 wir mit der Kante zusammenfallen lassen. Die x-Achse verläuft parallel zur Ankerbegrenzung, welche durch $y = -\varDelta$ gegeben ist. Ferner bezeichnen wir den Punkt $x = +\infty$ mit B und es sei A der unendlich ferne Punkt der

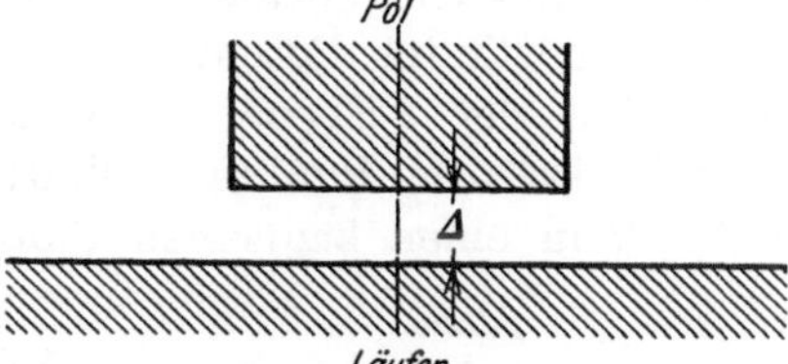

Abb. 68. Vereinfachtes Querschnittsschema einer Dynamomaschine.

positiven y-Achse. Man hat sich dann diesen Punkt durch einen Viertelkreis von unendlich großem Radius mit dem unendlich fernen Punkt der negativen x-Achse verbunden zu denken. Dieser Viertelkreis wird bei der auszuführenden Abbildung in die t-Ebene in einen einzigen Punkt übergeführt.

In großer Entfernung von der Kante kann man sofort den Feldverlauf qualitativ voraussagen. Im zweiten Quadranten werden es Viertelkreise sein, während zwischen den parallelen Flächen sich in einiger Entfernung von der Kante ein praktisch homogenes Feld ausbildet.

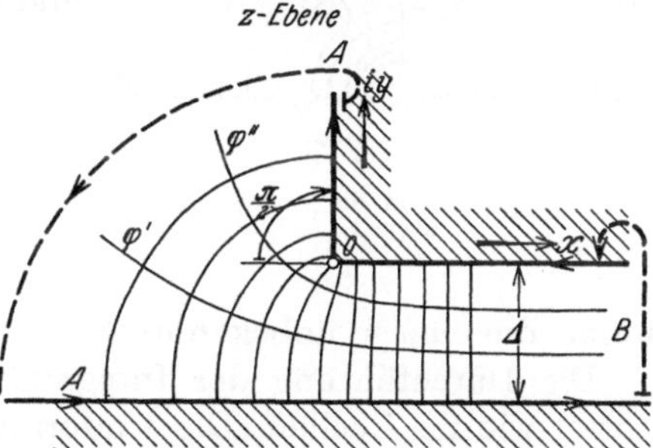

Abb. 69. Schema für die Abbildungsaufgabe des magnetischen Feldes einer Dynamomaschine.

Um auch den Feldverlauf in der Nähe der Kante zu bestimmen, bilden wir die Abbildungsfunktion der z-Ebene auf die t-Ebene. Es ist dabei zweckmäßig, in einer Tabelle die für diese Abbildung erforderlichen Größen zusammenzustellen:

	A	B	O
Abzubildender Punkt z_λ			
Bildpunkt . . . . . t_λ	$\pm\infty$	0	$+1$
Außenwinkel . . . . $\alpha_\lambda \pi$	$+\dfrac{3}{2}\pi$	$+\pi$	$-\dfrac{\pi}{2}$
Exponent . . . . . α_λ	$+\dfrac{3}{2}$	$+1$	$-\dfrac{1}{2}$

Mit diesen Werten ist nun

$$\frac{dz}{dt} = \frac{C}{(t-0)^{+1}(t-1)^{-\frac{1}{2}}} = C\,\frac{\sqrt{t-1}}{t}. \qquad (14)$$

Von den beiden möglichen Werten der Wurzel wählen wir denjenigen aus, der für $t \to \infty$ in $\sqrt{|t|} \cdot e^{\frac{i}{2}\arg t}$ übergeht.

Der Punkt A kommt als unendlich ferner Punkt in der t-Ebene nicht in die Abbildungsfunktion, deshalb sind die Werte für A eingeklammert. Die Verlegung des Punktes B in den Ursprung der t-Ebene hat den Vorteil, daß die beiden Teile der Bereichgrenzen, welche konstantes Potential führen, in die linke und rechte reelle Halbachse der t-Ebene übergehen. Das Feldbild wird dann sehr einfach. Da drei Punkte willkürlich wählbar sind, legen wir zweckmäßig O in einen bequemen Punkt, etwa $t_0 = +1$.

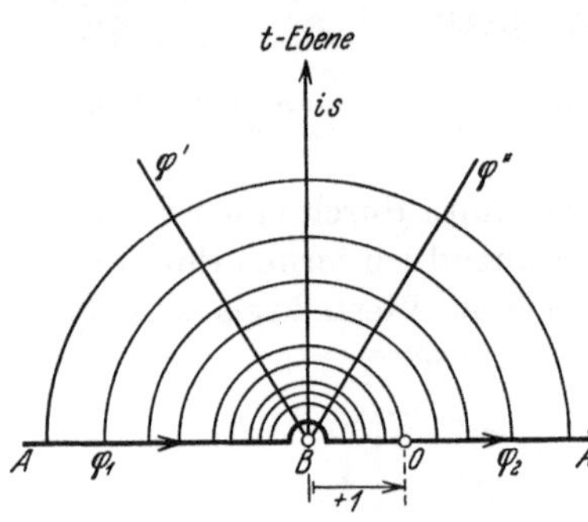

Abb. 70. Feldbild in der oberen Halbebene t.

Da zwei parallele Gerade auftreten, wollen wir sofort die Beziehung (13) auswerten. Der Eckpunkt B entspricht $t = 0$, daher wird nach (14) durch Vergleich mit (11)

$$K = C \sqrt{-1} = i\,C \qquad (15)$$

und nach (13), weil die Strecke im Abstand $\varDelta$ parallel zur pos. Imaginärachse liegt, also $b = i\varDelta$ ist,

$$K = i\,C = \frac{i\varDelta}{-i\,\pi}, \qquad (16)$$

$$C = \frac{i\varDelta}{\pi}, \qquad (17)$$

womit die einzige unbekannte Konstante von (14) ermittelt ist.

Die Durchführung der Integration erfordert keine anderen Hilfsmittel wie im Reellen. Die Umformung des Integrales

$$\int \frac{\sqrt{t-1}}{t}\,dt \equiv \int \frac{t-1}{t\,\sqrt{t-1}}\,dt \equiv \int \frac{dt}{\sqrt{t-1}} - \int \frac{dt}{t\,\sqrt{t-1}} \qquad (18)$$

führt für das erste Glied auf $2\,\sqrt{t-1}$ und für das zweite Glied mit der Abkürzung $(t-1) = t'^2$ auf $2\,\mathrm{arc\,tg}\,t'$; somit ergibt sich

$$z = \frac{2\varDelta i}{\pi}\left[\sqrt{t-1} - \mathrm{arc\,tg}\,\sqrt{t-1}\right] + C_1. \qquad (19)$$

C_1 bestimmt sich durch die Zuordnung des Punktes O in Abb. 70. Für $t = +1$ muß $z = +0$ folgen. Da für $t = 1$ der Klammerausdruck Null wird, bleibt

$$C_1 = 0$$

und daher

$$z = \frac{2\,\varDelta i}{\pi}\left[\sqrt{t-1} - \mathrm{arc\,tg}\,\sqrt{t-1}\right]. \qquad (20)$$

Es empfiehlt sich mit Rücksicht auf die Vieldeutigkeit der auftretenden Funktionen das Ergebnis zu verifizieren. Ist $t < 0$ und reell, so ist erst recht $(t-1) < 0$ und es folgt

$$\sqrt{t-1} = i\,\sqrt{|t|+1} = i\,m; \qquad m > 1,\ \text{reell positiv}, \qquad (21)$$

so daß

$$\operatorname{arc\,tg}\sqrt{t-1} = \operatorname{arc\,tg} i\,m = \frac{i}{2}\ln\frac{1+m}{1-m} = +\frac{\pi}{2} - \frac{i}{2}\ln\frac{m-1}{m+1} \quad (22)$$

ist.

Somit wird wirklich

$$z = \frac{2\,\varDelta i}{\pi}\left[i\left(m - \frac{1}{2}\ln\frac{m+1}{m-1}\right) - \frac{\pi}{2}\right] \quad (23)$$

eine im Abstand $-\varDelta$ parallel zur Realachse verlaufende Gerade und außerdem ist

$$\text{für } |t| = \infty \quad m = \infty \text{ und folglich } z = -\infty - i\,\varDelta,$$
$$\text{und für } |t| = 0 \quad m = 1 \quad ,, \qquad ,, \qquad z = +\infty - i\,\varDelta.$$

Es wird also das Bild der Ankeroberfläche aus der z-Ebene auf die negative reelle Halbachse der t-Ebene abgebildet. Weiter ist für Werte von t, für die $0 < t < 1$ ist, die Strecke BO in Abb. 70:

$$\sqrt{t-1} = i\sqrt{1-t} = i\,n; \qquad n < 1, \text{ reell positiv}, \quad (24)$$

also

$$\operatorname{arc\,tg}\sqrt{t-1} = \operatorname{arc\,tg} i\,n = \frac{i}{2}\ln\frac{1+n}{1-n}, \quad (25)$$

daher wird nach (20)

$$z = \frac{2\,\varDelta i}{\pi}\cdot i\cdot\left[n - \frac{1}{2}\ln\frac{1+n}{1-n}\right] = -\frac{2\,\varDelta}{\pi}\left[n - \frac{1}{2}\ln\frac{1+n}{1-n}\right]. \quad (26)$$

Dies ist aber die Gleichung des Stückes OB der x-Achse.

Der Punkt B muß sich für $t = 0$ ergeben. Es ist für

$$|t| = 0 \quad n = 1, \qquad \text{also } z = +\infty. \quad (27)$$

Und für die Ecke O finden wir:

$$|t| = 1 \qquad n = 0 \qquad z = 0. \quad (28)$$

Endlich gilt für reelles $t > 1$ die Form (20), wobei die Funktionen ihre reelle Bedeutung haben. Man überzeugt sich, daß z rein imaginär und größer als Null wird.

Nun muß sich die Abbildung der χ-Ebene (des homogenen Feldes) auf die obere t-Ebene anschließen. Die Zusammenstellung der für die Abbildung der χ-Ebene auf die t-Ebene benötigten Werte gibt die folgende Tabelle:

		A	B	O
Abzubildender Punkt .	χ_ν			
Bildpunkt	t_ν	$\pm\infty$	0	$+1$
Außenwinkel	$\alpha_\nu\,\pi$	$+\pi$	$+\pi$	0
Exponent	α_ν	$+1$	$+1$	0

Daher reduziert sich die Abbildungsfunktion auf

$$\frac{d\chi}{dt} = \frac{C'}{(t-0)^1} = \frac{C'}{t}. \quad (29)$$

Der Abstand der beiden vertikalen parallelen Geraden der χ-Ebene ist $+(\varphi_2 - \varphi_1)$, daher gilt für $t = 0$ nach (13) und (29)

$$K = C' = i\frac{\varphi_2 - \varphi_1}{\pi} = \frac{i\varphi_0}{\pi}, \tag{30}$$

wobei $\varphi_0 = \varphi_2 - \varphi_1$ gesetzt ist.

Die Integration ist leicht auszuführen und ergibt mit Berücksichtigung von (30)

$$\chi = i\frac{\varphi_0}{\pi}\ln t + C_1'. \tag{31}$$

Die Konstante C_1' wird wieder durch die Wahl des Punktes O gewonnen, für $t = +1$ soll $\chi = \varphi_2$ werden, daher ist

$$\chi(1) = C_1' = \varphi_2,$$

und somit

$$\chi = i\frac{\varphi_0}{\pi}\ln t + \varphi_2. \tag{32}$$

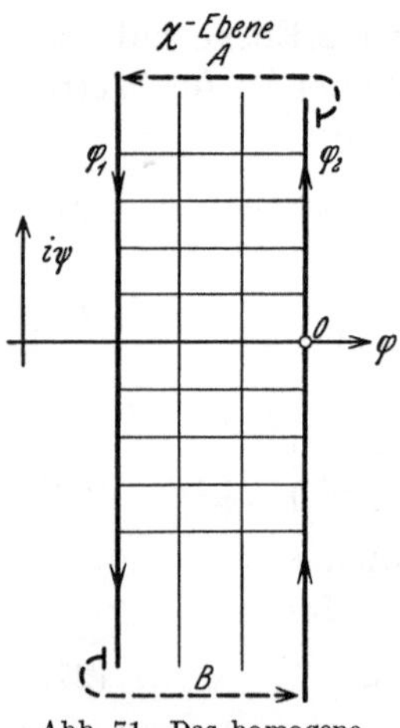

Abb. 71. Das homogene Bezugsfeld.

Auch hier läßt sich dieselbe Probe anstellen wie für die Abbildung der t-Ebene, doch soll die Ausrechnung unterbleiben. Vergleichen wir diese Form mit (11), so finden wir prinzipiell den gleichen Bau, nur zeigt (32) etwas andere Konstanten. Es werden daher die Kraftlinien in der t-Ebene Kreise um den Ursprung sein und die Potentiallinien Radialstrahlen vom Ursprung weg. Dieses symmetrische, einfache Bild ist die Folge der speziellen Wahl von B im Ursprung der t-Ebene, die wir bereits bei der Abbildung der z-Ebene erwähnten.

Die Abbildung der χ-Ebene auf die t-Ebene tritt bei allen Potentialaufgaben ähnlicher Art auf, sie kann deshalb in der allgemeinen Form (29) stets übernommen werden.

Zweck der bisherigen Rechnung war, das Feldbild in der ursprünglich gegebenen Ebene, der z-Ebene durch Abbildung des homogenen Feldbildes der χ-Ebene zu erhalten. Wir müssen also das Orthogonalnetz der χ-Ebene zurückübertragen. Aus (32) ergibt sich mit einfacher Rechnung zunächst die Hilfsvariable t als Funktion des komplexen Potentials χ:

$$t = e^{i\pi\frac{\varphi_2 - \chi}{\varphi_0}}, \tag{33}$$

oder bei Trennung von Real- und Imaginärteil:

$$t = r + is = e^{i\pi\frac{\varphi_2 - \varphi}{\varphi_0}} \cdot e^{\pi\frac{\psi}{\varphi_0}} = e^{\pi\frac{\psi}{\varphi_0}}\left\{\cos\pi\frac{\varphi_2 - \varphi}{\varphi_0} + i\sin\pi\frac{\varphi_2 - \varphi}{\varphi_0}\right\}. \tag{34}$$

Damit kann man jeden Punkt der χ-Ebene bzw. jede Punktreihe auf die t-Ebene übertragen. Die weitere Zuordnung der z-Punkte ergibt (20), wobei sich nur umständliche numerische Rechnungen einstellen, wenn z irgendwelche komplexe Werte annimmt.

Der zweite Teil der Aufgabe, in jedem Punkt der z-Ebene die Feldstärke anzugeben, ist nun ebenfalls mit Hilfe von (20) leicht möglich. Es ergibt sich der Feldvektor $\mathfrak{v}$ als negative, konjugiert komplexe Größe zu dem Differentialquotienten des komplexen Potentials

$$\mathfrak{v} = -\left(\frac{d\chi}{dz}\right)^* = -\left[\left(\frac{d\chi}{dt}\right)\cdot\left(\frac{dt}{dz}\right)\right]^*;$$

wobei durch den Stern die zu $\left(\dfrac{d\chi}{dt}\right)$ konjugiert komplexe Größe angedeutet sei.

Als Funktion von t im vorliegenden Falle mit

$$\frac{d\chi}{dt} = \frac{i\,\varphi_0}{\pi t}; \qquad \frac{dt}{dz} = \frac{t}{\sqrt{t-1}}\,\frac{\pi}{i\,\varDelta} \tag{35}$$

wird:

$$\mathfrak{v} = -\left(\frac{\varphi_0}{\varDelta}\,\frac{1}{\sqrt{t-1}}\right)^*. \tag{36}$$

Setzt man

$$\mathfrak{v}_\infty = \frac{\varphi_0}{i\,\varDelta} = \left(\frac{\varphi_0}{-i\,\varDelta}\right)^* \tag{37}$$

als den homogenen Feldvektor zwischen zwei parallelen horizontalen Ebenen, welche bei der Potentialdifferenz φ_0 den Abstand $\varDelta$ besitzen, so wird weiter

$$\frac{\mathfrak{v}}{\mathfrak{v}_\infty} = \left(\frac{i}{\sqrt{t-1}}\right)^*. \tag{38}$$

Auch diese Form läßt sich leicht überprüfen. Setzen wir $\varphi_2 > \varphi_1$ voraus, so ist $\mathfrak{v}_\infty$ negativ imaginär. Wandert nun z wieder längs der Berandung des Gebietes, so folgt t der r-Achse, bleibt also reell. Benützen wir jeweils die oben bei Überprüfung der Abbildung der z-Ebene getroffenen Vereinfachungen, so wird für $t < 0$

$$\frac{\mathfrak{v}}{\mathfrak{v}_\infty} = \left[\frac{i}{i\,m}\right]^* = \frac{1}{m}. \tag{39}$$

$\mathfrak{v}$ ist demnach parallel der y-Achse von oben nach unten gerichtet, trifft also auf der Potentialfläche φ_1 senkrecht auf. Für $0 < t < 1$ folgt in ähnlicher Weise

$$\frac{\mathfrak{v}}{\mathfrak{v}_\infty} = \left[\frac{i}{i\,n}\right]^* = \frac{1}{n}. \tag{40}$$

Die Richtung des Feldvektors ist die gleiche, nur ist der Betrag auf $\overline{BO}$ wegen $n < 1$ stets größer als $\mathfrak{v}_\infty$, während er auf $\overline{AB}$ wegen $m > 1$ durchweg kleiner als $\mathfrak{v}_\infty$ war. Je näher t gegen O kommt, desto mehr rückt n gegen Null und damit wird der Betrag des Feldvektors immer größer, bis er an der Kante selbst über alle Grenzen wächst. Wir sehen also, daß eine Konzentration des Feldes an der Kante stattfindet. Wird endlich $t > 1$, so bleibt

$$\frac{\mathfrak{v}}{\mathfrak{v}_\infty} = \left[\frac{i}{\sqrt{t-1}}\right]^* = -\frac{i}{\sqrt{t-1}}. \qquad (41)$$

Der Betrag des Feldvektors nimmt wieder ab und erreicht schließlich für $t = \infty$ den Wert Null. Abb. 71 zeigt den Verlauf des Feldvektors längs der Begrenzungsfläche mit dem Potential $\varphi = \varphi_2$, wobei die Berandung BOA in eine Gerade zum Zwecke einer einfachen Übersicht ohne Maßstabsverzerrung abgewickelt wurde.

An der Kante selbst ist zu setzen $t = 1 + i\varepsilon$, wobei ε nach Null geht. Aus Gleichung (38) folgt dann:

$$\frac{\mathfrak{v}}{\mathfrak{v}_\infty} = \left[\frac{i}{\sqrt{i\,\varepsilon}}\right]^* = \left[\frac{1+i}{\sqrt{2\,\varepsilon}}\right]^* = \frac{1-i}{\sqrt{2\,\varepsilon}}. \qquad (42)$$

Es wird also $\mathfrak{v}$ in der Grenze $\varepsilon = 0$ und in der Richtung der Winkelhalbierenden zwischen den beiden Flächen der Ecke unendlich groß. Diese

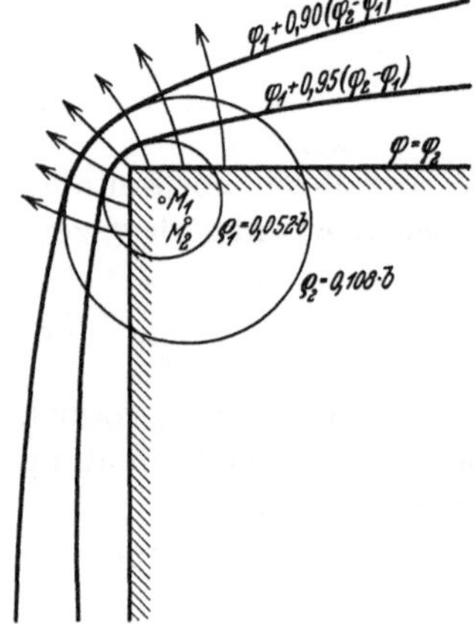

Abb. 72. Potential- und Kraftlinien in der Nähe der Kante.

Aussage bleibt an allen Kanten erhalten, welche stumpfe Innenwinkel aufweisen. An Kanten mit spitzem Innenwinkel ist, wie leicht einzusehen ist, der Betrag des Feldvektors stets Null, wobei aber die Richtungsabhängigkeit bestehen bleibt.

Praktisch ist eine solche unendlich scharfe Kante nie vorhanden, stets wird eine gewisse Abrundung, wenn auch mit sehr kleinem Radius, eintreten. Es ist daher von Interesse, den Einfluß sehr kleiner Abrundungen zu untersuchen. Die exakte Abbildung eines Bereiches mit kreisförmig abgerundeter Ecke ist zwar möglich, doch führt die Aufgabe auf eine nichtlineare Differentialgleichung zweiten Grades[1], deren geschlossene Lösung unmöglich und auch die Reihenentwicklung sehr zeitraubend ist. Ein einfaches Näherungsverfahren ergibt sich, indem man die Äquipotentiallinien $\varphi =$ konst in der nächsten Umgebung der Kante aufzeichnet und als neue Berandung auffaßt. Daß man damit brauchbare Ergebnisse erzielt, zeigt Abb. 72, in welcher zwei sehr benachbarte, nach den Übertragungsformeln gerechnete Potentiallinien zusammen mit den orthogonalen Feldlinien gezeichnet sind. In der Nähe der Kante kann man den kleinsten Krümmungsradius als Maß der Rundung ansehen. Rechnet man längs dieser Potentiallinien

---

[1] Die Grundlagen sind zu finden bei H. A. Schwarz: s. Fußnote S. 115.

den Feldvektor, so kann man ihn näherungsweise wieder in Abb. 73 eintragen und erkennt den starken Einfluß bereits geringer Abrundungen.

Rechnet man die Feldstärke längs der genannten Potentiallinie φ_2' in der Nähe der Kante, so erhält man im Vergleich mit dem wahren Feldvektor längs $\varphi = \varphi_2$ zu kleine Werte, weil das Potential φ_2' selbst kleiner als φ_2 ist. Es ist daher der Betrag des Feldvektors noch mit $\dfrac{\varphi_2 - \varphi_1}{\varphi_2' - \varphi_1}$ umzurechnen.

4. Übertragung des Feldes Kante gegen Ebene auf andere Aufgaben. Die vorstehend behandelte Aufgabe bezog sich auf die Feldverteilung in der Nähe der Polkante einer Dynamomaschine. Ganz ähnliche Feldformen treten auch in zahlreichen anderen Aufgaben der Elektrotechnik auf. Wir besprechen im folgenden einige elektrostatische Felder dieser Art. So wird z. B. das Feld zwischen der Hochspannungswicklung eines Transformators und dem geerdeten

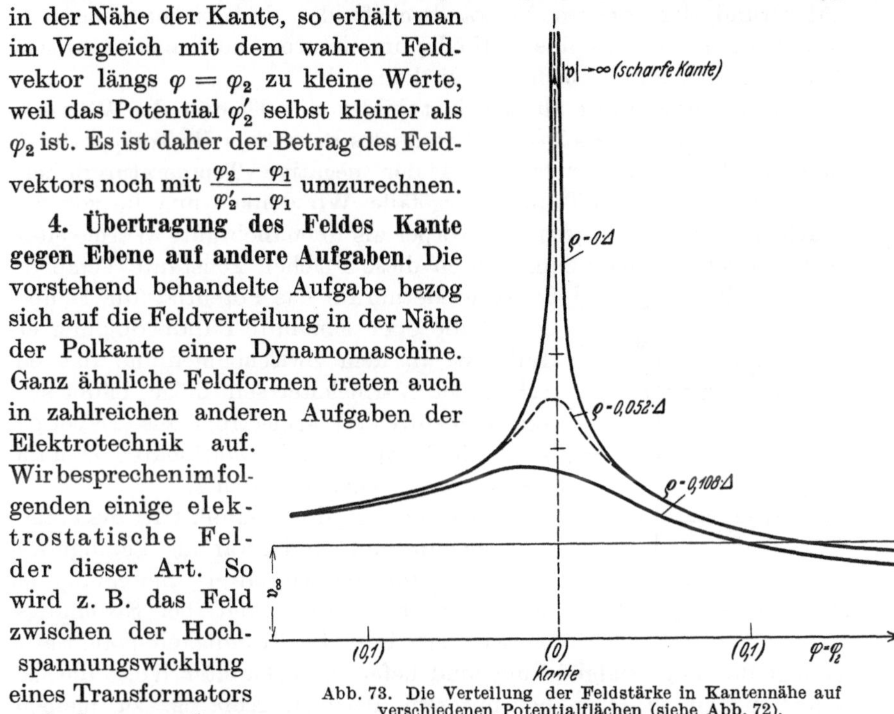

Abb. 73. Die Verteilung der Feldstärke in Kantennähe auf verschiedenen Potentialflächen (siehe Abb. 72).

Kern entsprechend Abb. 74 durch die gleichen Beziehungen beschrieben, wobei jetzt die Potentialdifferenz zwischen den beiden Konturen gleich der Spannung der Wicklung gegen Erde ist. An Stelle der magnetischen Feldstärke tritt hier die elektrische Feldstärke $\mathfrak{E} = - \operatorname{grad} \varphi$, die für die Beanspruchung des Isoliermaterials maßgebend ist. Weiter kann man sich die von den Flächen φ_1 und φ_2 begrenzten Körper als Elektroden in einem Elektrolyten vorstellen. Man erhält dann direkt die parallelebene elektrische Strömung im Elektrolyten. Hier sind φ_1 und φ_2 wieder die Potentiale, $\varphi_2 - \varphi_1 = \varphi_0$, die Spannung zwischen den beiden Elektroden und der

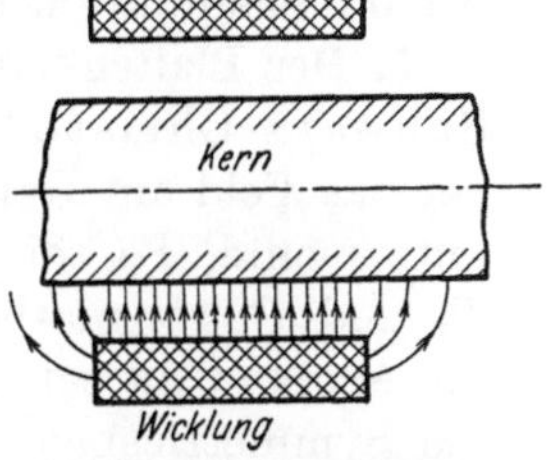

Abb. 74. Elektrisches Feld der Hochspannungswicklung eines Transformators.

Feldvektor wird identisch mit der elektrischen Feldstärke $\mathfrak{E}$ oder der dieser proportionalen elektrischen Stromdichte

$$i = \frac{\mathfrak{E}}{\varrho} . \tag{43}$$

In diesem Ohmschen Gesetz ist ϱ der spezifische Widerstand des Elektrolyten. Da man solche ebene Strömungen in einem Elektrolyten für beliebige Elektrodenformen sehr leicht herstellen kann, so liefert diese auf Grund der inneren Verwandtschaft der drei bisher genannten physikalischen Felder eine Methode, um elektro- und magnetostatische Felder experimentell ausmessen zu können[1].

Ein weiteres Anwendungsgebiet bildet die Theorie der Wärmeleitung. Es tritt dabei an die Stelle des Potentials die Temperatur T und an Stelle des Feldvektors der negative Temperaturgradient $(-\operatorname{grad} T)$, oder das Temperaturgefälle. Wir denken uns die von den Flächen φ_1 und φ_2 begrenzten Körper als unendlich gute Wärmeleiter. Nach dieser Voraussetzung führen diese Flächen konstante Temperaturen T_1 bzw. T_2, so daß also wiederum für das Potential (die Tempe-

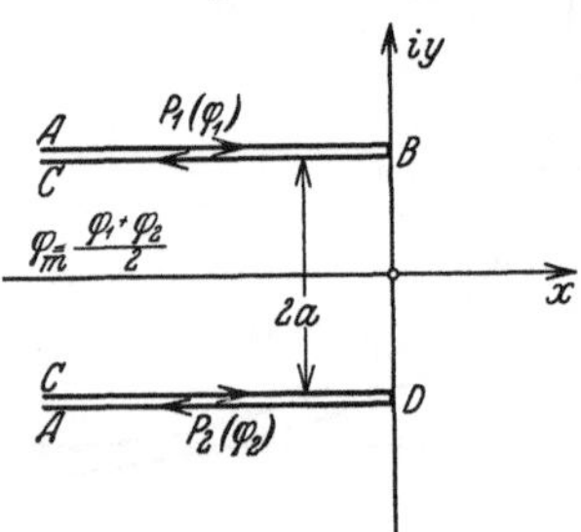

Abb. 75. Schema eines Plattenkondensators.

ratur) die oben genannte Randbedingung erfüllt ist. In dem Zwischenmedium, das ein schlechter Wärmeleiter sein möge, bildet sich ein quellenfreier Wärmestrom aus. Dabei genügt die Temperatur im stationären Zustand der Laplaceschen Gleichung.

Auch in der Hydrodynamik tritt die Potentialgleichung auf, und zwar als Bedingungsgleichung für die wirbelfreie Bewegung der inkompressiblen Flüssigkeit bei Strömungsvorgängen[2]. Das Geschwindigkeitspotential φ genügt der Potentialgleichung und liefert in bekannter Weise die Geschwindigkeit $\mathfrak{w}$. Um bei unserem Beispiel, Abb. 69, zu bleiben, würde hier die Flüssigkeit von der Fläche φ_1 nach der Fläche φ_2 einströmen; man kann aber auch die Strom- und Potentiallinien miteinander vertauschen und erhält dann dadurch wesentlich die gleiche Abbildungsfunktion der Potentialströmung um eine Kante.

5. Der Plattenkondensator. Die erste physikalische Anwendung des Schwarz-Christoffelschen Theorems verdanken wir G. Kirchhoff, der das Feld am Rande eines Plattenkondensators mit dieser Methode untersuchte. Es sei jede der beiden unendlich ausgedehnten Platten P_1 und P_2 als mathematische Doppelfläche (Abb. 75) gegeben, wobei ihr Abstand $2a$ sei. Sind die Potentiale der Platten φ_1 und φ_2, so ist die Symmetrieebene ebenfalls eine Potentialebene mit dem Potential $\varphi_m = \dfrac{\varphi_1 + \varphi_2}{2}$. Es genügt, die obere Hälfte für sich zu betrachten. Die Abbildung erfolgt nach Abb. 76 bis 78. Die Zuordnung der Punkte (da

---

[1] Labus, J.: Der Potential- und Feldverlauf längs einer Transformatorenwicklung. Arch. Elektrot. **21**, 250 (1928).

[2] Siehe den Beitrag von K. Pohlhausen.

sämtliche drei Punkte frei wählbar sind) liefert dann die Differentialgleichung der gesuchten Abbildungsfunktion der z-Ebene auf die t-Ebene

$$\frac{dz}{dt} = \frac{K}{(t+1)^{-1} \cdot (t+0)^{+1}} = K \frac{t+1}{t}. \tag{44}$$

Die Konstante K bestimmt sich nach (13), wenn $t = 0$ gesetzt wird
und man beachtet, daß der Abstand als vertikal nach abwärts gerichtete Größe auftritt zu $b \equiv -ia$

$$K = \frac{-ia}{-i\pi} = +\frac{a}{\pi}. \tag{45}$$

Ferner liefert die Integration mit Beachtung dieses Wertes

$$z = \frac{a}{\pi} [t + \ln t] + K_1. \tag{46}$$

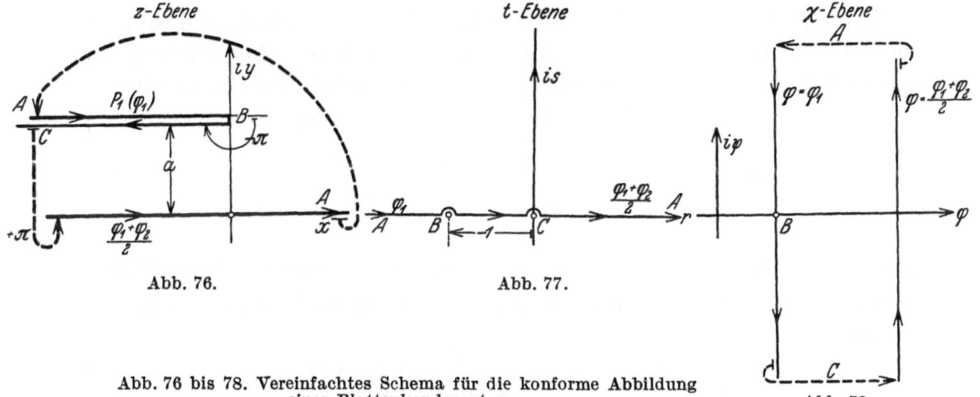

Abb. 76.

Abb. 77.

Abb. 76 bis 78. Vereinfachtes Schema für die konforme Abbildung
eines Plattenkondensators.

Abb. 78.

K_1 bestimmt sich aus der Lage von B, denn für $t = -1$ soll $z = +ia$
sein. Es ist also:

$$ia = \frac{a}{\pi} [-1 + i\pi] + K_1; \qquad K_1 = \frac{a}{\pi}. \tag{47}$$

Die weitere Abbildung der t-Ebene auf die χ-Ebene ist die gleiche wie
in Ziffer 3 behandelte, da wieder der Stoßpunkt der Potentiale in den
Ursprung der t-Ebene verlegt wurde. Es bleibt also Gleichung (31) be-
stehen, wobei φ_0 die Bedeutung $\varphi_m - \varphi_1 = \frac{\varphi_2 - \varphi_1}{2}$ hat. Daher ist

$$\chi = i \frac{\varphi_0}{\pi} \ln t + K_1'. \tag{48}$$

Dabei entspricht jetzt $t = -1$ dem Punkt $\chi = \varphi_1$, also

$$\chi(-1) = \varphi_1 = \frac{i\varphi_0}{\pi} \cdot i \cdot \pi + K_1'; \tag{49}$$

$$K_1' = \frac{\varphi_1 + \varphi_2}{2} = \varphi_m. \tag{50}$$

Die Feldstärke ergibt sich wie früher mit den obigen Größen zu

$$
\begin{aligned}
\mathfrak{E}_z &= \cdot \left(\frac{d\chi}{dz}\right)^* = -\left(\frac{d\chi}{dt}\cdot\frac{dt}{dz}\right)^* \\
&= -\left(\frac{i(\varphi_2-\varphi_1)}{2\pi}\cdot\frac{1}{t}\cdot\frac{t}{t+1}\cdot\frac{\pi}{a}\right)^* = \left(\frac{-i}{2a}\frac{\varphi_2-\varphi_1}{t+1}\right)^*.
\end{aligned}
\tag{51}
$$

Die Nachprüfung aller Ergebnisse an den Rändern des Abbildungsgebietes kann analog der Ziffer 3 durchgeführt werden. Es entspricht insbesondere der Kante der oberen Platte der Punkt $t=-1$, so daß wieder an der Kante rechnungsmäßig eine unendlich hohe Feldstärke entsteht (Randwirkung).

Das Feldbild des Plattenkondensators wurde erstmalig von Rogowski zur Konstruktion einer Meßfunkenstrecke herangezogen, bei der keine Felderhöhung durch Randwirkung auftritt.

Um den Verlauf der Feldstärke allgemein zu übersehen, drücken wir die Hilfsvariable t nach (48) mittels des komplexen Potentials χ aus und erhalten, wenn man zur Abkürzung die komplexe Potentialdifferenz gegen die Mittellinie einführt und $\overline{\chi}=\overline{\varphi}+i\,\overline{\psi}=\varphi_m-\chi$ setzt:

$$
|\mathfrak{E}| = \left|\frac{d\chi}{dz}\right| = \frac{1}{\left|\dfrac{dz}{d\chi}\right|} = \frac{\pi}{a}\cdot\frac{1}{\left|\dfrac{\pi}{i\,\varphi_0}\left\{e^{\pi i\frac{\overline{\chi}}{\varphi_0}}+1\right\}\right|},
\tag{52}
$$

oder wenn wir $|\mathfrak{E}_\infty|=\dfrac{\varphi_0}{a}$ als homogene Feldstärke im Unendlichen einführen und die Exponentialfunktion in Real- und Imaginärteil aufspalten:

$$
\left|\frac{\mathfrak{E}}{\mathfrak{E}_\infty}\right| = \frac{1}{\sqrt{1+e^{-2\pi\frac{\overline{\psi}}{\varphi_0}}+2e^{-\pi\frac{\overline{\psi}}{\varphi_0}}\cdot\cos\pi\frac{\overline{\varphi}}{\varphi_0}}}.
\tag{53}
$$

Wir gewinnen nun die örtliche Abhängigkeit der Feldstärke längs einer Äquipotentiallinie, indem wir $\overline{\varphi}=$ konst setzen für laufende Werte von $\overline{\psi}$. Besonders interessiert das Maximum der Feldstärke. Wir bilden hierzu

$$
\frac{\partial\left|\dfrac{\mathfrak{E}}{\mathfrak{E}_\infty}\right|}{\partial\left(\dfrac{\overline{\psi}}{\varphi_0}\right)} = \frac{-2\pi e^{-2\pi\frac{\overline{\psi}}{\varphi_0}}-2\pi e^{-\pi\frac{\overline{\psi}}{\varphi_0}}\cdot\cos\pi\dfrac{\overline{\varphi}}{\varphi_0}}{-2\left[1+e^{-2\pi\frac{\overline{\psi}}{\varphi_0}}+2e^{-\pi\frac{\overline{\psi}}{\varphi_0}}\cdot\cos\pi\dfrac{\overline{\varphi}}{\varphi_0}\right]^{3/2}} = 0.
\tag{54}
$$

Hieraus ergibt sich für den Ort der größten Feldstärke die Bestimmungsgleichung:

$$
e^{-\pi\frac{\overline{\psi}}{\varphi_0}} = -\cos\pi\frac{\overline{\varphi}}{\varphi_0}
\tag{55}
$$

oder

$$
\frac{\pi\,\overline{\psi}}{\varphi_0} = \ln\frac{1}{-\cos\pi\dfrac{\overline{\varphi}}{\varphi_0}}.
\tag{56}
$$

Es ergeben sich hieraus nur reelle Werte $\overline{\psi}$ für $\dfrac{\overline{\varphi}}{\varphi_0} > \dfrac{1}{2}$. An der Äquipotentiallinie:

$$\overline{\varphi} = \frac{\varphi_0}{2} \tag{57}$$

tritt also gerade kein Feldstärkenmaximum mehr auf, sondern die Feldstärke nimmt monoton von dem Wert $\mathfrak{E}_\infty$ auf Null ab. Die durch Gleichung (57) dargestellte Kontur ist in Abb. 79 wiedergegeben und wurde von Rogowski als Begrenzung seiner Funkenstrecke für Durchschlagsuntersuchungen gewählt.

6. Das magnetische Feld einer Nut. Für die Berechnung des Feldes in elektrischen Maschinen ist die Kenntnis des Luftspaltfeldes von großer Bedeutung. Hierbei

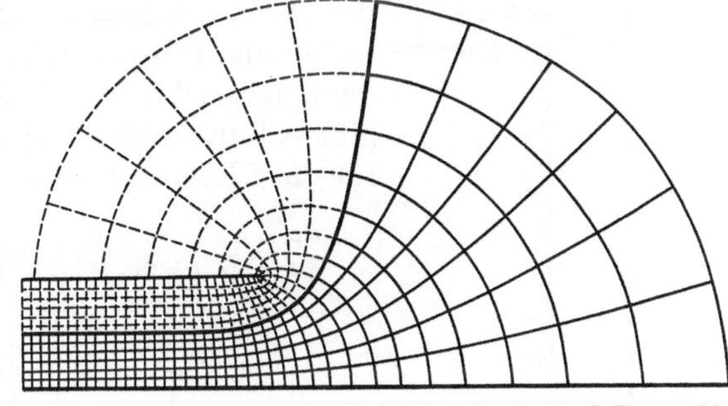

Abb. 79. Entwicklung der Meßfunkenstrecke nach Rogowski.

ist zu beachten, daß die Ständer- und Läuferoberflächen im allgemeinen zahlreiche Nutenöffnungen aufweisen, so daß der magnetische Widerstand zwischen Läufer und Ständer wesentlich größer ist als es dem Abstand der Oberflächen entspricht. Es ist notwendig, diesen erhöhten magnetischen Widerstand zu berücksichtigen; dies geschieht, indem man an Stelle des wahren Luftspaltes $\varDelta$ einen wirksamen Luftspalt $\varDelta_w > \varDelta$ einführt. Die Berechnung dieses wirksamen Luftspaltes wurde unter gewissen vereinfachten Annahmen von Carter auf eine Aufgabe der konformen Abbildung zurückgeführt. Um sich von den Schwierigkeiten der doppelten Nutung von Ständer und Läufer zu befreien, bezieht man sich zweckmäßig auf eine geeignet gelegte mittlere Potentialfläche, die in erster Näherung als Ebene angesehen werden kann (Abb. 80). Es ist dann die Nut, die eine Potentialfläche φ_0 gegenüber einer glatten Eisenfläche (als die oben genannte mittlere Potentialfläche φ_m) zu denken.

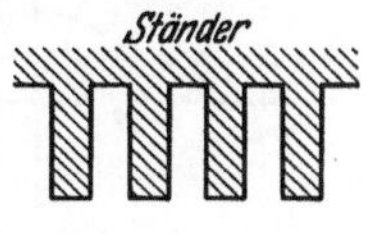
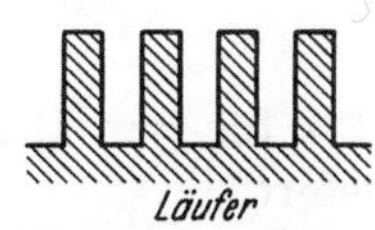

Abb. 80. Schematischer Querschnitt einer Dynamomaschine mit Nutung im Ständer und Läufer.

Weiterhin setzen wir die Nutenteilung und die Nutentiefe als unendlich groß voraus, so daß die vereinfachte Abb. 81 entsteht. Man erkennt, daß man hierdurch das Feld an der Grenze der Nut gegen den Luftspalt richtig wiedergeben kann. Wegen der Symmetrie zur Nutenmitte genügt es nur die rechte Seite zu betrachten. Dabei ist jetzt die eine Polygonseite $\overline{AB}$ selbst eine Kraftlinie, so daß es nicht möglich ist, in der t-Ebene das einfache polare Kraftlinienbild zu erreichen.

Dementsprechend bringt auch die weitere Abbildung auf die χ-Ebene nicht den ganzen unendlich großen Plattenkondensator, sondern nur den Halbkondensator, seinen in der oberen halben χ-Ebene liegenden Teil zur Abbildung, weil die Kraftlinienstrecke $\overline{AB}$ sich wieder als solche abbilden muß. Sonst ist die Abbildung vollkommen analog zu behandeln wie bisher; denn mathematisch spielt es keine Rolle, welche physikalische Bedeutung der Begrenzungslinie innewohnt, wenn nur die Abbildung selbst richtig gewählt ist. Mit Hilfe der eingezeichneten Pfeile und Winkelzeichen ergibt sich die Ableitung der Abbildungsfunktion für die z-Ebene aus dem Schwarzschen Ansatz

$$\frac{dz}{dt} = \frac{K}{(t+a)^{1/2} \cdot t^{1} \cdot (t-1)^{-1/2}} = \frac{K}{t}\sqrt{\frac{t-1}{t+a}}. \quad (58)$$

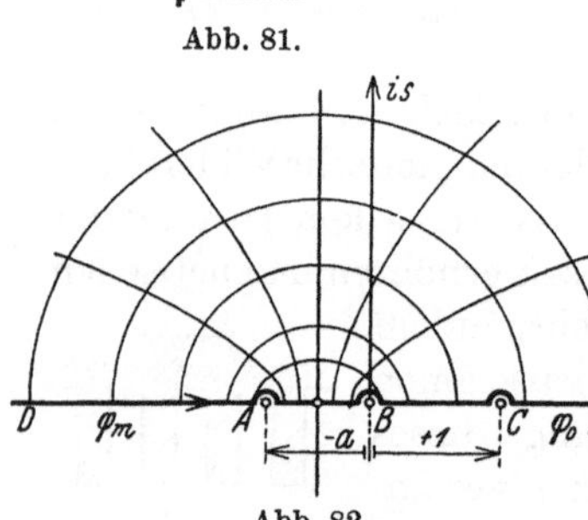

Abb. 81.

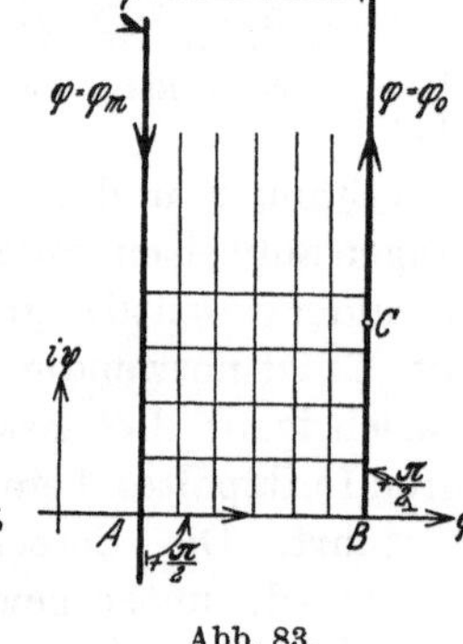

Abb. 82.　　　　　　　　　　Abb. 83.

Abb. 81 bis 83. Vereinfachtes Schema für die konforme Abbildung des magnetischen Feldes einer Nut.

Da hier 4 Eckpunkte bestehen, jedoch nur 3 wählbar sind, bleiben a und K als unbekannte Konstanten übrig. K bestimmt sich nach (13), weil der Eckpunkt D in der z-Ebene im Unendlichen liegt, während eine zweite Beziehung sich ebenfalls durch (13) für den Eckpunkt B ergibt und damit die zweite Konstante a liefert.

Für Eckpunkt D [1]:

$$K = -i\,\frac{i\varDelta}{\pi}. \quad (59)$$

Für Eckpunkt B:

$$\frac{iK}{\sqrt{a}} = \frac{ib}{\pi} \quad (60)$$

und aus diesen beiden Gleichungen folgen also

$$K = \frac{\varDelta}{\pi}; \qquad a = \left(\frac{\varDelta}{b}\right)^{2}. \quad (61)$$

---

[1] Da D in der t-Ebene unendlich ferner Punkt ist, muß (13) mit entgegengesetztem Vorzeichen verwendet werden, weil der Schließungshalbbogen bei der Integration im umgekehrten Sinne durchlaufen wird.

Die Ableitung der Abbildungsfunktion für die χ-Ebene ist

$$\frac{d\chi}{dt} = \frac{K'}{(t+a)^{1/2}\, t^{1/2}} = \frac{K'}{\sqrt{t\,(t+a)}}, \tag{62}$$

wobei für K' wieder nach (13) folgt

$$K' = -\, i\, \frac{-(\varphi_0 - \varphi_m)}{\pi} = i\, \frac{\varphi_0 - \varphi_m}{\pi}. \tag{63}$$

Damit ist die potentialtheoretische Aufgabe gelöst. Für die Anwendung interessiert vor allem der Verlauf der Induktion längs der Nutenwand. Da die Induktion dem Feldgradienten proportional ist, so erhalten wir unter Fortlassung unwesentlicher Konstanten:

$$\mathfrak{B}_t = -\left[\frac{i\, \dfrac{\varphi_0 - \varphi_m}{\pi} \cdot \dfrac{1}{\sqrt{(t+a)\,t}}}{\dfrac{\varDelta}{\pi t}\sqrt{\dfrac{t-1}{t+a}}}\right]^* = i\, \frac{\varphi_0 - \varphi_m}{\varDelta} \cdot \left[\sqrt{\frac{t}{t-1}}\right]^*. \tag{64}$$

Bequemer ist es unter Vermeidung der Integration den totalen Fluß aus der Stromfunktion abzuleiten. Die Durchführung dieser Rechnung bietet kein Interesse vom Standpunkt der Anwendung des Schwarzschen Satzes. Sie soll deshalb unterbleiben und es sei auf die Literatur verwiesen.

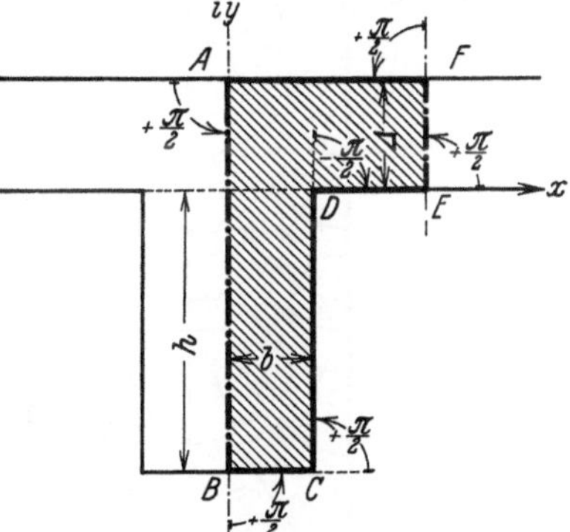

Abb. 84. Schema für die konforme Abbildung des magnetischen Feldes einer Nut mit endlicher Tiefe und Teilung.

Die Abbildung allgemeinerer Nutenformen wurde später von einigen anderen Autoren durchgeführt. Wir wollen hier kurz nur die Berücksichtigung der endlichen Nutentiefe und Teilung andeuten. Abb. 84 zeigt die Nut endlicher Tiefe und Teilung. Die Ableitung der Abbildungsfunktion für die z-Ebene wird nach den Bezeichnungen dieses Bildes

$$\frac{dz}{dt} = \frac{K}{(t+m)^{1/2}(t+n)^{1/2}\, t^{-1/2}(t-1)^{1/2}(t-p)^{1/2}} = K\cdot\sqrt{\frac{t}{(t+m)(t+n)(t-1)(t-p)}}, \tag{65}$$

sie selbst durch ein hyperelliptisches Integral dargestellt. Hierbei bedeuten m, n und p Konstante, die nach der Integration zu bestimmen sind. Daher kann man die so ergänzte Aufgabe nicht zahlenmäßig auswerten, so daß man auf die Vereinfachungen etwa der Carterschen Rechnung zurückkommt. Auch die weitere Abbildung auf die χ-Ebene ist schwieriger geworden. Da nunmehr wegen der Symmetrieeigenschaften zwei Kraftlinien als Begrenzungsteile des Gebietes hinzugenommen werden mußten, stellt die χ-Ebene ein endliches Stück aus einem unendlich ausgedehnten Plattenkondensator dar. Das Seitenverhältnis des Rechteckes ist durch die Konstanten der z-Ebene bereits mitbestimmt. Die Abbildungsfunktion ist ein elliptisches Integral, ihre Ableitung

$$\frac{d\chi}{dt} = \frac{K'}{(t+m)^{\frac{1}{2}}\,(t-1)^{\frac{1}{2}}\,(t-p)^{\frac{1}{2}}} = \frac{K'}{\sqrt{(t+m)\,(t-1)\,(t+p)}}. \tag{66}$$

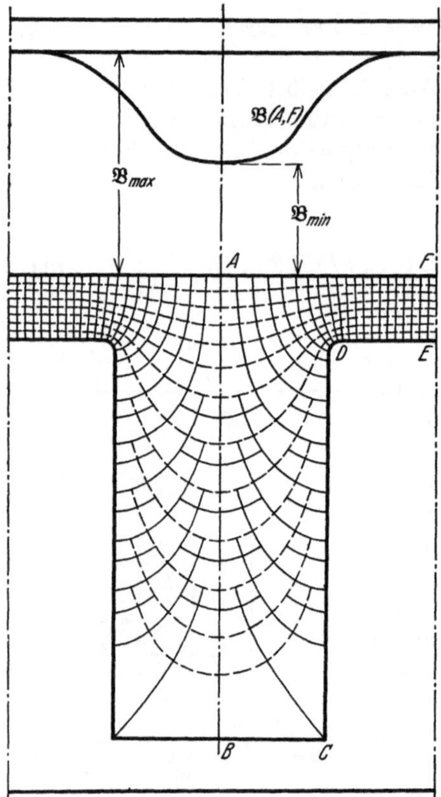

Abb. 85. Potential- und Induktionslinien des magnetischen Feldes einer Nut. Verteilung der magnetischen Induktion längs der glatten Gegenfläche und der Symmetrieebene.

Die Verteilung der magnetischen Induktion längs der glatten Gegenfläche und der Symmetrielinie der Nut zeigt Abb. 85. Dort sind auch die Potential- und Feldlinien eingetragen, wobei das Netz so gestaltet wurde, daß zwischen je zwei Feldlinien der gleiche magnetische Fluß hindurchtritt.

7. Literatur. Die behandelten Beispiele können nur als erster Hinweis auf die Anwendung des Schwarzschen Satzes gelten. Von den zahlreichen Arbeiten auf diesem Gebiet seien im folgenden ohne Anspruch auf Vollständigkeit einige Arbeiten genannt:

Andronescu, P.: Das parallel- und meridianebene Feld nebst Beispielen. Arch. Elektrot. 14, 379.

Bergmann, St.: Über die Berechnung des magnetischen Feldes in einem Transformator. Z. ang. Math. Mech. 5, 319 (1925).

Bergmann, St.: Über die Bestimmung der Verzweigungspunkte eines hyperelliptischen Integrales aus seinen Periodizitätsmoduln mit Anwendungen auf die Theorie des Transformators. Math. Z. 19, 8 (1923).

Carter, F. W.: Luftspaltinduktion. El. World Eng. 38, 884 (1901).

Dreyfus, L.: Über die Anwendung der Theorie der konformen Abbildung zur Berechnung der Durchschlags- und Überschlagserscheinungen zwischen kantigen Konstruktionsteilen. Arch. Elektrot. 13, 123 (1924).

Frey, R.: Anwendung der konformen Abbildung im Elektromaschinenbau. Arbeiten aus dem El. Institut Karlsruhe Bd. 4. Berlin: Julius Springer 1925.

Gabor, D.: Berechnung der Kapazität von Sammelschienenanlagen. Arch. Elektrot. 14, 247.

Gans, R.: Der magnetische Widerstand eines gezahnten Ankers. Arch. Elektrot. 9, 231 (1920).

Grösser, W.: Einige elektrostatische Probleme aus der Hochspannungstechnik. Arch. Elektrot. **25**, 193 (1931).

Kirchhoff, G.: Berichte der Berliner Akademie. Ges. Abhdlgen. 1877, S. 101.

Kottler, F.: Elektrostatik der Leiter. Handb. Physik **12**, 349; herausgegeben von H. Geiger u. K. Scheel. Berlin: Julius Springer 1927.

Labus, J.: Berechnung des elektrischen Feldes von Hochspannungstransformatoren mit Hilfe der konformen Abbildung, wenn mehrere Wicklungen verschiedenen Potentials vorhanden sind. Arch. Elektrot. **19**, 82 (1927).

Peters, W.: Temperaturgefälle in den Nuten elektrischer Maschinen bei Zweistabwicklungen. Wissenschaftl. Veröff. aus d. Siemens-Konzern **4**, 197 (1925).

Rogowski, W.: Die elektrische Festigkeit am Rande eines Plattenkondensators. Arch. Elektrot. **12**, 1 (1923).

Roetering, F. M.: Theoretische und experimentelle Untersuchung des Nutenfeldes in der unbelasteten Dynamomaschine. Arch. Elektrot. **7**, 292 (1919).

Stein, G. u. E. Uhlmann: Feldverteilung und drehende Magnetisierung in Drehstromtransformatoren. Forschung u. Technik; herausgegeben von W. Petersen. Berlin: Julius Springer 1930.

Thomson, J. J.: Recent researches in electricity 1893.

Weber, E.: Die konforme Abbildung in der elektrischen Festigkeitslehre. Arch. Elektrot. **17**, 174 (1927).

Wittwer, W.: Über scharfe Kanten in der Hochspannungstechnik. Arch. Elektrot. **18**, 81 (1927).

D. Komplexe Behandlung elektrischer und thermischer Ausgleichsvorgänge.

Von **F. Ollendorff**, Berlin.

1. Stellung der Aufgabe. Die Behandlung von Ausgleichsvorgängen mittels der Methoden der Funktionentheorie knüpft an die Darstellung von Stößen durch komplexe Integrale an. Unter einem Stoß verstehen wir hierbei eine Kraft, welche auf das im Gleichgewicht befindliche System plötzlich einzuwirken beginnt. Das einfachste Schema einer solchen Kraft ist ein Stoß $f(t)$, welcher im Stoßmoment $t = 0$ unstetig auf seinen Endwert 1 springt und diesen dann unverändert beibehält (Abb. 86):

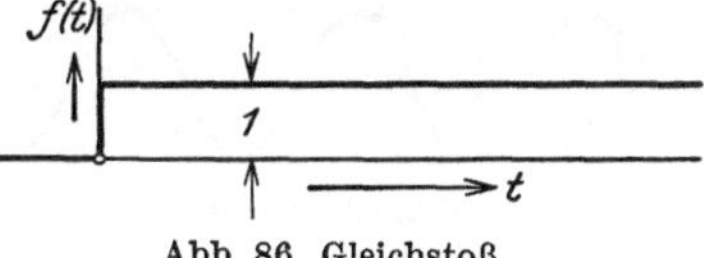

Abb. 86. Gleichstoß.

$$f(t) = 0 \quad \text{für} \quad t < 0 , \left.\begin{array}{c} \\ \end{array}\right\}$$
$$f(t) = 1 \quad \text{für} \quad t > 0 . \qquad (1)$$

Er wird durch das Hakenintegral dargestellt:

$$f(t) = \frac{1}{2\pi i} \cdot \int\limits_{-i\infty}^{+i\infty} \frac{e^{pt}\, dp}{p} . \qquad (2)$$

Man überzeugt sich hiervon leicht an Hand des Residuensatzes, wie im mathematischen Teil (S. 52ff.) gezeigt wurde.

Diese Darstellung läßt sich leicht auf andere wichtige Stoßarten verallgemeinern. Zunächst wollen wir einen Stoß vom Betrage 1 be-

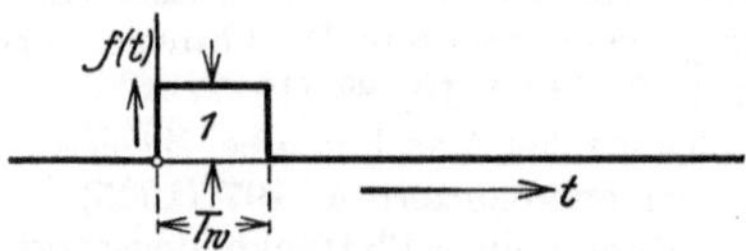

Abb. 87. Begrenzter Gleichstoß.

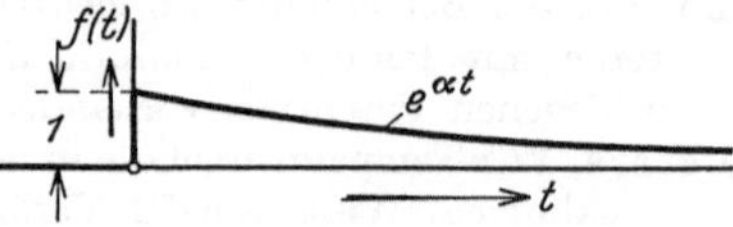

Abb. 88. Exponentialstoß ($\alpha < 0$).

trachten, welcher zur Zeit $t = 0$ plötzlich einsetzt und nach der Wirkungsdauer T_w plötzlich wieder verschwindet (Abb. 87).

$$\left. \begin{aligned} f(t) &= 0 \quad \text{für} \quad t < 0\,, \\ f(t) &= 1 \quad \text{für} \quad 0 < t < T_w\,, \\ f(t) &= 0 \quad \text{für} \quad t > T_w\,. \end{aligned} \right\} \tag{3}$$

Man kann ihn als Superposition zweier Stöße der Art (1) auffassen und demgemäß schreiben:

$$f(t) = \frac{1}{2\pi i} \int\limits_{-i\infty}^{+i\infty} \frac{e^{pt}\,dp}{p} - \frac{1}{2\pi i} \int\limits_{-i\infty}^{+i\infty} \frac{e^{p(t-T_w)}\,dp}{p}\,. \tag{4}$$

Endlich stellen wir einen Stoß dar, welcher zur Zeit $t = 0$ plötzlich einsetzt, um sodann einem Exponentialgesetz $e^{\alpha t}$ zu folgen (Abb. 88). Er ist durch das Hakenintegral gegeben:

Abb. 89. Schwingstoß.

$$f(t) = \frac{1}{2\pi i} \cdot \int\limits_{-i\infty}^{+i\infty} \frac{e^{pt}\,dp}{p - \alpha}\,. \tag{5}$$

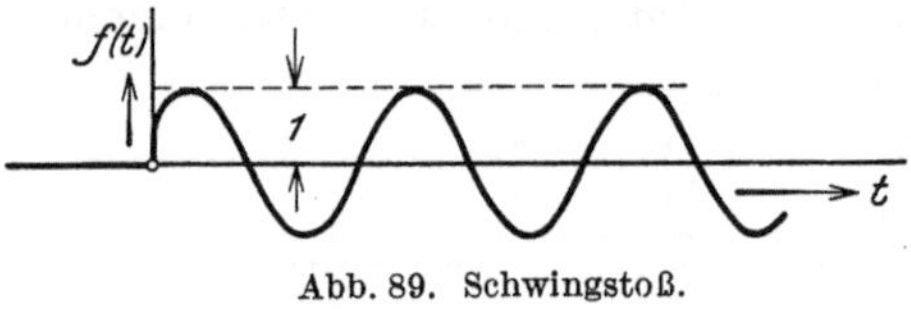

Hierbei muß der Realteil von α kleiner oder gleich Null vorausgesetzt werden. Dies kann ebenfalls leicht mittels des Residuensatzes verifiziert werden (S. 50ff.). Insbesondere wird ein unstetig beginnender Schwingstoß der Kreisfrequenz ω in folgender Form gefunden (Abb. 89):

$$f(t) = \frac{1}{2\pi i} \cdot \int\limits_{-i\infty}^{+i\infty} \frac{e^{pt} \cdot dp}{p - i\omega}\,, \tag{6}$$

wobei jetzt der Pol $p = i\omega$ durch einen kleinen Halbkreis in der positiven reellen p-Halbebene zu umfahren ist.

2. Physik der Ausgleichsvorgänge in Temperatur- und Wirbelstromfeldern. Aus dem großen Gebiet der Ausgleichsvorgänge sollen im folgenden einige Erscheinungen der Erwärmungsvorgänge und der Wirbelstromfelder in elektrischen Maschinen besprochen werden. Die raumzeitlichen Verknüpfungsgleichungen solcher Felder werden durch physikalische Überlegungen gewonnen.

Die Erwärmungstheorie geht von der Vorstellung eines im erwärmten Stoffe fließenden Wärmestromes $\mathfrak{w}$ aus, dessen Dichte an jeder Stelle der Wärmeleitfähigkeit λ des Stoffes und dem Gefälle der Temperatur ϑ proportional ist:

$$\mathfrak{w} = -\lambda \cdot \operatorname{grad} \vartheta. \tag{7}$$

Jede Stauung dieses Wärmeflusses gibt zu einer zeitlichen Temperaturerhöhung nach Maßgabe der spezifischen Wärme c des Stoffes Anlaß:

$$\operatorname{div} \mathfrak{w} = -c \cdot \frac{\partial \vartheta}{\partial t}, \tag{8}$$

so daß also, falls λ örtlich konstant ist, gilt:

$$\operatorname{div} \operatorname{grad} \vartheta = \frac{\partial^2 \vartheta}{\partial x^2} + \frac{\partial^2 \vartheta}{\partial y^2} + \frac{\partial^2 \vartheta}{\partial z^2} = \frac{1}{a^2} \cdot \frac{\partial \vartheta}{\partial t} \qquad a^2 = \frac{\lambda}{c}. \tag{9}$$

Zu dieser **Wärmeleitungsgleichung** bilden die Gleichungen des axialen elektrischen Wirbelfeldes $\mathfrak{E}$ in elektrischen Maschinen ein Analogon. Man hat nämlich aus dem Induktionsgesetz die Komponenten $\mathfrak{H}_x$ und $\mathfrak{H}_y$ des Magnetfeldes $\mathfrak{H}$ in einem Stoffe von der Permeabilität μ.

$$\frac{\partial \mathfrak{E}}{\partial x} = -\mu\,\Pi\,\frac{\partial \mathfrak{H}_y}{\partial t}, \qquad \frac{\partial \mathfrak{E}}{\partial y} = +\mu\,\Pi\,\frac{\partial \mathfrak{H}_x}{\partial t}, \qquad \Pi = 4\,\pi \cdot 10^{-9}. \tag{10}$$

Das Durchflutungsgesetz liefert die Stromdichte $\mathfrak{i}$ für die Leitfähigkeit $\varkappa$

$$\mathfrak{i} = \varkappa \cdot \mathfrak{E} = \frac{\partial \mathfrak{H}_x}{\partial y} - \frac{\partial \mathfrak{H}_y}{\partial x}, \tag{11}$$

also entsteht die Gleichung des Wirbelfeldes

$$\frac{\partial \mathfrak{E}}{\partial t} = \frac{1}{\varkappa\,\mu\,\Pi} \cdot \left(\frac{\partial^2 \mathfrak{E}}{\partial x^2} + \frac{\partial^2 \mathfrak{E}}{\partial y^2} \right) = a^2 \cdot \left(\frac{\partial^2 \mathfrak{E}}{\partial x^2} + \frac{\partial^2 \mathfrak{E}}{\partial y^2} \right); \qquad a^2 = \frac{1}{\varkappa\,\mu\,\Pi}. \tag{12}$$

3. Physikalische Bedeutung der komplexen Stoßdarstellung. Da die Grundgleichungen der Temperatur- und Wirbelstromfelder linear sind, können die Wirkungen einzelner äußerer Kräfte zum Gesamtfeld ungestört superponiert werden. Es liegt deshalb nahe, die komplexen Stoßintegrale physikalisch zu interpretieren durch den Begriff des **Schwingungspaketes.** Der Stoß ist als Überlagerung unendlich vieler Elementarkräfte zu deuten, welche beständig, also für alle Zeiten, mit der (komplexen) Kreisfrequenz p schwingen. Der Betrag des Integranden wird in dieser Auffassung das **Frequenzspektrum** des Stoßes genannt.

Durch. diese Deutung der komplexen Stoßintegrale wird formal die Untersuchung der Ausgleichsvorgänge auf die Kenntnis der erzwungenen Schwingungen mit der komplexen Kreisfrequenz p zurückgeführt, und der gesamte Ausgleichsvorgang wird durch Integration über unendlich viele Elementarschwingungen der komplexen Kreisfrequenz p gewonnen. Die partiellen Differentialgleichungen des Feldes vereinfachen sich dann zu

$$\Delta\vartheta = \frac{p}{a^2}\,\vartheta \tag{13}$$

und

$$\Delta\mathfrak{E} = \frac{p}{a^2}\,\mathfrak{E}\,. \tag{14}$$

wobei Δ den Differentialoperator

$$\frac{\partial^2}{\partial x^2} + \frac{\partial^2}{\partial y^2} + \frac{\partial^2}{\partial z^2}$$

bedeutet.

Die Integration und die funktionentheoretische Behandlung dieser Gleichungen soll an einigen Beispielen durchgeführt werden.

4. Maschinenmodell der Erwärmungstheorie. Um eine möglichst einfache Einsicht in das Wesen der Erwärmungsvorgänge elektrischer Maschinen zu erlangen, behandeln wir ein vereinfachtes Modell nach Abb. 90. Ständer und Läufer sollen durch den Luftspalt voneinander wärmeisoliert sein. Sehen wir der Einfachheit halber von der Krümmung des Ankerumfanges ab, so ist dann für die Erwärmungsrechnung Ständer oder Läufer der Maschine zu ersetzen durch ein Eisenpaket, welches an seiner Begrenzung die Wicklung trägt. Dort entsteht neben den Wicklungsverlusten der Hauptte l der Eisenverluste, so daß wir im

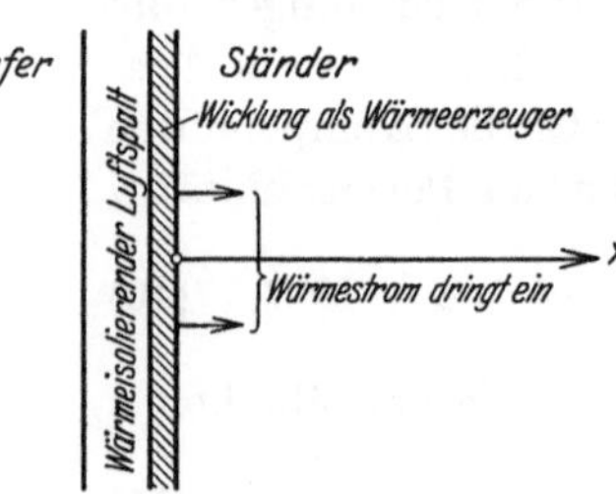

Abb. 90.
Einfachstes Maschinenmodell
des Erwärmungsvorganges.

großen und ganzen die Grenzfläche des Eisenpaketes als Sitz der Wärmequellen ansehen dürfen, wobei die Wärmebewegung im Eisen senkrecht zur Oberfläche gerichtet ist.

Es sei $\mathfrak{S}$ die Wärmeleistung je Flächeneinheit des Eisenpaketes. Zählen wir ins Innere des Eisens hinein von der Oberfläche aus die x-Koordinate, so lautet also die Wärmeleitungsgleichung für die komplexe Kreisfrequenz p

$$\frac{d^2\vartheta}{dx^2} = \frac{p}{a^2}\,\vartheta\,. \tag{15}$$

Wir wollen diese Gleichung unter verschiedenen Randbedingungen integrieren und durch Verknüpfung mit den komplexen Stoßintegralen die entstehenden Erwärmungsgesetze ableiten. Dabei zerlegen wir $\mathfrak{S}$

vermöge einer der früher genannten Stoßformeln in elementare Anteile $d\mathfrak{S}$, deren jeder die komplexe Frequenz p besitzt.

5. Die Erwärmungskurve bei reiner Leitungs-Wärmeabfuhr. Zuerst behandeln wir eine Maschine mit unendlich starkem Eisenpaket, bei welcher die Wärmeabfuhr lediglich durch das Eisen erfolgt. Die entsprechende Lösung von (15) lautet:

$$\vartheta = A \cdot e^{-\frac{\sqrt{p}}{a}x} \quad \text{mit} \quad \Re e\left(\sqrt{p}\right) > 0 \,. \tag{16}$$

Die Integrationskonstante A folgt aus der Grenzbedingung

$$\mathfrak{w}_0 = \left(-\lambda \frac{d\vartheta}{dx}\right)_{x=0} = A \cdot \lambda \frac{\sqrt{p}}{a} = d\mathfrak{S}; \quad A = \frac{d\mathfrak{S} \cdot a}{\sqrt{p} \cdot \lambda}\,. \tag{17}$$

Wird die Erwärmung durch eine zur Zeit $t = 0$ einsetzende, konstante Belastung $\mathfrak{S}$ hervorgerufen, so ist

$$\mathfrak{S}(t) = \frac{\mathfrak{S}}{2\pi i} \cdot \int_{-i\infty}^{+i\infty} \frac{e^{pt}\,dp}{p}\,. \tag{18}$$

Somit folgt für die Erwärmungskurve das komplexe Integral

$$\vartheta = \frac{a}{\lambda} \cdot \mathfrak{S} \cdot \frac{1}{2\pi i} \cdot \int_{-i\infty}^{+i\infty} \frac{e^{pt} \cdot e^{-\frac{\sqrt{p}\,x}{a}}\,dp}{p\sqrt{p}} = \frac{a}{\lambda} \cdot \mathfrak{S} \cdot g(t)\,, \tag{19}$$

wenn

$$g(t) = \frac{1}{2\pi i} \cdot \int_{-i\infty}^{+i\infty} \frac{e^{pt} \cdot e^{-\frac{\sqrt{p}\,x}{a}}\,dp}{p\sqrt{p}} \tag{19a}$$

gesetzt ist.

Um das Integral auszuwerten, bilden wir zuerst

$$g'(t) = \frac{1}{2\pi i} \int_{-i\infty}^{+i\infty} \frac{e^{pt} \cdot e^{-\frac{\sqrt{p}\,x}{a}}\,dp}{\sqrt{p}}\,. \tag{20}$$

Der Integrand von (20) ist eine **mehrdeutige Funktion**. Um den Cauchyschen Integralsatz zur Integralberechnung heranziehen zu können, müssen wir uns auf ein Blatt der Riemannschen Fläche beschränken. Hier ist dasjenige Blatt zu wählen, auf welchem der Realteil von $\sqrt{p}$ positiv ist, da andernfalls die Temperatur für $x \to \infty$ nicht verschwindet, vgl. (16). Die beiden Blätter unserer Riemannschen Fläche sind an dem „Verzweigungsschnitt" zusammengeheftet, an welchem $\Re(\sqrt{p})$ verschwindet, d. h. p negativ ist; somit ist als Verzweigungsschnitt die negative Realachse zu wählen (Abb. 91). Mit Einführung von Polarkoordinaten[1]

$$p = \varrho \cdot e^{i\vartheta} \qquad (21)$$

ist also am unteren Ufer des Verzweigungsschnittes

$$p = \sqrt{\varrho} \cdot e^{-i\frac{\pi}{2}} = -i\sqrt{\varrho} \qquad (22)$$

und am oberen Ufer

$$p = \sqrt{\varrho} \cdot e^{+i\frac{\pi}{2}} = +i\sqrt{\varrho}. \qquad (22\,\mathrm{a})$$

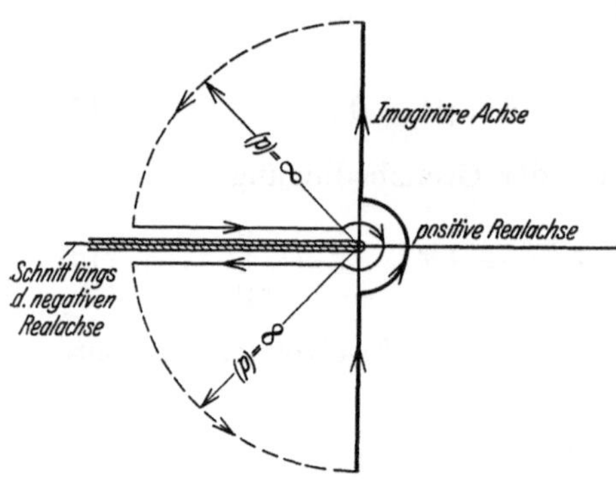

Abb. 91. Verlegung des ursprünglichen Integrationsweges auf den Verzweigungsschnitt der p-Ebene.

Wir wenden jetzt den Cauchyschen Integralsatz auf die geschlossene Kontur an, welche aus der Imaginärachse, dem Halbkreis in $\Re(p) < 0$ um den Nullpunkt und dem Verzweigungsschnitt besteht, wobei wir jetzt den Nullpunkt durch einen vollen Kreis $|p| = \varrho_0$ auszuschließen haben. Innerhalb des umfahrenen Gebietes ist der Integrand eindeutig und regulär. Daher ist, in leicht verständlicher Symbolik,

$$\frac{1}{2\pi i} \int \frac{e^{pt} \cdot e^{-\frac{\sqrt{p}}{a}x}\,dp}{\sqrt{p}} + \frac{1}{2\pi i} \int \frac{e^{pt} \cdot e^{-\frac{\sqrt{p}}{a}x}\,dp}{\sqrt{p}} = 0, \qquad (23)$$

weil die unendlich großen Viertelkreise in $\Re(p) < 0$ keinen Beitrag zum Integral liefern. Man kann nach Gleichung (23) das Integral von dem ursprünglichen Integrationsweg auf den Verzweigungsschnitt hinüberziehen und erhält

$$g'(t) = \frac{1}{2\pi i} \int \frac{e^{pt} \cdot e^{-\frac{\sqrt{p}}{a}x}\,dp}{\sqrt{p}}. \qquad (23\,\mathrm{a})$$

Entsprechend dem angedeuteten Integrationsweg zerfällt das Gesamtintegral in folgende drei Teilintegrale:

---

[1] Hier und im folgenden bedeutet ϑ vorübergehend den Arcus der komplexen Zahl p.

$$\left.\begin{aligned}
I_1 &= \int_{-\infty}^{-\varrho_0} \frac{e^{pt} \cdot e^{+i\sqrt{|p|}\,\frac{x}{a}}}{-i\sqrt{|p|}}\, dp = \int_{\varrho_0}^{\infty} \frac{e^{-pt} \cdot e^{i\sqrt{p}\,\frac{x}{a}}}{-i\sqrt{p}}\, dp, \\[2ex]
I_2 &= \int_{-\pi}^{+\pi} \frac{e^{\varrho_0 e^{i\vartheta} \cdot t} \cdot e^{-\frac{\sqrt{\varrho_0}}{a} \cdot e^{i\frac{\vartheta}{2}} \cdot x} \cdot \varrho_0 e^{i\vartheta}\, d\vartheta}{\sqrt{\varrho_0} \cdot e^{i\frac{\vartheta}{2}}}, \\[2ex]
I_3 &= \int_{-\varrho_0}^{-\infty} \frac{e^{pt} \cdot e^{-i\sqrt{|p|}\,\frac{x}{a}}\, dp}{i\sqrt{|p|}} = -\int_{\varrho_0}^{\infty} \frac{e^{-pt} \cdot e^{-i\sqrt{p}\,\frac{x}{a}}}{i\sqrt{p}}\, dp.
\end{aligned}\right\} \quad (24)$$

Im ersten Integral benutzt man die Identität

$$p\,t - i\sqrt{p}\,\frac{x}{a} \equiv \left(\sqrt{p\,t} - \frac{i}{2}\,\frac{x}{a\sqrt{t}}\right)^2 + \frac{x^2}{4\,a^2\,t}$$

und substituiert

$$\left(\sqrt{p\,t} - \frac{i}{2}\,\frac{x}{a\sqrt{t}}\right) = -\,u,$$

so daß

$$I_1 = \int_{\varrho_0}^{\infty} \frac{e^{-pt} \cdot e^{i\sqrt{p}\,\frac{x}{a}}\, dp}{-i\sqrt{p}} = -\,\frac{e^{-\frac{x^2}{4a^2t}} \cdot 2\,i}{\sqrt{t}} \cdot \int_{-\sqrt{\varrho_0 t}+\frac{i}{2}\frac{x}{a\sqrt{t}}}^{-\infty+\frac{i}{2}\frac{x}{a\sqrt{t}}} e^{-u^2}\, du. \qquad (24\,\text{a})$$

Im dritten Integral hat man wegen

$$p\,t + i\sqrt{p}\,\frac{x}{a} \equiv \left(\sqrt{p\,t} + \frac{i}{2}\,\frac{x}{a\sqrt{t}}\right)^2 + \frac{x^2}{4\,a^2\,t}$$

mit der Substitution

$$\left(\sqrt{p\,t} + \frac{i}{2}\,\frac{x}{a\sqrt{t}}\right) = +\,u$$

die Umformung

$$I_3 = -\int_{\varrho_0}^{\infty} \frac{e^{-pt} \cdot e^{-i\sqrt{p}\,\frac{x}{a}}\, dp}{i\sqrt{p}} = \frac{e^{-\frac{x^2}{4a^2t}} \cdot 2\,i}{\sqrt{t}} \cdot \int_{\sqrt{\varrho_0 t}+\frac{i}{2}\frac{x}{a\sqrt{t}}}^{\infty+\frac{i}{2}\frac{x}{a\sqrt{t}}} e^{-u^2}\, du. \qquad (24\,\text{b})$$

Das Integral I_2 verschwindet in der Grenze $\varrho_0 \to 0$, da es proportional ist mit $\sqrt{\varrho_0}$. Demnach ist

$$g'(t) = \frac{1}{2\pi i} \cdot \lim_{\varrho_0 \to 0} (I_1 + I_3) = \frac{1}{\pi} \cdot \int_{-\infty + \frac{i}{2}\frac{x}{a\sqrt{t}}}^{+\infty + \frac{i}{2}\frac{x}{a\sqrt{t}}} e^{-u^2}\,du \cdot \frac{e^{-\frac{x^2}{4a^2 t}}}{\sqrt{t}}\,. \qquad (25)$$

Dieses Integral kann nach dem Cauchyschen Integralsatz auf die reelle Achse hinübergezogen werden und ergibt dann den Wert $\sqrt{\pi}$ des Fehlerintegrales. Man hat also endgültig

$$g'(t) = \frac{1}{\sqrt{\pi t}} \cdot e^{-\frac{x^2}{4a^2 t}} \equiv \frac{1}{\sqrt{\pi\frac{4a^2 t}{x^2}}} \cdot e^{-\frac{x^2}{4a^2 t}} \cdot \frac{2a}{x} \qquad (25\,\mathrm{a})$$

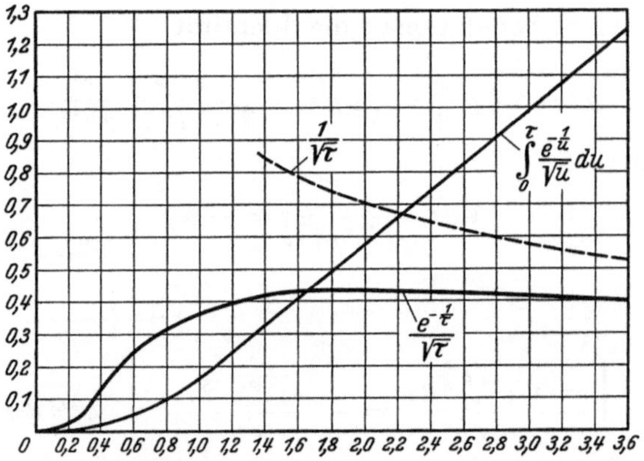

Abb. 92. Erwärmungskurve bei reiner Leitungs-Wärmeabfuhr.

und (vgl. Abb. 92) nach Gleichung (19) und (20) für die Temperatur:

$$\vartheta = \frac{a}{\lambda} \cdot \mathfrak{S} \cdot \int_0^t \frac{1}{\sqrt{\pi t}} \cdot e^{-\frac{x^2}{4a^2 t}}\,dt \equiv \frac{2a^2}{\lambda x} \cdot \mathfrak{S} \cdot \int_0^t \frac{1}{\sqrt{\pi\frac{4a^2 t}{x^2}}} \cdot e^{-\frac{x^2}{4a^2 t}}\,dt$$

$$= \frac{x}{2\lambda} \cdot \mathfrak{S} \int_0^\tau \frac{1}{\sqrt{\pi\tau}} \cdot e^{-\frac{1}{\tau}}\,d\tau, \qquad (25\,\mathrm{b})$$

dabei bedeutet $\tau = \dfrac{4a^2 t}{x^2}$ die numerische Ortszeit.

Am meisten interessiert die Wicklungstemperatur $(x = 0)$

$$\vartheta_0 = \frac{a}{\lambda} \cdot \mathfrak{S} \cdot \int_0^t \frac{dt}{\sqrt{\pi t}} = \frac{a}{\lambda} \cdot \mathfrak{S} \cdot \frac{2}{\sqrt{\pi}} \cdot \sqrt{t}\,. \qquad (26)$$

Die Wicklung erreicht also unter den angenommenen Kühlverhältnissen keinen stationären Zustand, sondern muß schließlich verbrennen.

Das gleiche gilt auch für das Eisen;
denn man liest aus (25b) und Abb. 92
leicht ab, daß die Temperatur schließlich mit der Wurzel aus t unbegrenzt
ansteigt.

6. Die Erwärmungskurve bei äußerer Kühlung. Der in der vorhergehenden Ziffer gefundene unbegrenzte Temperaturanstieg kann durch eine äußere
Kühlung beseitigt werden. Hierzu nehmen wir an, daß das Eisenpaket die
endliche Breite d besitze (Abb. 93); an

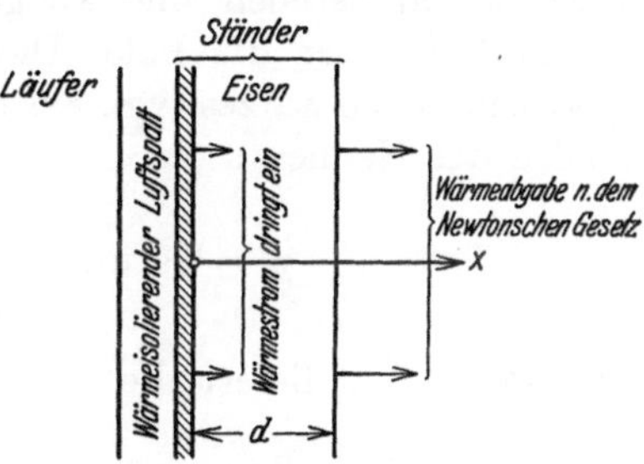

Abb. 93. Maschinenmodell mit äußerer
Kühlung.

der äußeren Grenzfläche soll eine Abkühlung nach dem Newtonschen
Abkühlungsgesetz erfolgen mit der äußeren Wärmeleitzahl h

$$- \lambda \left(\frac{d\vartheta}{dx}\right)_{x=d} = h \cdot \vartheta . \tag{27}$$

Man hat hier für den Temperaturverlauf mit der komplexen Kreisfrequenz p anzusetzen:

$$\vartheta = A \cdot e^{-\frac{\sqrt{p}}{a}x} + B\, e^{+\frac{\sqrt{p}}{a}x} \tag{28}$$

und erhält aus den Grenzbedingungen (17) und (27):

$$\left.\begin{aligned}
A &= \frac{d\,\mathfrak{S}\cdot a}{\sqrt{p}\cdot\lambda} \cdot \frac{1+\dfrac{h\,a}{\sqrt{p}\,\lambda}}{2\,\mathfrak{Sin}\,\dfrac{\sqrt{p}\,d}{a} + \dfrac{h\,a}{\sqrt{p}\,\lambda}\cdot 2\,\mathfrak{Cof}\,\dfrac{\sqrt{p}\,d}{a}} \cdot e^{\frac{\sqrt{p}\,d}{a}} , \\[4ex]
B &= \frac{d\,\mathfrak{S}\cdot a}{\sqrt{p}\cdot\lambda} \cdot \frac{1-\dfrac{h\,a}{\sqrt{p}\,\lambda}}{2\,\mathfrak{Sin}\,\dfrac{\sqrt{p}\,d}{a} + \dfrac{h\,a}{\sqrt{p}\,\lambda}\cdot 2\,\mathfrak{Cof}\,\dfrac{\sqrt{p}\,d}{a}} \cdot e^{-\frac{\sqrt{p}\,d}{a}} .
\end{aligned}\right\} \tag{29}$$

Für eine plötzlich einsetzende Belastung ergibt sich also die Erwärmungskurve aus dem komplexen Integral

$$\vartheta = \mathfrak{S}\,\frac{a}{\lambda}\cdot\frac{1}{2\pi i}\int_{-i\infty}^{+i\infty} \frac{e^{p t}\,dp}{p\sqrt{p}} \cdot \frac{\mathfrak{Cof}\,\dfrac{\sqrt{p}\,(d-x)}{a} + \dfrac{h\,a}{\sqrt{p}\,\lambda}\cdot\mathfrak{Sin}\,\dfrac{\sqrt{p}\,(d-x)}{a}}{\mathfrak{Sin}\,\dfrac{\sqrt{p}\,d}{a} + \dfrac{h\,a}{\sqrt{p}\,\lambda}\cdot\mathfrak{Cof}\,\dfrac{\sqrt{p}\,d}{a}} . \tag{30}$$

Obwohl der Integrand auch hier $\sqrt{p}$ aufweist, ist er doch ersichtlich eine **eindeutige Funktion** von p. Er ist daher auf der schlichten p-Ebene darzustellen, und wir gewinnen die Temperatur explizit durch Integration über die Pole. Dies ist im wesentlichen der Inhalt des Heavisideschen Satzes (vgl. Seite 61 ff.). Die Pole ergeben sich als Nullstellen des Nenners:

$$p = 0 \quad \text{und} \quad \frac{h\,a}{\sqrt{p}\,\lambda} + \mathfrak{Tg}\,\frac{\sqrt{p}\,\lambda}{a} = 0\,. \tag{31}$$

Der Pol $p = 0$ liefert die stationäre Temperatur:

$$\vartheta_\infty = \mathfrak{S}\,\frac{a}{\lambda} \cdot \frac{1 + \dfrac{h}{\lambda}\,(d - x)}{\dfrac{h\,a}{\lambda}} = \frac{\mathfrak{S}}{h}\left[1 + \frac{h}{\lambda}\,(d - x)\right], \tag{32}$$

wobei das erste Glied den Temperatursprung an der Grenze $x = d$, das zweite den Temperaturabfall im Eisen schildert.

Die weiteren Pole sind sämtlich negativ; man kann deshalb setzen: $\sqrt{p} = iq$ und erhält für q die reelle, transzendente Gleichung

$$\frac{h\,a}{q \cdot \lambda} \equiv \left(\frac{a}{q\,d}\right) \cdot \frac{h\,d}{\lambda} = \operatorname{tg}\frac{q\,d}{a} \tag{33}$$

oder mit $\dfrac{q\,d}{a} = v$

$$\frac{h\,d}{\lambda} \cdot \frac{1}{v} = \operatorname{tg} v; \quad \text{mit den Wurzeln:} \quad p_\nu = -\,q_\nu^2 = -\,\frac{a^2}{d^2}\,v^2. \tag{33a}$$

Aus Gleichung (30) folgt jetzt die Erwärmungskurve:

$$\frac{\vartheta}{\vartheta_\infty} = 1 + \frac{\dfrac{h\,a}{\lambda}}{1 + \dfrac{h}{\lambda}\,(d - x)} \times$$

$$\sum_\nu \frac{e^{-\frac{a^2}{d^2}\,\nu^2 t}}{p_\nu\,\sqrt{p_\nu}} \cdot \frac{\cos v\,\dfrac{d - x}{d} + \dfrac{h\,d}{\lambda\,v} \cdot \sin v\,\dfrac{d - x}{d}}{\dfrac{\partial}{\partial p}\left(\mathfrak{Sin}\,\dfrac{\sqrt{p}\,d}{a} + \dfrac{h\,a}{\sqrt{p}\,\lambda}\,\mathfrak{Cof}\,\dfrac{\sqrt{p}\,d}{a}\right)_{p = p_\nu}}. \tag{34}$$

Nun ist

$$\frac{\partial}{\partial p}\left(\mathfrak{Sin}\,\frac{\sqrt{p}\,d}{a} + \frac{h\,a}{\sqrt{p}\,\lambda}\cdot\mathfrak{Cof}\,\frac{\sqrt{p}\,d}{a}\right)$$

$$= \left(\frac{d}{a}\,\mathfrak{Cof}\,\frac{\sqrt{p}\,d}{a} - \frac{h\,a}{\sqrt{p}\,\lambda}\cdot\mathfrak{Cof}\,\frac{\sqrt{p}\,d}{a} + \frac{h\,d}{\sqrt{p}\,\lambda}\cdot\mathfrak{Sin}\,\frac{\sqrt{p}\,d}{a}\right)\cdot\frac{1}{2}\,\frac{1}{\sqrt{p}}\,,$$

also

$$p_\nu \sqrt{p_\nu} \cdot \frac{\partial}{\partial p}\left(\mathfrak{Sin}\,\frac{\sqrt{p}\,d}{a} + \frac{h\,a}{\sqrt{p}\,\lambda}\,\mathfrak{Coj}\,\frac{\sqrt{p}\,d}{a}\right)$$

$$= -\frac{a}{d}\cdot\frac{1}{2}\,\nu^2\cdot\left\{\left(1 - \frac{h\,a^2}{p_\nu\,d\,\lambda}\,\mathfrak{Coj}\,\frac{\sqrt{p_\nu}\,d}{a}\right) + \frac{h\,a}{\sqrt{p_\nu}\,\lambda}\cdot\mathfrak{Sin}\,\frac{\sqrt{p_\nu}\,d}{a}\right\},$$

$$= -\frac{a}{d}\cdot\frac{1}{2}\,\nu^2\cdot\left\{\left(1 + \frac{h\,d}{\nu^2\,\lambda}\right)\cdot\cos\nu + \frac{h\,d}{\lambda\,\nu}\cdot\sin\nu\right\}. \tag{34a}$$

Somit wird die Erwärmungskurve mit $\zeta = \dfrac{x}{a}$

$$\frac{\vartheta}{\vartheta_\infty} = 1 - \frac{h}{\lambda + h\,(1 + \zeta)}\cdot 2$$

$$\sum_\nu \frac{e^{-\frac{a^2}{d^2}\cdot\nu^2 t}}{\nu^2}\cdot\frac{\cos\nu\,(1 - \zeta) + \dfrac{h\,d}{\lambda\,\nu}\cdot\sin\nu\,(1 - \zeta)}{\left(1 + \dfrac{h\,d}{\lambda\,\nu^2}\right)\cos\nu + \dfrac{h\,d}{\lambda\,\nu}\sin\nu}. \tag{34b}$$

Diese Formel vereinfacht sich beträchtlich für den Grenzfall $h \to \infty$, welcher einer konstant gehaltenen Temperatur $\vartheta = 0$ des gekühlten Endes entspricht; denn dann wird $\nu = \dfrac{\pi}{2}, \dfrac{3\,\pi}{2}, \dfrac{5\,\pi}{2}, \ldots$, und also

$$\frac{\vartheta}{\vartheta_\infty} = 1 - \frac{8}{\pi^2}\cdot\frac{1}{1 - \zeta}\cdot\sum_{k=1,3,5\ldots} \frac{e^{-\frac{\pi^2}{4}k^2\frac{a^2}{d^2}t}}{k^2}\cdot\frac{\sin k\,\dfrac{\pi}{2}\,(1 - \zeta)}{\sin k\,\dfrac{\pi}{2}}. \tag{35}$$

Setzt man endlich $\dfrac{\pi^2}{4}\cdot\dfrac{a^2}{d^2}\,t = \dfrac{t}{T} = \tau$, wobei also $T = \dfrac{4}{\pi^2}\cdot\dfrac{d^2}{a^2}$ die Zeitkonstante des Vorganges ist, so kommt

$$\frac{\vartheta}{\vartheta_\infty} = 1 - \frac{8}{\pi^2}\cdot\frac{1}{1 - \zeta}\cdot\sum_{k=1,3,5\ldots} \frac{e^{-k^2\tau}}{k^2}\cdot\frac{\sin k\,\dfrac{\pi}{2}\,(1 - \zeta)}{\sin k\,\dfrac{\pi}{2}}. \tag{35a}$$

Die Erwärmungskurve der Wicklung entsteht mit $\zeta = 0$:

$$\frac{\vartheta}{\vartheta_\infty} = 1 - \frac{8}{\pi^2}\cdot\left[\frac{e^{-\tau}}{1} + \frac{e^{-9\tau}}{9} + \frac{e^{-25\tau}}{25} + \cdots\right], \tag{35b}$$

so daß anfangs die Temperatur rascher als exponentiell zunimmt. Dagegen ist nahe am gekühlten Ende, wo $(1 - \zeta)$ klein ist,

$$\frac{\vartheta}{\vartheta_\infty} = 1 - \frac{4}{\pi^2}\cdot\left[\frac{e^{-\tau}}{1} - \frac{e^{-9\tau}}{3} + \frac{e^{-25\tau}}{5} - + \cdots\right] = 1 - \frac{4}{\pi^2}\,\mathrm{arc\,tg}\,e^{-\tau}. \tag{35c}$$

Hier nimmt also die Temperatur anfangs langsamer als exponentiell zu (Abb. 94 und 95). Einen angenähert exponentiellen Temperaturverlauf findet man in der Entfernung ζ_0, in welcher das zweite Glied der Reihe (35a) verschwindet; dies tritt ein, falls $3\frac{\pi}{2}(1-\zeta)=\pi$, also $1-\zeta=\frac{2}{3}$ oder $\zeta=\frac{1}{3}$ wird.

7. Die Erwärmungskurve bei innerer Kühlung. Wir behandeln nunmehr die Erwärmung einer Maschine, die unmittelbar an der Wicklung durch einen Luftstrom gekühlt wird. Hierfür setzen wir wieder das Newtonsche Abkühlungsgesetz an. Das Eisenpaket soll dagegen als unendlich breit betrachtet werden, so daß es nur anfangs als Wärmespeicher wirkt. Die allgemeine Lösung ist wieder:

$$\vartheta = A \cdot e^{-\frac{\sqrt{p}\,x}{a}}.$$

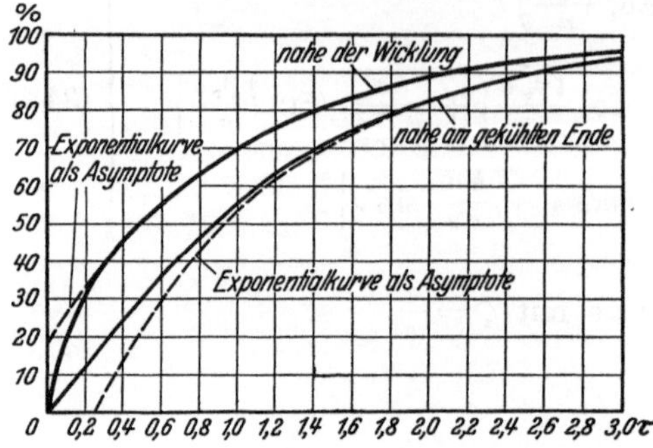

Abb. 94. Erwärmungskurven der Maschine mit Außenkühlung.

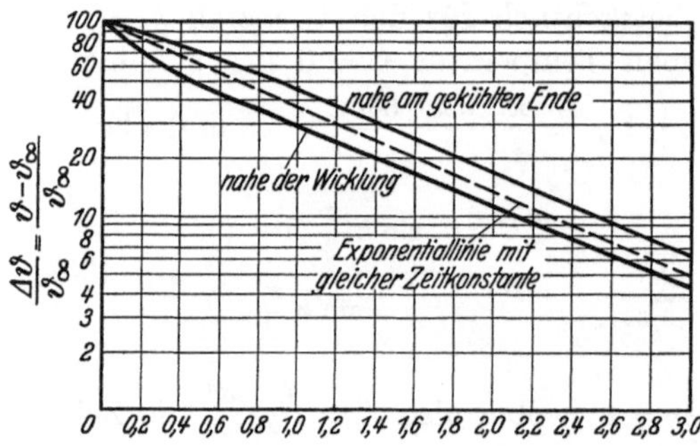

Abb. 95. Logarithmische Darstellung des Erwärmungsgesetzes bei Außenkühlung.

Die Grenzbedingungen lauten: Parallelschaltung des inneren Leitungs-Wärmestromes in das Eisen und des Wärmestromes in den Luftspalt, also:

$$\left.\begin{aligned}
d\,\mathfrak{S} &= \lambda\,\frac{\sqrt{p}}{a}\cdot A + h A = \lambda\left[\frac{\sqrt{p}}{a}+h'\right]A,\\
A &= d\,\mathfrak{S}\cdot\frac{a}{\lambda}\cdot\frac{1}{h'a+\sqrt{p}}\left(\text{mit } h'=\frac{h}{\lambda}\right).
\end{aligned}\right\} \tag{36}$$

Die Gleichung der Erwärmungskurve wird demnach in der Integralform gewonnen:

$$\vartheta = \mathfrak{S}\cdot\frac{a}{\lambda}\cdot\frac{1}{2\pi i}\int_{-i\infty}^{+i\infty}\frac{e^{pt}\cdot e^{-\frac{\sqrt{p}\,x}{a}}\,dp}{p\,(h'a+\sqrt{p})} \equiv \mathfrak{S}\cdot\frac{a}{\lambda}\cdot f(t). \tag{37}$$

Der Integrand zur Berechnung von $f(t)$ ist eine mehrdeutige Funktion. Wir machen sie eindeutig durch den schon früher benutzten Verzweigungsschnitt der p-Ebene längs der negativ reellen Achse und ziehen das Integral auf den Verzweigungsschnitt hinüber:

$$f(t) = \frac{1}{2\pi i} \cdot \int \frac{e^{pt} \cdot e^{-\frac{\sqrt{p}}{a}x}\, dp}{p\,(h'a + \sqrt{p})} = \frac{1}{2\pi i} \cdot I. \tag{37a}$$

Wiederum ist das Integral I in drei Teile I_1, I_2 und I_3 aufzuspalten:

$$I = I_1 + I_2 + I_3 = \int\limits_{-\infty}^{-\varrho_0} \frac{e^{pt} \cdot e^{i\frac{\sqrt{|p|}}{a}x}\, dp}{p\,(h'a - i\sqrt{|p|})}$$

$$+ \int\limits_{-\pi}^{+\pi} \frac{e^{\varrho_0 e^{i\vartheta} \cdot t} \cdot e^{-\sqrt{\varrho_0} \cdot e^{i\frac{\vartheta}{2}} \cdot \frac{x}{a}}\, d(\varrho_0 e^{i\vartheta})}{\varrho_0\, e^{i\vartheta} \cdot \left(h'a + \sqrt{\varrho_0} \cdot e^{i\frac{\vartheta}{2}}\right)} \tag{37b}$$

$$+ \int\limits_{-\varrho_0}^{\infty} \frac{e^{pt} \cdot e^{-i\frac{\sqrt{|p|}}{a}x}\, dp}{p\,(h'a + i\sqrt{|p|})}.$$

In I_1 setze man $p = -u$ und findet

$$I_1 = \int\limits_{\infty}^{\varrho_0} \frac{e^{-ut} \cdot e^{i\sqrt{u}\frac{x}{a}}}{u\,(h'a - i\sqrt{u})}\, du = -\int\limits_{\varrho_0}^{\infty} \frac{e^{-ut} \cdot e^{i\sqrt{u}\frac{x}{a}}}{u\,(h'a - i\sqrt{u})}\, du.$$

In der Grenze $p_0 \to 0$ und $t \to \infty$ liefert die Umgebung der Nullstelle den Hauptbeitrag zum Integral, da der Integrand unter dem Einfluß des Exponentialgliedes mit wachsendem u rasch sehr klein wird. Man kann deswegen den Nenner in eine nach Potenzen von $\sqrt{u}$ fortschreitende Reihe entwickeln und erhält nach diesem sogenannten „Sattelpunktsverfahren" die Darstellung:

$$I_1 = -\int\limits_{\varrho_0}^{\infty} \frac{e^{-ut} \cdot e^{i\sqrt{u}\frac{x}{a}}}{u \cdot h'a}\, du \left(1 + i\frac{\sqrt{u}}{h'a} + i^2 \left(\frac{\sqrt{u}}{h'a}\right)^2 + \cdots\right).$$

Auf dem gleichen Wege läßt sich I_3 durch die Reihe ausdrücken:

$$I_3 = \int\limits_{\varrho_0}^{\infty} \frac{e^{-ut} \cdot e^{i\sqrt{u}\frac{x}{a}}\, du}{u\,(h'a + i\sqrt{u})} = \int\limits_{\varrho_0}^{\infty} \frac{e^{-ut} \cdot e^{-i\sqrt{u}\frac{x}{a}}\, du}{u\,h'a} \left(1 - i\frac{\sqrt{u}}{h'a} + i^2\left(\frac{\sqrt{u}}{h'a}\right)^2 - \cdots\right).$$

Daher ist in abkürzender Schreibweise

$$I_1 + I_3 = -2i \int\limits_{\varrho_0}^{\infty} \frac{e^{-ut}\cdot \sin\frac{\sqrt{u}\,x}{a}\,du}{u\,h'a}\cdot\left(1 + \frac{\frac{d}{dt}}{(h'a)^2} + \frac{\frac{d^2}{dt^2}}{(h'a)^4} + \cdots\right)$$

$$-2i\int\limits_{\varrho_0}^{\infty} \frac{e^{-ut}\,du}{u\,h'a}\,\frac{\sqrt{u}}{h'a}\,\cos\frac{\sqrt{u}\,x}{a}\cdot\left(1 + \frac{\frac{d}{dt}}{(h'a)^2} + \frac{\frac{d^2}{dt^2}}{(h'a)^4} + \cdots\right).$$

Man betrachte nun das Integral

$$I = 2\int\limits_0^{\infty}\frac{e^{-ut}}{\sqrt{u}}\cdot\cos\frac{\sqrt{u}\,x}{a}\cdot du \equiv \int\limits_0^{\infty}\frac{e^{-ut}}{\sqrt{u}}\cdot e^{i\sqrt{u}\frac{x}{a}}\,du + \int\limits_0^{\infty}\frac{e^{-ut}}{\sqrt{u}}\cdot e^{-i\sqrt{u}\frac{x}{a}}\,du\,.$$

Substituiert man im ersten Integral $\left(\sqrt{u}\,t + \frac{i}{2}\,\frac{x}{a\sqrt{t}}\right) = v$, im zweiten $\left(\sqrt{u}\,t - \frac{i}{2}\,\frac{x}{a\sqrt{t}}\right) = -v$, so wird [vgl. auch Gleichung (23a) und (24)]:

$$I = \frac{e^{-\frac{a^2}{4x^2t}}}{\sqrt{t}}\cdot\left[2\int\limits_{\frac{i}{2}\frac{x}{a\sqrt{t}}}^{\infty}e^{-v^2}\,dv - 2\int\limits_{\frac{i}{2}\frac{x}{a\sqrt{t}}}^{-\infty}e^{-v^2}\,dv\right] = \frac{e^{-\frac{x^2}{4a^2t}}}{\sqrt{t}}\cdot 2\sqrt{\pi}\,.$$

Nun ist weiter

$$\frac{d}{d\left(\frac{x}{a}\right)}\left\{\int\limits_0^{\infty}\frac{e^{-ut}}{u}\sin\sqrt{u}\,\frac{x}{a}\cdot du\right\} = \frac{1}{2}\,I$$

und daher mit $v = \dfrac{\zeta}{2\sqrt{t}}$

$$\int\limits_0^{\infty}\frac{e^{-ut}}{u}\sin\sqrt{u}\,\frac{x}{a}\cdot du = \int\limits_0^{\infty}\frac{e^{-\frac{\zeta^2}{4t}}\sqrt{\pi}}{\sqrt{t}}\,d\zeta$$

$$= 2\sqrt{\pi}\int\limits_0^{\frac{x}{2a\sqrt{t}}}e^{-v^2}\,dv = \pi\cdot\varPhi\left(\frac{x}{a\sqrt{t}}\right),$$

wobei $\varPhi$ die Gaußsche Fehlerfunktion bedeutet[1].

Man erhält somit für $\varrho_0 \to 0$

$$I_1 + I_3 = \left(1 + \frac{\frac{d}{dt}}{(h'a)^2} + \frac{\frac{d^2}{dt^2}}{(h'a)^4} + \cdots\right)$$

$$\cdot\left[-\frac{2\pi i}{(h'a)^2}\cdot\frac{e^{-\frac{x^2}{4at}}}{\sqrt{\pi t}} - \frac{2\pi i}{h'a}\cdot\varPhi\left(\frac{x}{2a\sqrt{t}}\right)\right].$$

____

[1] Vgl. Jahnke-Emde: Funktionentafeln S. 31.

Das Integral I_2 kann für $\varrho_0 \to 0$ als Residuum berechnet werden:

$$\lim_{\varrho_0 \to 0} I_2 = \frac{2\pi i}{h' a}.$$

Es ist also insgesamt

$$f(t) = \frac{1}{h' a} - \left(1 + \frac{\frac{d}{dt}}{(h' a)^2} + \frac{\frac{d^2}{dt^2}}{(h' a)^4} + \cdots\right)\left[\frac{e^{-\frac{x^2}{4 a^2 t}}}{(h' a)^2 \cdot \sqrt{\pi \cdot t}} + \frac{\Phi\left(\frac{x}{2 a \sqrt{t}}\right)}{h' a}\right]. \quad (38)$$

Der erste Teil stellt die stationäre Temperatur ϑ_∞ dar; die Erwärmungskurve lautet also:

$$\frac{\vartheta}{\vartheta_\infty} = 1 - \left(1 + \frac{\frac{d}{dt}}{(h' a)^2} + \frac{\frac{d^2}{dt^2}}{(h' a)^4} + \cdots\right)\left[\frac{e^{-\frac{x^2}{4 a^2 t}}}{h' a \sqrt{\pi t}} + \Phi\left(\frac{x}{2 a \sqrt{t}}\right)\right]. \quad (38\,\text{a})$$

Während im ersten Beispiel die Integration längs eines Verzweigungsschnittes auszuführen war, im zweiten sich die Integration auf die Berechnung von Residuen beschränkte, haben wir hier beide typischen Integrationsverfahren benutzen müssen.

Die Reihe (38a) vereinfacht sich beträchtlich für $x = 0$, so daß wir für die Wicklungstemperatur finden (Abb. 96):

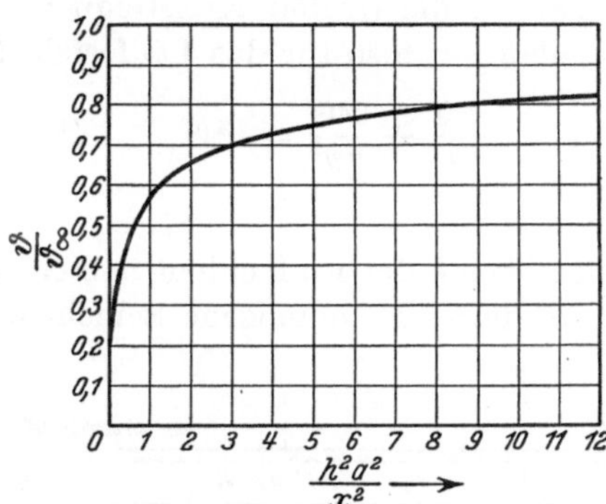

Abb. 96. Erwärmungskurve der Wicklung einer innengekühlten Maschine.

$$\frac{\vartheta}{\vartheta_\infty} = 1 - \left(1 + \frac{\frac{d}{dt}}{(h' a)^2} + \frac{\frac{d^2}{dt^2}}{(h' a)^4} + \cdots\right) \cdot \frac{1}{h' a \cdot \sqrt{\pi t}}$$

$$= 1 - \frac{1}{h' a \cdot \sqrt{\pi t}} \cdot \left(1 - \frac{1}{2}\frac{1}{(h' a)^2} \cdot \frac{1}{t} + \frac{1}{2} \cdot \frac{3}{2} \cdot \frac{1}{(h' a)^4} \cdot \frac{1}{t^2} - + \cdots\right). \quad (38\,\text{b})$$

Die Reihe läßt sich geschlossen summieren[1] und liefert:

$$\frac{\vartheta}{\vartheta_\infty} = 1 - e^{(h' a)^2 t} \cdot \left[1 - \Phi(h' a \sqrt{t})\right] = 1 - e^{-\frac{h^2 a^2}{\lambda^2} t} \cdot \left[1 - \Phi\left(\frac{h a}{\lambda} \sqrt{t}\right)\right].$$

Wenn h sehr klein wird, entsteht hieraus

$$\lim_{h \to \infty} \vartheta = \mathfrak{S} \cdot \frac{a}{\lambda} \cdot \frac{\lambda}{h a}\left[1 - 1 + \frac{2}{\sqrt{\pi}} \cdot \frac{h a}{\lambda} \sqrt{t}\right] = \mathfrak{S} \cdot \frac{a}{\lambda} \cdot \frac{2}{\sqrt{\pi}} \cdot \sqrt{t}, \quad (38\,\text{c})$$

in Übereinstimmung mit Gleichung (26).

8. Einschalten einer Maschine mit Wirbelstromläufer. Wir wollen die komplexe Behandlung von Ausgleichsvorgängen auf die Berechnung

---

[1] Jahnke-Emde: Funktionentafeln S. 31.

10*

des Ständerstoßstromes einer Drehfeldmaschine mit Wirbelstromläufer anwenden. Es sei τ die Polteilung der Maschine, δ ihr Luftspalt. Für das elektrische Wirbelfeld $\mathfrak{E}$ des Luftspaltes erhält man dann, da hier keine Wirbelströme fließen, die Gleichung

$$\frac{\partial^2 \mathfrak{E}}{\partial x^2} + \frac{\partial^2 \mathfrak{E}}{\partial y^2} = 0 \,. \tag{39}$$

Für die Gleichung des Feldes im Läufer ist die Relativgeschwindigkeit der bewegten Materie gegen das vom Ständer aus betrachtete Drehfeld zu beachten. Dies gelingt, indem der Schlupfbegriff komplex verallgemeinert wird:

$$s = \frac{p - i\,\omega_m}{p} \,, \tag{40}$$

wobei ω_m die (reelle) Kreisfrequenz der mechanischen Drehbewegung ist. Man hat also für das Läuferfeld (vgl. Ziffer 2):

$$\frac{\partial^2 \mathfrak{E}}{\partial x^2} + \frac{\partial^2 \mathfrak{E}}{\partial y^2} = k^2\,\mathfrak{E}; \qquad \left.\begin{aligned} k^2 &= 4\,\pi\,\varkappa\,\mu\,p\,\frac{p - i\,\omega_m}{p} \cdot 10^{-9} \\ &= 4\,\pi\,\varkappa\,\mu\,(p - i\,\omega_m) \cdot 10^{-9} \,. \end{aligned}\right\} \tag{41}$$

Wir nehmen der Einfachheit halber die Läuferwicklung als eine Wirbelstrom führende, homogene Schicht der Dicke $\varDelta$ und der Permeabilität $\mu = 1$ an (Abb. 97). Die Gleichungen (39) und (40) lassen sich dann für periodisch in x mit der Polteilung τ variable Felder leicht integrieren. Wenn man den Ohmschen Ständerwiderstand und den magnetischen Widerstand des Eisens außer acht läßt, erhält man auf diesem Wege den

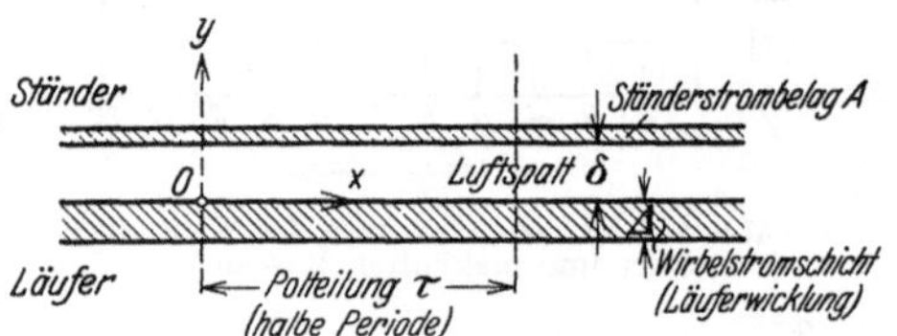

Abb. 97. Maschinenmodell eines Wirbelstromläufers.

Ständerstrombelag A als Funktion der elektrischen Feldstärke $\mathfrak{E}_0$ des Ständerumfanges in der Form[1]:

$$A = \mathfrak{E}_0 \cdot \frac{1}{4\,\tau\cdot 10^{-9}\cdot p} \cdot \mathfrak{Tg}\,\frac{\pi\,\delta}{\tau} \cdot \frac{1 + \sqrt{1 + \dfrac{\tau^2}{\pi^2}\,k^2}\,\mathfrak{Cotg}\,\dfrac{\pi}{\tau}\,\delta \cdot \mathfrak{Tg}\left(\dfrac{\pi}{\tau}\,\varDelta\,\sqrt{1 + \dfrac{\tau^2}{\pi^2}\,k^2}\right)}{1 + \sqrt{1 + \dfrac{\tau^2}{\pi^2}\,k^2}\,\mathfrak{Tg}\,\dfrac{\pi}{\tau}\,\delta \cdot \mathfrak{Tg}\left(\dfrac{\pi}{\tau}\,\varDelta\,\sqrt{1 + \dfrac{\tau^2}{\pi^2}\,k^2}\right)} \,. \tag{42}$$

Diese Beziehung schildert also, wenn insbesondere $p = i\,\omega$ gesetzt wird, das stationäre Verhalten einer asynchronen Drehfeldmaschine mit Wirbelstromläufer.

Der Ausgleichsvorgang möge nun dadurch ausgelöst werden, daß zur Zeit $t = 0$ auf die synchron laufende Maschine ($\omega_m = \omega$) plötz-

---

[1] Ollendorff, F.: Arch. Elektrot. **24**, 129ff. (1930); insbesondere S. 144.

lich ein Drehspannungssystem aufgeschaltet wird. Da ein stationäres elektrisches Drehfeld durch

$$\mathfrak{E} = \mathfrak{E}_0 \cdot e^{i\left(\omega t - \frac{\pi}{\tau} x\right)} \tag{43}$$

dargestellt ist, finden wir als komplexe Darstellung des plötzlich geschalteten Drehfeldes das Hakenintegral

$$\mathfrak{E} = \mathfrak{E}_0 \cdot \frac{1}{2\pi i} \cdot \int_{-i\infty}^{+i\infty} \frac{e^{pt} \cdot e^{-i\frac{\pi}{\tau}x}}{p - i\omega} \, dp . \tag{43a}$$

Da die räumliche Verteilung des Feldes von vornherein bekannt und somit für diese Aufgabe unwesentlich ist, gewinnt man hieraus mit Rücksicht auf (42) die Stromdarstellung:

$$A = \mathfrak{E}_0 \cdot \frac{1}{4\tau \cdot 10^{-9}} \cdot \mathfrak{Tg} \frac{\pi\delta}{\tau} \cdot \int_{-i\infty}^{+i\infty} \frac{e^{pt} \cdot dp}{p(p - i\omega)}$$

$$\cdot \frac{1 + \sqrt{1 + \frac{\tau^2}{\pi^2} k^2} \cdot \mathfrak{Cotg} \frac{\pi\delta}{\tau} \cdot \mathfrak{Tg}\left(\frac{\pi\Delta}{\tau} \cdot \sqrt{1 + \frac{\tau^2}{\pi^2} \cdot k^2}\right)}{1 + \sqrt{1 + \frac{\tau^2}{\pi^2} k^2} \cdot \mathfrak{Tg} \frac{\pi\delta}{\tau} \cdot \mathfrak{Tg}\left(\frac{\pi\Delta}{\tau} \cdot \sqrt{1 + \frac{\tau^2}{\pi^2} \cdot k^2}\right)} . \tag{44}$$

Man überzeugt sich leicht, daß der Integrand eindeutig ist. Daher ist das Integral durch Summierung über sämtliche Pole nach den Regeln der Residuenrechnung anzugeben. Der Pol

$$p = 0 \tag{45}$$

liefert den Gleichstromanteil des Stoßstromes·

$$A_{gl} = \mathfrak{E}_0 \cdot \frac{1}{4\tau \cdot 10^{-9}} \cdot \mathfrak{Tg} \frac{\pi\delta}{\tau} \cdot \frac{1}{(-i\omega)}$$

$$\cdot \frac{1 + \sqrt{1 + \frac{\tau^2}{\pi^2} k_\omega^2} \cdot \mathfrak{Cotg} \frac{\pi\delta}{\tau} \cdot \mathfrak{Tg} \frac{\pi \cdot \Delta}{\tau} \sqrt{1 + \frac{\tau^2}{\pi^2} k_\omega^2}}{1 + \sqrt{1 + \frac{\tau^2}{\pi^2} k_\omega^2} \cdot \mathfrak{Tg} \frac{\pi\delta}{\tau} \cdot \mathfrak{Tg} \frac{\pi\Delta}{\tau} \cdot \sqrt{1 + \frac{\tau^2}{\pi^2} k_\omega^2}} \tag{46}$$

oder vereinfacht:

$$\cong -\mathfrak{E}_0 \cdot \frac{1}{4\tau \cdot 10^{-9} \cdot i\omega} \cdot \mathfrak{Tg} \frac{\pi\delta}{\tau} \cdot \frac{1 + \frac{\tau}{\pi} \cdot k_\omega \cdot \mathfrak{Cotg} \frac{\pi\delta}{\tau} \cdot \mathfrak{Tg} \Delta k_\omega}{1 + k_\omega \cdot \mathfrak{Tg} \frac{\pi\delta}{\tau} \cdot \frac{\tau}{\pi} \cdot \mathfrak{Tg} \Delta k_\omega} .$$

Der Pol

$$p = i\omega \tag{47}$$

gibt den Dauerkurzschlußstrom an:

$$A_d = \mathfrak{E}_0 \cdot \frac{1}{4\,\tau\,10^{-9}} \cdot \mathfrak{Tg}\,\frac{\pi\,\delta}{\tau} \cdot \frac{e^{i\,\omega\,t}}{i\,\omega} \cdot \frac{1 + \mathfrak{Cotg}\,\dfrac{\pi\,\delta}{\tau} \cdot \mathfrak{Tg}\,\dfrac{\pi\,\varDelta}{\tau}}{1 + \mathfrak{Tg}\,\dfrac{\pi\,\delta}{\tau} \cdot \mathfrak{Tg}\,\dfrac{\pi\,\varDelta}{\tau}} . \qquad (48)$$

Die übrigen Pole ergeben sich aus der transzendenten Gleichung

$$\frac{\dfrac{\pi\,\varDelta}{\tau} \cdot \mathfrak{Cotg}\,\dfrac{\pi\,\delta}{\tau}}{\dfrac{\pi\cdot\varDelta}{\tau} \cdot \sqrt{1 + \dfrac{\tau^2}{\pi^2}\,k^2}} = -\,\mathfrak{Tg}\,\frac{\pi\,\varDelta}{\tau}\,\sqrt{1 + \frac{\tau^2}{\pi^2}\,k^2} \qquad (49)$$

oder mit $\dfrac{\pi\,\varDelta}{\tau} \cdot \sqrt{1 + \dfrac{\tau^2}{\pi^2}\,k^2} = i\,\nu$ aus

$$\frac{\pi\,\varDelta}{\tau} \cdot \mathfrak{Cotg}\,\frac{\pi\,\delta}{\tau} = \nu \cdot \mathrm{tg}\,\nu . \qquad (49\,\mathrm{a})$$

Sie sind maßgebend für den Wechselstromanteil des Stoßkurzschluß-

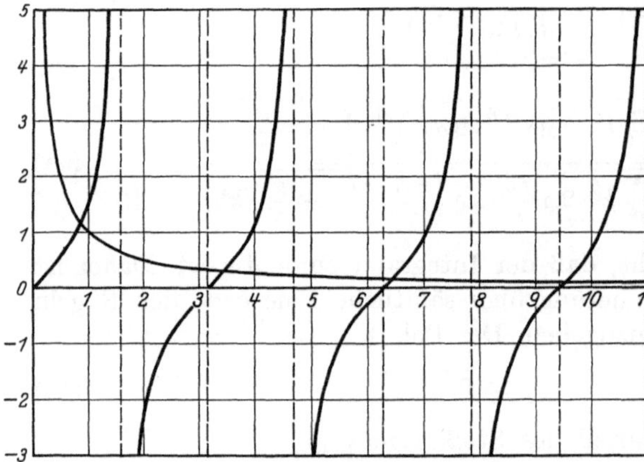

Abb. 98. Transzendente Gleichung zur Bestimmung der Zeitkonstanten des Wirbelstromläufers.

stromes. In Abb. 98 sind diese Wurzeln der Gleichung dargestellt: Man erkennt, daß sie mit wachsender Ordnungszahl sehr rasch sich den ganzzahligen Vielfachen von π annähern.

Die zugehörigen Eigenfrequenzen p_ν werden

$$p_\nu = i\,\omega - \frac{1}{T_\nu} , \qquad (50)$$

wobei die Zeitkonstanten T_ν sich durch die Gleichung

$$T_\nu = T \cdot \frac{\mathfrak{Cotg}\,\dfrac{\pi\,\delta}{\tau}}{\dfrac{\tau}{\pi\,\varDelta} \cdot \nu^2 + \dfrac{\pi\,\varDelta}{\tau}} \qquad (50\,\mathrm{a})$$

aus der Zeitkonstante $T = 4\,\tau \cdot 10^{-9}\,k\,\varDelta\,\mathfrak{Tg}\,\dfrac{\pi}{\tau}\,\delta$ der normalen Maschine ohne Wirbelstromläufer berechnen lassen. Man zeigt leicht, daß die Zeitkonstanten T_ν höherer Ordnung kleiner als T werden. Der Wechselstromstoß der Maschine mit Wirbelstromläufer verklingt also rascher als der Stoßstrom der normalen Maschine.

Die Größe des Wechselstromstoßes selbst folgt leicht aus Gl. (44) mit Beachtung der Eigenwerte (49a) zu

$$A_w = \mathfrak{E}_0 \cdot \frac{1}{4\,\tau \cdot 10^{-9}} \operatorname{\mathfrak{T}g} \frac{\pi\,\delta}{\tau} \cdot e^{i\,\omega\,t} \sum_{\nu} \frac{e^{-\frac{t}{T_\nu}}}{i\,\omega - \dfrac{1}{T_\nu}} \cdot (-T_\nu)$$

$$\cdot \frac{\cos\nu - \dfrac{\tau}{\pi\varDelta} \cdot \nu \cdot \operatorname{\mathfrak{C}otg} \dfrac{\pi\,\delta}{\tau} \cdot \sin\nu}{\dfrac{d}{dp}\left(\sqrt{1 + \dfrac{\tau^2}{\pi^2}k^2}\, \operatorname{\mathfrak{C}of} \dfrac{\pi\varDelta}{\tau} + \sqrt{1 + \dfrac{\tau^2}{\pi^2}k^2} \cdot \operatorname{\mathfrak{T}g} \dfrac{\pi\,\delta}{\tau} \cdot \operatorname{\mathfrak{S}in} \dfrac{\pi\varDelta}{\tau} \sqrt{1 + \dfrac{\tau^2}{\pi^2}k^2}\right)} \cdot (51)$$

Hier ist

$$\frac{d}{dp}\left(\sqrt{1 + \frac{\tau^2}{\pi^2}k^2}\, \operatorname{\mathfrak{C}of} \frac{\pi\varDelta}{\tau} + \sqrt{1 + \frac{\tau^2}{\pi^2}k^2} \cdot \operatorname{\mathfrak{T}g} \frac{\pi\,\delta}{\tau} \cdot \operatorname{\mathfrak{S}in} \frac{\pi\varDelta}{\tau} \sqrt{1 + \frac{\tau^2}{\pi^2}k^2}\right)$$

$$\equiv \frac{d}{dp}\left(\cos\nu - \frac{\tau}{\pi\varDelta} \operatorname{\mathfrak{T}g} \frac{\pi\,\delta}{\tau} \cdot \nu \cdot \sin\nu \right)$$

$$= \left(-\sin\nu - \frac{\tau}{\pi\varDelta} \cdot \operatorname{\mathfrak{T}g} \frac{\pi\,\delta}{\tau} \cdot \sin\nu - \frac{\tau}{\pi\varDelta} \cdot \nu \operatorname{\mathfrak{T}g} \frac{\pi\,\delta}{\tau} \cdot \cos\nu \right) \cdot \frac{d\nu}{dp}$$

$$= \left\{ \left(1 + \frac{\tau}{\pi\varDelta} \cdot \operatorname{\mathfrak{T}g} \frac{\pi\,\delta}{\tau} \right) \cdot \sin\nu + \frac{\tau}{\pi\varDelta} \cdot \nu \operatorname{\mathfrak{T}g} \frac{\pi\,\delta}{\tau} \cdot \cos\nu \right\} \cdot \frac{\operatorname{\mathfrak{C}otg} \dfrac{\pi\,\delta}{\tau}}{\dfrac{\tau}{\pi\varDelta} \cdot 2\,\nu} \cdot T$$

$$= \left[\frac{\sin\nu}{2\,\nu} \cdot \left\{ \frac{\pi\varDelta}{\tau} \cdot \operatorname{\mathfrak{C}otg} \frac{\pi\,\delta}{\tau} + 1 \right\} + \frac{\cos\nu}{2} \right] \cdot T = \frac{T}{2} \cdot \left[\frac{1}{\cos\nu} + \frac{\sin\nu}{\nu} \right].$$

Somit folgt endgültig unter Beachtung von (49a):

$$A_w = \mathfrak{E}_0 \cdot \frac{1}{4\,\tau \cdot 10^{-9}} \operatorname{\mathfrak{T}g} \frac{\pi\,\delta}{\tau} \cdot e^{i\,\omega\,t} \cdot \sum_{\nu} \frac{e^{-\frac{t}{T_\nu}}}{i\,\omega - \dfrac{1}{T_\nu}} \cdot \frac{T_\nu}{T} \cdot \frac{1}{\operatorname{\mathfrak{S}in}^2 \dfrac{\pi\,\delta}{\tau}} \cdot \frac{2\cos\nu}{\dfrac{1}{\cos\nu} + \dfrac{\sin\nu}{\nu}} \cdot (51a)$$

Für die Maschine ohne Wirbelstromläufer würde man erhalten ($\varDelta \to 0$, $k \to \infty$, $\varDelta \cdot k = \text{endlich}$)

$$A_{w_0} = \mathfrak{E}_0 \cdot \frac{1}{4\,\tau \cdot 10^{-9}} \cdot \operatorname{\mathfrak{T}g} \frac{\pi\,\delta}{\tau} \cdot e^{i\,\omega\,t} \cdot \frac{e^{-\frac{t}{T}}}{i\,\omega - \dfrac{1}{T}} \cdot \frac{1}{\operatorname{\mathfrak{S}in}^2 \dfrac{\pi\,\delta}{\tau}} \cdot \qquad (52)$$

Die Amplituden der Komponenten (51a) berechnen sich im Verhältnis zu dieser Amplitude

$$\left| \frac{A_{w_\nu}}{A_{w_0}} \right|_{\max} \approx \frac{T_\nu}{T} \cdot \frac{2\cos\nu}{\dfrac{1}{\cos\nu} + \dfrac{\sin\nu}{\nu}} = \frac{T_\nu}{T} \cdot \frac{1 + \cos 2\nu}{1 + \dfrac{\sin 2\nu}{2\,\nu}}$$

$$= \frac{\operatorname{\mathfrak{C}otg} \dfrac{\pi\,\delta}{\tau}}{\dfrac{\tau}{\pi\varDelta}\,\nu^2 + \dfrac{\pi\varDelta}{\tau}} \cdot \frac{1 + \cos 2\nu}{1 + \dfrac{\sin 2\nu}{2\,\nu}}.$$

$$(53)$$

Beispielsweise findet man für $\varDelta = \delta$ und $\dfrac{\pi\,\delta}{\tau} = 10\%$ aus Abb. 98 für v nach (49a) und für das Amplitudenverhältnis $\left|\dfrac{A_w}{A_{w_0}}\right|_{\max}$ folgende Werte:

v	0,85	3,42	6,42	9,55	$\dfrac{8\,\pi}{2} = 12{,}55$
$\cos 2\,v$	$-\,0{,}1288$	0,8473	0,9582	0,976	≈ 1
$\sin 2\,v$	0,9917	0,5312	0,2860	0,218	≈ 0
$\dfrac{1+\cos 2\,v}{1+\dfrac{\sin 2\,v}{2\,v}}$	0,55	1,71	1,91	1,95	≈ 2
$\dfrac{T_v}{T}$	1,37	0,0855	0,0243	0,0110	0,00635
$\left\|\dfrac{A_{w_v}}{A_{w_0}}\right\|_{\max}^{\%}$	75	14,6	4,6	2,2	1,3

Für höhere Ordnungszahlen versagt die Näherung (53), da man hier nicht mehr $\dfrac{1}{T_v}$ gegen $i\omega$ streichen darf; doch überzeugt man sich, daß die angegebenen Reihenglieder bereits ein praktisch hinreichendes Bild des Vorganges liefern (Abb. 99).

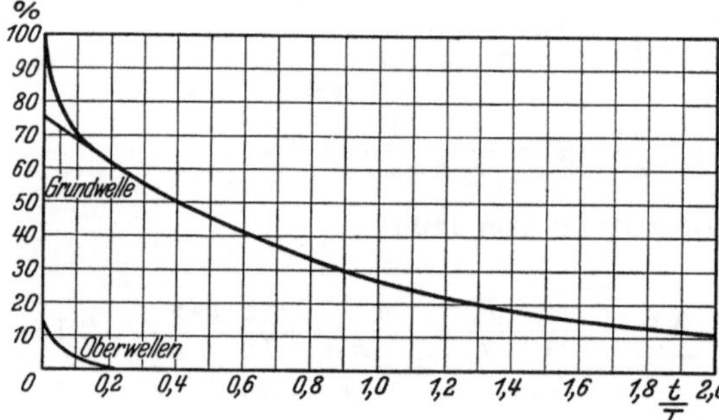

Abb. 99. Verlauf des Wechselstromanteiles des Stoßstromes bei einer Maschine mit Wirbelstromläufer.

Besonderes Interesse besitzt der hier behandelte Ausgleichsvorgang in dem Grenzfall $\varDelta \to \infty$, welcher etwa das Verhalten von Wirbelstrombremsen oder von Maschinen mit massivem Läufer schildert. Die Summation über die isolierten Singularitäten geht dann in eine Integration längs eines Verzweigungsschnittes über, der sich von $p = i\omega$ parallel der negativen Realachse bis ins Unendliche erstreckt. Die Integration läßt sich nach den oben beschriebenen Methoden ausführen und liefert dann einfache Abschätzungsformeln für den Verlauf des Stoßstromes, die qualitativ mit dem oben berechneten Verlauf übereinstimmen (Abb. 100)[1].

9. Zusammenfassung. Die Behandlung von Ausgleichsvorgängen mittels funktionentheoretischer Verfahren beruht auf der Darstellung von Stoßvorgängen durch komplexe Integrale; insbesondere können hierdurch einige Fundamentaltypen von Stößen einfach beschrieben

---

[1] Ollendorff, F.: Arch. Elektrot. **24**, 715ff.

werden: der konstante Gleichstoß, der vorübergehende Gleichstoß, der
Exponentialstoß, der Schwingstoß. Diese Methode wird zur Berechnung
technisch wichtiger Erwärmungs- und Wirbelstromerscheinungen herangezogen, welche der Differentialgleichung der Wärmeleitung genügen.

Zuerst wird die Erwärmungsgleichung einer elektrischen Maschine
bei Wärmeableitung lediglich durch das Eisen berechnet. Die Aufgabe
führt auf ein Integral über eine mehrdeutige Funktion, welches auf den
Verzweigungsschnitt einer zweiblättrigen Riemannschen Fläche hinübergezogen werden kann. Man gewinnt einen geschlossenen Ausdruck
für den raum-zeitlichen Verlauf des Temperaturfeldes, welcher insbesondere anzeigt, daß die Wicklungstemperatur unbegrenzt anwächst.

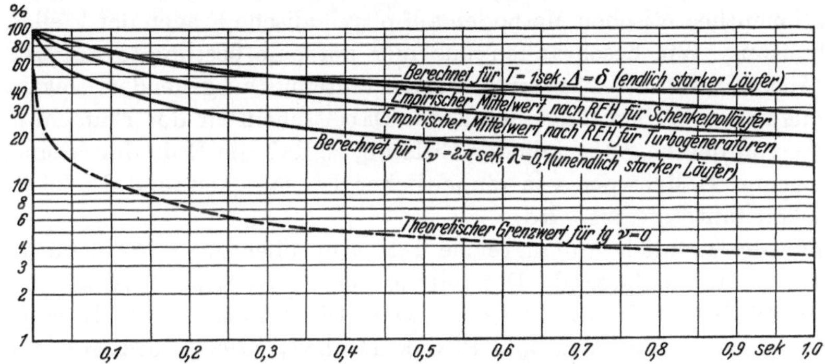

Abb. 100. Gerechneter und beobachteter Verlauf des Wechselstromanteiles im Stoßstrom.

Die Berücksichtigung der äußeren Kühlung führt zu einer neuen
Erwärmungsgleichung, bei welcher nunmehr nur das Integral einer
eindeutigen Funktion zu berechnen ist. Dieses Integral kann mittels
der Residuenmethode ausgewertet werden. Die entstehenden Erwärmungsgesetze ergeben sämtlich einen nicht exponentiellen Temperaturverlauf; für große Zeiten strebt indes die Erwärmung asymptotisch
einem Exponentialgesetz zu.

Bei Berechnung der Erwärmungskurve einer Maschine mit Innen-
kühlung muß man wiederum ein Integral auf der Riemannschen Fläche
auswerten. Durch Hinüberziehen auf den Verzweigungsschnitt dieser
Fläche wird mittels Sattelpunktsentwicklung eine asymptotische Entwicklung der Temperaturfunktion abgeleitet. Für die Wicklungstemperatur kann diese Entwicklung geschlossen summiert werden; das entstehende Erwärmungsgesetz läßt sich nicht durch eine Exponential-
kurve darstellen.

Formal die gleichen Rechnungsmethoden sind auf die Untersuchung
von Wirbelstrom-Ausgleichsvorgängen anzuwenden. Als Beispiel wird
der Stoßstrom einer Drehfeldmaschine mit Wirbelstromläufer angegeben,
welcher sich durch eine unendliche Reihe freier Drehfeldkomponenten

aufbaut. Das gefundene Schaltgesetz läßt sich auf Maschinen mit massivem Läufer beliebiger Stärke verallgemeinern; es stimmt mit der Erfahrung befriedigend überein.

10. Literatur.

Carson, C. R.: Elektrische Ausgleichsvorgänge und Operatorenrechnung. Berlin: Julius Springer 1929.

E. Ausbreitung elektrischer Wellen über der Erde.

Von **F. Noether,** Breslau.

1. Stellung der Aufgabe. Die mathematische Behandlung der folgenden Aufgabe ist ein typisches Beispiel für die Anwendung der funktionentheoretischen Methoden auf physikalische Fragen der Wellenausbreitung. Wir beschränken uns hier auf eine bestimmte Aufgabe: die Ausbreitung der von einer Vertikalantenne ausgehenden elektromagnetischen Wellen längs der Erde. Dabei sehen wir der Einfachheit halber von der Kugelgestalt der Erde ab, so daß die Erde durch einen homogenen Halbkörper von einheitlicher Leitfähigkeit und Dielektrizitätskonstante ersetzt wird.

Für die ziemlich umfangreiche Literatur über diese Probleme sei auf die zusammenfassende Darstellung von A. Sommerfeld in Riemann-Weber (Frank-Mises) „Die Differential- und Integralgleichungen der Mechanik und Physik II" 542f. (1927) verwiesen, von dem auch die erste mathematische Untersuchung der Aufgabe stammt[1]; sie wurde später von H. Weyl methodisch abgeändert[2]. Dabei ergab sich auch im Resultat ein wesentlicher Unterschied[3], den Weyl eine „ungenügende Anpassung der Methode Sommerfelds an das Problem" nennt. Im Anschluß an Sommerfeld sind weitere Arbeiten[4] erschienen über Berücksichtigung der Kugelgestalt der Erde, sowie von Richtungseffekten in der Wellenausbreitung (Horizontalantenne). Im Anschluß an Weyl hat M. I. O. Strutt[5] auf elementarer Grundlage den Einfluß der Höhenlage der Antenne über der Erde diskutiert. In der folgenden Darstellung werde ich mich an keinen dieser Autoren genau anschließen, sondern eine mittlere Linie einhalten, die, wie mir scheint, am geeignetsten ist, um die aufgetretenen Unterschiede klarzustellen, und von der aus es nicht schwer sein wird, zu den verschiedenen Methoden Stellung zu nehmen.

Die Unterschiede der einzelnen Arbeiten gruppieren sich um die folgende physikalische Frage: Erfolgt die Ausbreitung der Energie im

---

[1] Über die Ausbreitung der Wellen in der drahtlosen Telegraphie. Ann. Physik 4/28, 665 (1909).

[2] Ausbreitung elektromagnetischer Wellen. Ann. Physik 4/60, 481 (1919).

[3] Vgl. l. c., S. 488.   [4] Vgl. Riemann-Weber: l. c.

[5] Strahlung von Antennen. Ann. Physik 5/1, 721, 751 (1929); 5/4, 1, 17 (1930).

wesentlichen in „Oberflächenwellen“, die sich auf eine enge Schicht in der Nähe der Erdoberfläche beschränken und daher wegen der zylindrischen Ausbreitung eine größere Reichweite haben können, oder erfolgt die Ausbreitung räumlich? Sommerfeld hat aus seinen Untersuchungen auf Ausbreitung wesentlich durch Oberflächenwellen geschlossen; doch scheint mir hier ein Irrtum in der Diskussion vorzuliegen, während ich seine Methode, im Gegensatz zu Weyl, den speziellen Problemen für angemessener ansehe. Im Gegensatz zu Sommerfelds Ergebnissen beobachtet man tatsächlich bei Kurzwellenversuchen große Reichweiten, die durch räumliche Wellen und ihre Reflexionen an der „Heaviside-Schicht“ zu erklären sind[1].

2. Ansatz und Grenzbedingungen. Den Ausgangspunkt für die mathematische Behandlung bildet die Tatsache, daß das elektromagnetische Feld sowohl im Luftraum als in der Erde durch die aus den **Maxwell**schen **Gleichungen** folgende **Wellengleichung** bestimmt wird. Ihr genügen sowohl die Feldkomponenten selbst als auch ihr Potential Π, die sogenannte **Hertz**sche Funktion:

$$\varepsilon \frac{\partial^2 \Pi}{\partial t^2} + \sigma \frac{\partial \Pi}{\partial t} = c^2 \Delta \Pi \quad \text{mit} \quad \Delta \Pi = \frac{\partial^2 \Pi}{\partial x^2} + \frac{\partial^2 \Pi}{\partial y^2} + \frac{\partial^2 \Pi}{\partial z^2}; \qquad (1)$$

dabei gilt im Luftraum: für die Dielektrizitätskonstante und für die Leitfähigkeit $\varepsilon_1 = 1$, $\sigma_1 = 0$, während in der Erde ε_2 und σ_2 die entsprechenden Konstanten des Erdbodens bezeichnen. Betrachtet man weiterhin nur harmonisch-periodische Vorgänge der Frequenz ω, die also durch den Faktor $e^{-i\omega t}$ in allen Feldgrößen charakterisierbar sind, so geht (1) über in die bekannte Gleichung:

$$\Delta \Pi + k^2 \Pi = 0, \qquad (2)$$

mit $k^2 = k_1^2 = \dfrac{\omega^2}{c^2}$ in Luft, $k^2 = k_2^2 = \dfrac{\varepsilon_2 \omega^2 + i\sigma_2 \omega}{c^2} = k_1^2 \left(\varepsilon_2 + i\, \dfrac{\sigma_2}{\omega} \right)$ in der Erde.

Das primäre Antennenfeld, d. h. das Feld ohne Berücksichtigung der Erdströme, wurde in den obengenannten Arbeiten übereinstimmend als das eines **Hertz**schen Dipols dargestellt (Abb. 101). Man versteht darunter das Feld zweier elektrisch geladener Kugeln, die in der Antennenrichtung, der Vertikalen, nahe aneinandergerückt und durch ein kurzes Stromstück verbunden sind, so daß eine elektrische Schwin-

---

[1] In einer Fortsetzung der zitierten theoretischen Arbeiten (Ann. Physik 1931, 5/9, 67) hat M. J. O. Strutt das Wellenfeld eines Kurzwellensenders bei verschiedenartiger Bodenbeschaffenheit unmittelbar ausgemessen bis zu Entfernungen von über 10 Wellenlängen und die theoretischen Ergebnisse bestätigt gefunden. Man kann auch hierin eine Bestätigung der Raumwellenauffassung sehen, da die **Strutt**sche Form der Theorie die **Sommerfeld**schen Zylinderwellen gar nicht enthält.

gung darin pendeln kann. Falls die Wellenlänge der Schwingung groß ist gegen die Antennenlänge, kann die Antenne durch einen einzelnen solchen Dipol dargestellt werden. Im Falle sehr kurzer Wellen oder komplizierter Antennenformen müßte hingegen die endliche Antennenlänge durch Aneinanderreihung von Dipolen dargestellt werden[1]. Wir beschränken uns mit Sommerfeld und Weyl auf den ersten Fall, und zwar sei $p_0 = \varrho \cdot l$ das zeitlich periodische elektrische Moment des Dipols (ϱ = Ladung, l = Länge) mit der Luftwellenlänge $\dfrac{2\pi}{k_1} = \dfrac{2\pi c}{\omega}$ der elektrischen Schwingung, ferner $R = \sqrt{x^2 + y^2 + z^2}$ der Abstand eines beliebigen Aufpunktes A von der Dipolmitte. Dann ist das elektrische und magnetische Primärfeld der Antenne durch folgende kugelsymmetrische Lösung der Wellengleichung dargestellt:

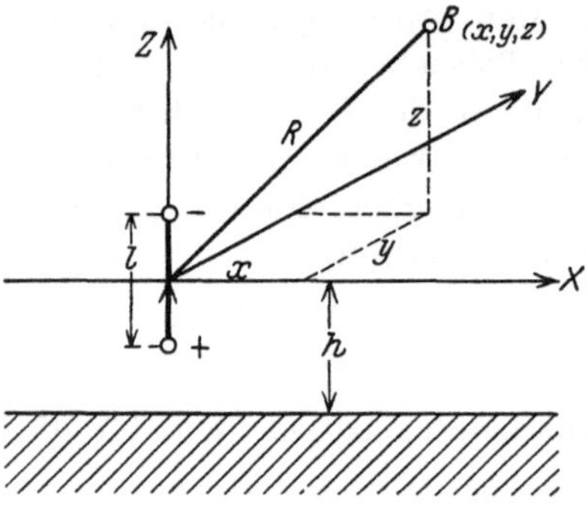

$$\Pi_0 = p_0 \, \frac{e^{ikR}}{R} \, . \tag{3}$$

Es würde nämlich $\dfrac{\Pi_0}{\varepsilon\,l}$ das wellenförmig verteilte Potential eines Einzelpols darstellen, woraus sich $\dfrac{l}{\varepsilon} \dfrac{\partial \Pi_0}{\partial z}$ als das elektrische Potential des Dipols ergibt. Ferner ist $\dfrac{\partial \varrho_0}{\partial t} = - i\omega \varrho_0$

Abb. 101. Orientierung am Dipol.

der das Magnetfeld erzeugende Strom der Antenne in dem Leiterstück von der Länge l, und daher nach dem Biot-Savartschen Gesetz $- i\omega\Pi_0$ das „Vektorpotential", als dessen Rotation das Magnetfeld gefunden wird[2]. Charakteristisch und für die nachfolgenden Grenzbedingungen von Bedeutung ist, daß im elektrischen Potential der je nach dem Medium verschiedene Nenner ε auftritt, während im magnetischen Potential kein solcher Nenner vorkommt.

Wir nehmen nun (mit Weyl) zunächst an, daß sich ein solcher primärer Dipol nur in der Luft, und zwar in der Höhe h über der Erde, befinden soll, so daß die Trennungsebene Erde—Luft als die Ebene $z = -h$ in Abb. 101 aufgefaßt werden kann. Die von Sommerfeld von vornherein gemachte Annahme, daß sich der Dipol in der Trennungsebene selbst befinden soll, würde zu gewissen Schwierigkeiten führen, die mir in der dortigen Darstellung nicht genügend beachtet zu sein scheinen. Die durch das Hinzukommen der Erde bedingten Modifikationen des Feldes werden sich durch Hinzunahme einer weiteren sekundären Hertzschen

---

[1] Vgl. Strutt: l. c.
[2] Näheres s. z. B.: Abraham-Föppl: Theorie der Elektrizität 1, 3. Abschnitt.

Funktion Π_1 im Luftraum und Π_2 in der Erde ausdrücken lassen, die wieder den Wellengleichungen (2) genügen müssen und dabei selbst keine Singularität mehr enthalten dürfen. Das durch die Trennungsfläche entstehende magnetische und elektrische Zusatzfeld (Spiegelung und Brechung!) drückt sich in gleicher Weise durch Π_1 und Π_2 aus, wie oben das primäre Feld durch Π_0, und demnach sind längs der Trennungsebene $z = -h$ folgende Grenzbedingungen zu befriedigen:

1. Stetigkeit der tangentiellen elektrischen Feldkomponenten, bzw. des elektrischen Potentials, d. h.

$$\frac{1}{k_1^2}\left(\frac{\partial \Pi_0}{\partial z} + \frac{\partial \Pi_1}{\partial z}\right) = \frac{1}{k_2^2}\frac{\partial \Pi_2}{\partial z} \quad \text{für } z = -h. \quad (4\,\text{a})$$

Hier ist statt des oben erwähnten Nenners ε der damit proportionale k^2 eingeführt.

2. Stetigkeit der tangentiellen magnetischen Feldkomponenten bzw. des magnetischen Vektorpotentials, d. h.

$$\Pi_0 + \Pi_1 = \Pi_2 \qquad \text{für } z = -h. \quad (4\,\text{b})$$

3. Analytische Darstellung des primären Antennenfeldes. Der nächste Schritt ist nun die Herstellung einer (von Weyl benutzten) Darstellung der Funktion Π_0, die die Erfüllung dieser Randbedingungen unmittelbar gestatten wird. Um diese zu gewinnen, gehe man von den der Gleichung (2) (mit $k = k_1$) genügenden ebenen Wellenverteilungen aus. Eine solche ebene Welle wird dargestellt durch:

$$e^{i\,k\,(\alpha x + \beta y + \gamma z)},$$

dabei sind α, β, γ die Richtungskosinus der Wellennormalen, für die

$$\alpha^2 + \beta^2 + \gamma^2 = 1.$$

Wir summieren zunächst solche Wellen, die für alle Richtungen des Raumes gleiche Amplitude haben sollen; d. h. wir sehen die Richtungsfaktoren α, β, γ als Punkte einer Einheitskugel an und führen auf dieser z. B. sphärische Winkel ϑ, φ ein, die nach der vertikalen z-Achse orientiert sind. Das Flächenelement auf dieser Kugel heiße df. Also:

$$\alpha = \sin\vartheta\cos\varphi, \qquad \beta = \sin\vartheta\sin\varphi, \qquad \gamma = \cos\vartheta, \qquad df = \sin\vartheta\,d\vartheta\,d\varphi.$$

Damit wird das Summationsergebnis

$$S = \frac{1}{2\,\pi} \int\limits_{\text{Kugel}} e^{i\,k\,(\alpha x + \beta y + \gamma z)}\,df$$

$$= \frac{1}{2\,\pi} \int\limits_{-\pi}^{+\pi} d\varphi \int\limits_{0}^{\pi} e^{i\,k\,[(x\sin\varphi + y\cos\varphi)\sin\vartheta + z\cos\vartheta]}\sin\vartheta\,d\vartheta. \quad (5)$$

Da dieses Integral sicher auch in bezug auf die Koordinaten x, y, z Kugelsymmetrie besitzt, also nur von R abhängt, genügt es, die Ausrechnung für den einen Fall $x = y = 0$, $z = + R$ vorzunehmen, und man erhält sofort, indem die Integration nach φ zuerst ausgeführt wird:

$$S = \int\limits_{0}^{\pi} e^{i k R \cos \vartheta} \sin \vartheta \, d\vartheta = \int\limits_{-1}^{+1} e^{i k R u} \, du = \frac{e^{i k R} - e^{-i k R}}{i k R} = 2 \frac{\sin k R}{k R} \, . \qquad (5\,\mathrm{a})$$

Das so berechnete Feld stellt also nicht eine Wellenausbreitung von der Strahlungsquelle $R = 0$ her dar; denn dort müßte die Feldfunktion wie $\frac{1}{R}$ unendlich werden. Wir erhalten vielmehr — wie nach dem Ansatz zu erwarten war, der ebene Wellen aller Richtungen enthielt — einen Zustand stehender Wellenverteilung. Er setzt sich aus ein- und ausstrahlenden Wellen so zusammen, daß die Funktion S bei $R = 0$ endlich bleibt. Der gesuchte ausstrahlende Teil $\frac{e^{i k R}}{i k R}$ ist aber als erster Bestandteil in Formel (5a) mitenthalten und kann ausgesondert werden, wenn man den Integrationsweg bezüglich u in 2 Teilwege zerlegt: Erster Teilweg von $u = -1$ bis $u = + i \cdot \infty$ (so daß der Integrand dort verschwindet), zweiter Teilweg von $u = + i \cdot \infty$ bis $u = + 1$. Der letzte Teil ergibt nämlich:

$$\frac{e^{i k R}}{i k R} = \int\limits_{+ i \cdot \infty}^{+1} e^{i k R u} \, du = \int\limits_{0}^{\frac{1}{2}\pi - i \cdot \infty} e^{i k R \cos \vartheta} \sin \vartheta \, d\vartheta \, , \qquad (5\,\mathrm{b})$$

während der erste Weg den Bestandteil $- \frac{e^{-i k R}}{i k R}$ in (5a) ergibt.

Hierdurch wird es nun nahegelegt, eine entsprechende Zerlegung auch schon in dem allgemeineren Integral (5) selbst vorzunehmen. Das entsprechende Teilintegral bekommt also zunächst die Form:

$$S_1 = \frac{1}{2\pi} \int\limits_{-\pi}^{+\pi} d\varphi \int\limits_{0}^{A} e^{i k [(x \sin \varphi + y \cos \varphi) \sin \vartheta + z \cos \vartheta]} \sin \vartheta \, d\vartheta \, , \qquad (6)$$

wobei die noch näher zu bestimmende obere Grenze A jedenfalls so zu wählen ist, daß der Exponent im Integranden dort negativ unendlichen Realteil hat, also der Integrand selbst gegen 0 geht. Dies ist in der Tat möglich, wobei auch die Kugelsymmetrie der Lösung erhalten bleibt, die dieses Integral darstellt.

Um dies klarzumachen, schreiben wir in Polarkoordinaten:

$$x = r \cos \chi \, , \qquad y = r \sin \chi \, , \qquad (r = \sqrt{x^2 + y^2}) \, .$$

Im Exponenten von (6) entsteht dann: $x \cos \varphi + y \sin \varphi = r \cos(\varphi - \chi)$, so daß man, unter Beibehaltung der Grenzen, über den Winkel $\psi = \varphi - \chi$, statt über φ, integrieren kann. Dadurch ist eine Abhängigkeit von χ jedenfalls ausgeschaltet. Die Grenzen gehen in ψ zunächst über eine volle Periode von $\cos \psi$; man kann aber auch diesen Weg in die komplexe ψ-Ebene verlegen und geeignet wählen.

Dies ist etwa so möglich, daß wir zunächst $r \cdot \sin \vartheta$ als positiv reell und ebenso z als positiv voraussetzen wollen. Den oben noch offen gelassenen Integrationsweg $0 - A$ in der ϑ-Ebene können wir dann nach Abb 102 festlegen. Es sei jetzt $\psi = v + iw$ gesetzt, also

$$\cos \psi = \cos v \, \mathfrak{Cof} \, w - i \sin v \, \mathfrak{Sin} \, w \, .$$

Man sieht daraus, daß unter den eben gemachten Voraussetzungen der Integrationsweg in der ψ-Ebene unter Anwendung des Cauchyschen Integralsatzes gemäß Abb. 103 verlegt, d. h. aus den beiden Stücken I und II zusammengesetzt werden kann. Die Schraffierungen geben hier die Streifen an, in denen diese Wege das Unendliche erreichen dürfen, also der Realteil von $i \cos \psi$ negativ unendlich ist[1].

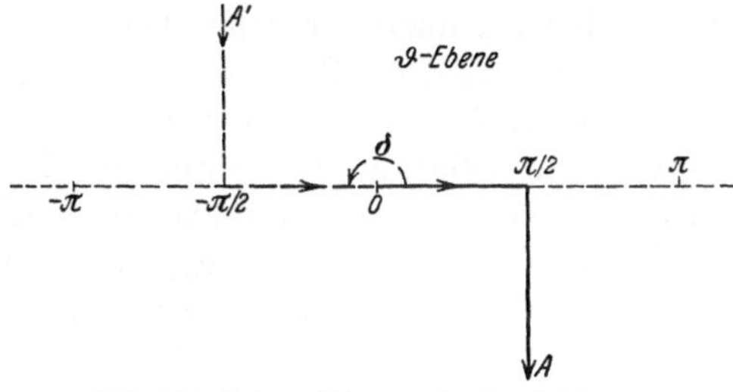

Abb. 102. Integrationsweg in der ϑ-Ebene.

Nun kann aber hier auch der Weg II durch den Weg I ersetzt werden, wenn zugleich das Vorzeichen von ϑ umgekehrt wird. Geht man nämlich in der ϑ-Ebene von der positiven zur negativ reellen Achse auf einem kleinen Halbkreis entgegen dem Uhrzeigersinn um den Nullpunkt herum (Abb. 102), setzt also: $r \sin \vartheta = \varrho \, e^{i \delta}$ (δ von 0 bis π), so wird der Imaginärteil von $\cos \psi \cdot r \cdot \sin \vartheta$:

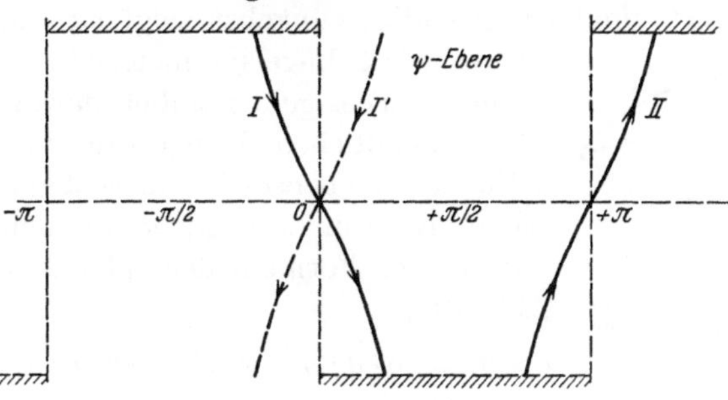

Abb. 103. Integrationsweg in der ψ-Ebene.

$$\varrho \, \mathfrak{Im} \, [(\cos \delta + i \sin \delta)(\cos v \, \mathfrak{Cof} \, w - i \sin v \, \mathfrak{Sin} \, w)]$$

$$= \varrho \, (- \sin v \cos \delta \, \mathfrak{Sin} \, w + \cos v \sin \delta \, \mathfrak{Cof} \, w) \, ,$$

bzw. bei hinreichend großem positiven w:

$$- \tfrac{1}{2} \varrho \, e^{w} \sin (v - \delta) \, ;$$

und bei hinreichend großem negativen w:

$$\tfrac{1}{2} \varrho \, e^{w} \sin (v + \delta) \, .$$

---

[1] Diese Zerlegung ist allerdings nicht möglich im Falle $r = 0$, weil da die beiden Integrale I und II für sich unendlich würden und nur ihre Summe endlich bliebe.

Das sagt aus, daß mit wachsendem δ in der Abb. 103 sich die oberen schraffierten Gebiete nach rechts, die unteren aber nach links verschieben, und zwar im ganzen um π. Der Integrationsweg I geht dabei etwa in den Weg I' über (Abb. 103), und dieser stimmt mit dem Weg II überein, wenn wieder $r \sin \vartheta$ positiv, dafür aber $\cos \psi$ negativ (d. h. ψ um π vergrößert) gewählt würde. Die Integrationsrichtung kehrt sich dabei, wie es sein muß, wegen des Faktors $\sin \vartheta$ um. Diese Transformation heißt aber nichts anderes, als daß man in der ψ-Ebene (Abb. 103) die Integration auf den Weg I beschränken kann (mit seiner Abwandlung I' bei negativem ϑ), wenn man dafür in der ϑ-Ebene (Abb. 102) den Weg A durch Hinzunahme des Weges A' gleichfalls zu einem beiderseits unendlichen ergänzt. Die Durchführung der ψ-Integration auf diesem Weg I, bzw. I' ergäbe hier sog. Hankelsche Funktionen erster Art, die wir aber vorläufig nicht einführen. Die Integration längs II dagegen würde auf Hankelsche Funktionen zweiter Art führen, die sich eben durch solche erster Art von negativem Argument ersetzen lassen[1].

Wir haben es also weiterhin mit dem Linienintegral längs I, bzw. A'-A:

$$S_1 = \frac{1}{2\pi} \int\limits_{I} d\psi \int\limits_{A'}^{A} e^{ik(r\cos\psi\sin\vartheta + z\cos\vartheta)} \sin\vartheta\, d\vartheta \tag{7}$$

zu tun. Diese Umformung war für die weitere Diskussion der Randwertaufgabe notwendig; zunächst zeigt sie, daß auch das Integral S_1 ebenso wie S kugelsymmetrisch, d. h. nur Funktion von R allein ist. Dies geht nämlich daraus hervor, daß die beiderseits unendlichen Integrationswege in der ψ- und der ϑ-Ebene in ebensolche übergehen, wenn man die sphärischen Koordinaten ψ, ϑ in neue ψ', ϑ' transformiert mittels der Formeln der sphärischen Trigonometrie (siehe Abb. 104):

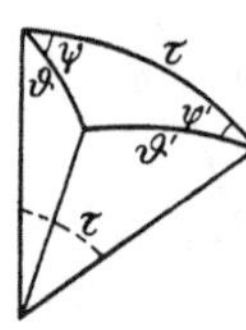

Abb. 104. Transformation der Raumwinkel.

$$\cos \vartheta' = \cos \vartheta \cos \tau + \sin \vartheta \sin \tau \cos \psi; \qquad \sin \psi' = \frac{\sin \psi \sin \vartheta'}{\sin \vartheta};$$

und zwar kann die Überführung stetig erfolgen, wobei die Gültigkeitsbereiche der Integrale sich so überdecken, daß immer ein endlicher Bereich zur Überführung der alten in die neuen Integrationswege verfügbar ist. Wenn der Transformationswinkel τ den Winkel zwischen R und z bezeichnet, so daß die Achse $\vartheta' = 0$ mit der Richtung von R selbst übereinstimmt:

$$z = R\cos\tau; \qquad r = R\sin\tau, \tag{8}$$

so wird der Exponent in (7) unabhängig von ψ', nämlich $ikR\cos\vartheta'$. Die neue Integration über den Winkel ϑ' kommt damit auf die oben

---

[1] Vgl. A. Sommerfeld in Riemann-Weber **2**, 454f. u. 549.

schon durchgeführte zurück, und ergibt wie dort, aber jetzt eben für jede Richtung τ, den Wert

$$S_1 = \frac{e^{ikR}}{ikR}.$$

Diese Beweismethode ist von Weyl angedeutet und dürfte der Tatsache der Kugelsymmetrie der Lösung am besten angepaßt sein. Da dagegen in der weiteren Behandlung der Aufgabe durch die Randbedingungen die Ebenen $z = $ konst aus physikalischen Gründen ausgezeichnet sind, so würde dann die Weylsche Koordinatenwahl, wie ihre Durchführung bei Strutt zeigt, zu komplizierten Mittelwertsbildungen führen. Die Sommerfeldsche Anordnung, die der Beibehaltung der Koordinaten ψ, ϑ entspricht, erscheint dann zweckmäßiger, und ich übernehme sie daher auch hier mit den entsprechenden Abänderungen.

4. Erfüllung der Grenzbedingungen. Die vorgenommene Zerlegung der Grundfunktion $\Pi_0 = \frac{1}{R}\, e^{ikR}$ in lineare Lösungen, die als ebene Wellen gedeutet werden können, ist nun besonders geeignet, um die Randbedingungen (4a), (4b) zu erfüllen. Denn hierzu ist nur die Hinzufügung je einer reflektierten und einer gebrochenen ebenen Welle zu der primär einfallenden erforderlich, analog der bekannten Ableitung der Fresnelschen Gleichungen in der Optik. Die Unterscheidung von „einfallender" und „reflektierter" Welle hat allerdings hier, wo es sich um im allgemeinen komplexe ϑ-Werte handelt, nur die Bedeutung eines anschaulichen Ausdrucks für zwei im Vorzeichen von $\cos\vartheta$ unterschiedene Lösungen der Wellengleichungen bei gemeinsamem $\sin\vartheta$. Um die Randbedingungen zu erfüllen, empfiehlt es sich, zunächst noch einmal auf die Integrationsgrenzen nach Gleichung (6) $[-\pi < \psi < +\pi;\ 0 < \vartheta < A]$ zurückzugehen und dabei natürlich den Integranden in der Form der Gleichung (7) zu benutzen. Da aber der Ursprung des Koordinatensystems in der Antenne liegt, somit die Erdoberfläche durch $z = -h$ gegeben ist, brauchen wir eine Darstellung des Primärfeldes für negative Werte von z. Das bekommen wir offenbar durch einen Vorzeichenwechsel im Exponenten in der Form:

$$p_0\frac{e^{ik_1R}}{ik_1R} = \frac{\Pi_0}{ik} = \frac{p_0}{2\pi}\int\limits_{-\pi}^{+\pi} d\psi \int\limits_{0}^{A} e^{ik_1(r\cos\psi\sin\vartheta - z\cos\vartheta)}\sin\vartheta\, d\vartheta. \tag{9}$$

Diese Grenzen haben nämlich den Vorteil, daß sie für alle r-Werte in der Ebene $z = -h$, d. h. nach (8) solange $\tfrac{1}{2}\pi < \tau \leqq \pi$, festgehalten werden können; das ist notwendig, um die Randbedingungen einer ebenen Welle längs dieser ganzen Ebene, mit Einschluß des Punktes $r = 0$ (d. h. $\tau = \pi$) erfüllen zu können. Der Weg A in der ϑ-Ebene kann auch für alle Werte der Integrationsvariablen ψ von $-\pi$ bis $+\pi$, d. h.

positiv- und negativ-reelle $r \cos \psi$, unverändert bleiben, so daß die Reihenfolge der Integrationen in (9) gleichgültig ist.

Wir haben nun im Integranden als

Einfallende Welle: $\dfrac{p_0}{2\pi} e^{i\,k_1(r\cos\psi\sin\vartheta - z\cos\vartheta)}$. $\hspace{3cm}$ (10)

Reflektierte Welle: Sie unterscheidet sich von der einfallenden durch das Vorzeichen von $\cos\vartheta$ und ihre Amplitude, kann also geschrieben werden:

$$\frac{p_1}{2\pi} e^{i\,k_1[r\cos\psi\sin\vartheta + (z+2h)\cos\vartheta]}. \hspace{2cm} (10\,\text{a})$$

Dieser Teil läßt, wie seine Form zeigt, für $z > -2h$ den obigen Integrationsweg zu.

Die „gebrochene" Welle endlich unterscheidet sich von der einfallenden dadurch, daß k_2 an Stelle von k_1 tritt, und ein Brechungswinkel η an Stelle des Einfallswinkels ϑ, außerdem durch den Amplitudenfaktor. Sie kann daher angesetzt werden:

Gebrochene Welle: $\dfrac{p_2}{2\pi} e^{i\,k_2[r\cos\psi\sin\eta - (z+h)\cos\eta] + i\,k_1 h\cos\vartheta}$. $\hspace{1.5cm}$ (10 b)

Die Exponenten in (10) bis (10 b) sind hier so geschrieben, daß sie längs der Ebene $z = -h$ übereinstimmen, wenn:

$$k_1 \sin\vartheta = k_2 \sin\eta\,, \hspace{3cm} (11)$$

d. h. das Brechungsgesetz gilt, und die Randbedingungen (4a), (4b) fordern sodann die Beziehungen:

$$\frac{\cos\vartheta}{k_1}\,(p_0 - p_1) = \frac{\cos\eta}{k_2}\,p_2\,, \hspace{2.5cm} (11\,\text{a})$$

$$p_0 + p_1 = p_2\,; \hspace{3cm} (11\,\text{b})$$

woraus durch Auflösung folgt:

$$p_1 = p_0\,\frac{k_2\cos\vartheta - k_1\cos\eta}{k_2\cos\vartheta + k_1\cos\eta}\,; \hspace{1cm} p_2 = p_0\,\frac{2\,k_2\cos\vartheta}{k_2\cos\vartheta + k_1\cos\eta}\,. \hspace{1cm} (12)$$

Nach Ausführung dieser Bestimmung kann man jetzt den primären Dipol in die Trennungsebene selbst hineinrücken lassen, d. h. den Grenzfall $h = 0$ betrachten. Dies ist übrigens nicht wesentlich, sondern geschieht im folgenden nur der größeren Einfachheit wegen. Typisch und ausreichend ist dann weiterhin die Diskussion der Verhältnisse im Luftraum $z \geqq 0$. Hier ist die reflektierte Welle durch (10a) und (12) bereits gegeben, und der Integrationsweg kann unverändert bleiben. Für die primäre Welle braucht man nur nach (6) wieder $+ z\cos\vartheta$ statt $- z\cos\vartheta$ im Exponenten zu setzen, der also im Falle $h = 0$ übereinstimmend mit der reflektierten Welle wird. Also gilt im Gebiet $z \geqq 0$ nach (10a):

$$\Pi_0 + \Pi_1 = \frac{i\,k_1}{2\,\pi} \int\limits_{-\pi}^{+\pi} d\psi \int\limits_0^A (p_0 + p_1)\, e^{i\,k_1\,(r\cos\psi\sin\vartheta + z\cos\vartheta)} \sin\vartheta\, d\vartheta\,.$$

Hier kann nun die Umwandlung des Integrationswegs gemäß Gleichung (7) vorgenommen werden, so daß in ϑ und ψ die Integrationswege beiderseits unendlich werden. Man erhält so, wenn man noch nach (11b) und (12) einsetzt (vgl. hierzu Abb. 102 und 103):

$$\Pi_0 + \Pi_1 = \frac{i\,k_1\,k_2\,p_0}{\pi} \int\limits_I d\psi \int\limits_{A'}^A \frac{\cos\vartheta\sin\vartheta}{k_2\cos\vartheta + k_1\cos\eta}\, e^{i\,k_1\,(r\cos\psi\sin\vartheta + z\cos\vartheta)}\,d\vartheta\,. \quad (13)$$

Die so gefundene Formel geht im wesentlichen in diejenige über, welche auch Sommerfeld seiner Diskussion zugrunde legt[1], wenn man zuerst die Integration nach ψ ausführt und dann als zweite Integrationsvariable $\lambda = k_1 \sin\vartheta$ wählt. Die Ableitung ist allerdings dort eine andere, da von vornherein $h = 0$ angenommen ist. Dazu ist aber zu bedenken, daß die Form der Gleichung (13) ja nur für $z \geqq 0$ gilt, so daß sie die Randbedingung (4b) nicht direkt erfüllt; für deren eindeutige Erfüllung war vielmehr die Fortsetzung der Lösung in das Gebiet $z \leqq 0$ notwendig, wie es unserer obigen Ableitung entspricht. Daher erscheint mir der Sommerfeldsche Gedankengang, der diese Tatsache durch eine direkte Abänderung der Grenzbedingung umgeht, weniger zwingend zu sein.

5. Diskussion der Lösung. Für die weitere Diskussion werden wir nun den Integrationsweg $A' - A$ zweckmäßig zu verlegen haben. Von Sommerfeld ist hierzu auf die Bedeutung des Nenners in dem Integranden:

$$N = k_2 \cos\vartheta + k_1 \cos\eta \quad (14)$$

hingewiesen worden, dessen Nullstellen von besonderem Interesse sind (bei Weyl l. c. fehlt, außer in einem Grenzfall, diese Untersuchung). Diese Stellen, die also für den Integranden einen Pol ergeben, würden bedeuten, daß für den entsprechenden Einfallswinkel, ϑ_0, auch bei verschwindender Amplitude p_0 trotzdem eine Amplitude p_1 im ersten und eine Amplitude p_2 im zweiten Medium auftreten könnte, also eine „freie" Wellenausbreitung ohne die Anregung der einfallenden Welle. Der Fall liegt analog zu dem in der Optik diskutierten Fall des „Polarisationswinkels", wo auch nur eine Welle im ersten Medium, die dann als „einfallende" bezeichnet wird, und eine „gebrochene" im zweiten Medium vorhanden ist. Im vorliegenden Falle, wo ϑ_0 einen komplexen Winkel bezeichnet, bekommen die betreffenden Wellen einen anderen Typus, nämlich den von „inhomogenen" oder „Oberflächenwellen", und

---

[1] Vgl. l. c., S. 550.

stellen deren einfachste Form im elektrischen Gebiete dar. Bekannter, wenn auch weniger einfach, sind solche Wellen als Drahtwellen, wie sie sich im Luftraum längs einer Leitung fortpflanzen können, und deren Amplitude von der Drahtoberfläche her nach innen hin rasch, nach außen hin langsam abnimmt. Diese Inhomogenität rührt von der Energieabgabe an den Ohmschen Widerstand des Drahtes her. An Stelle der Drahtoberfläche tritt hier die Oberfläche der gleichfalls leitfähigen Erde.

Die Gleichungen zur Bestimmung des Winkels ϑ_0 und des zugehörigen Brechungswinkels η_0 sind nach (14) in Verbindung mit dem Brechungsgesetz (11):

$$k_2 \cos \vartheta_0 + k_1 \cos \eta_0 = 0 \, ; \qquad k_1 \sin \vartheta_0 - k_2 \sin \eta_0 = 0 \, , \qquad (15)$$

woraus als Determinante folgt:

$$\sin 2\vartheta_0 + \sin 2\eta_0 = 0 \, ,$$

bzw.:

$$\vartheta_0 + \eta_0 = m\,\pi \quad \text{oder} \quad \vartheta_0 - \eta_0 = (2\,m + 1)\,\frac{\pi}{2} \, ,$$

mit ganzzahligem m. Die ersteren Fälle scheiden aus, da sie nach (15): $\frac{k_2}{k_1} = \pm\,1$ fordern müßten. Die anderen Fälle ergeben nach (15) das sog.

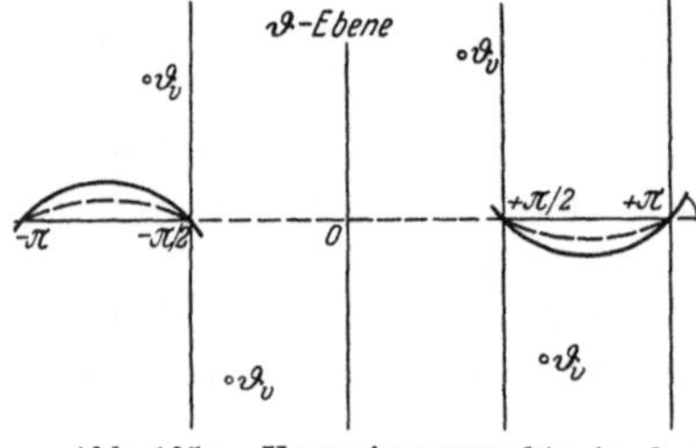

Abb. 105a. Verzweigungspunkte in der ϑ-Ebene.

Brewstersche Gesetz:

$$\operatorname{tang} \vartheta_0 = \pm\,\frac{k_2}{k_1}, \qquad (16)$$

das in dieser allgemeinen Form in jedem Streifen von der Breite $\frac{1}{2}\pi$ in der komplexen ϑ-Ebene (wir sagen hierfür „Quadrant", vgl. Abb. 105a) eine Wurzel zuließe. Für die nachfolgende Diskussion unseres Integrationswegs scheidet aber die Hälfte dieser Wurzeln von vornherein aus.

Es ist nämlich durch das Brechungsgesetz (11) bei gegebenem $\sin \vartheta$ auch $\sin \eta$ eindeutig festgelegt, dagegen $\cos \eta$ nur bis auf das Vorzeichen; d. h. die Punkte ϑ_v der ϑ-Ebene, wo

$$\cos \eta_v = \pm\,\sqrt{1 - \frac{k_1^2}{k_2^2}\sin^2 \vartheta_v} \qquad (17)$$

verschwindet, sind als „Verzweigungspunkte" für das Integral (13) aufzufassen, bei deren Umlaufung $\cos \eta$ sein Vorzeichen ändert. In (13) ist zunächst das Vorzeichen von $\cos \eta$ so gedacht, daß z. B. für $\vartheta = 0$ zugleich $\eta = 0$ (nicht $\pm\,\pi$), also $\cos \vartheta = \cos \eta = +1$ zu setzen ist. Wir brauchen nur die Fälle zu betrachten, die hieraus ohne Umlaufung des Verzweigungspunktes hervorgehen, d. h. da $\frac{k_2^2}{k_1^2}$ großen Absolutbetrag hat, die Fälle für die η in der Nähe von 0 (nicht bei $\pm\,\pi$) liegt. Für

$m = 0$ z. B., also $\vartheta_0 - \eta_0 = \frac{1}{2}\pi$, folgt aus (15): $\tan \vartheta_0 = -\dfrac{k_2}{k_1}$; es könnte also ϑ_0 im ersten negativen oder im zweiten positiven Quadranten liegen. Nur der letzte Fall kommt nun in Betracht, da im anderen Fall $\eta_0 = \vartheta_0 - \frac{1}{2}\pi$ im zweiten negativen Quadranten, d. h. nahe bei $-\pi$ läge. Analog folgt für $m = -1$, d. h. $\vartheta_0 - \eta_0 = -\frac{1}{2}\pi$, daß ϑ_0 im zweiten negativen Quadranten liegen muß. Für größere m wiederholen sich diese Lagen mit der Periode 2π.

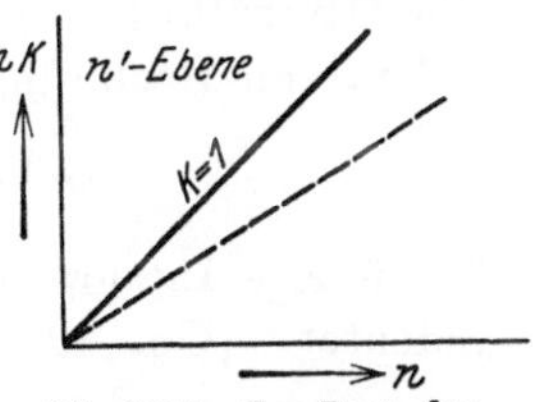

Abb. 105 b. Zur Lage der Verzweigungspunkte.

Es sei ferner (in der Bezeichnungsweise der Optik)

$$\frac{k_2}{k_1} = \sqrt{\varepsilon_2 + \frac{i\sigma_2}{\omega}} = n(1 + i\varkappa) = n',$$

wobei n als „Brechungsindex" bezeichnet wird, und $\varkappa$ als „Absorptionsindex". Er ist für uns < 1, da ε_2 und σ_2 beide positiv sind. Die Gleichung (16): $\tan \vartheta_0 = \pm n'$, vermittelt eine einfache Abbildung der komplexen n'-— auf die ϑ-Ebene, bei der jeder Strahl $\varkappa = $ konst. der n'-Ebene in eine von $\vartheta = \pm \pi$ nach $\vartheta = \pm \frac{1}{2}\pi$ laufende Kurve übergeht, insbesondere der Strahl $\varkappa = 1$ in die unter 45^0 aus- und einlaufende, wie es Abb. 105 a u. 105 b zeigen. Die in der Abbildung gezeichneten Zweieck-Gebiete sind solche, innerhalb derer nach dem Vorangehenden die diskutierten Pole ϑ_0 liegen, und zwar um so näher an $\pm \frac{1}{2}\pi$, je größer n ist.

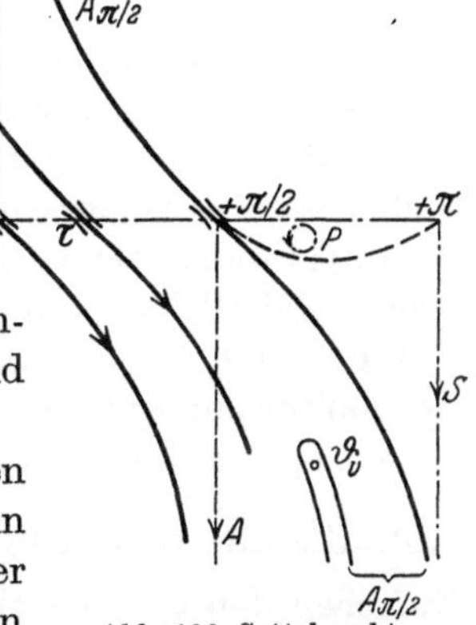

Abb. 106. Sattelpunktsintegration.

Nachdem die Lage des Pols im Integranden der Gleichung (13) näher umgrenzt ist, kann man untersuchen, ob er auf den Verlauf der Wellenausbreitung einen wesentlichen, d. h. in genügend großer Entfernung von der Antenne noch vorwiegenden Einfluß ausübt. Das würde dann das Auftreten von „Oberflächenwellen" im oben definierten Sinn aussagen. Sommerfeld hat diesen Einfluß so ausgedrückt, daß er den Integrationsweg der Abb. 106 (übertragen auf seine $\lambda = k_1 \sin \vartheta$-Ebene) in einer ihm geeignet erscheinenden Weise deformiert hat, und zwar wählt er die Deformation in den Weg S nach Abb. 106, der dadurch charakterisiert ist, daß $\cos \vartheta$ auf diesem ganzen Weg reell ist, von $+ \infty$ bis $- \infty$ laufend. Für diese Verlagerung mußte er aber nach Abb. 106 einen (in der Abbildung als P bezeichneten) Pol überstreichen, für den sodann gemäß dem Cauchyschen Satz ein Residuumintegral zu berechnen bleibt. Das letzte ergibt sich bekanntlich so, daß man im Integranden nach Division des Nenners mit $\dfrac{(\vartheta - \vartheta_0)}{2\,\pi\,i}$ einfach ϑ_0 statt ϑ einsetzt, stellt also direkt eine Welle mit dem Einfallswinkel ϑ_0, d. h. eine Oberflächenwelle, dar. Ihre Amplitude ergibt sich aus der angedeuteten Rechnung zu

$$p^{(0)} = p_0 \frac{2\,k_2^2 \cos\vartheta_0 \sin\vartheta_0 \cos\eta_0}{k_2^2 \sin\vartheta_0 \cos\eta_0 + k_1^2 \cos\vartheta_0 \sin\eta_0} \tag{18}$$

Das übrige Integral längs des Weges S wird von ihm als Raumwelle gedeutet. (Um den Vergleich mit der Sommerfeldschen Untersuchung zu erleichtern, übertragen wir in Abb. 107 die Wege der Abb. 106 noch in die dort benutzte Variable $\lambda = k_1 \sin\vartheta$.)

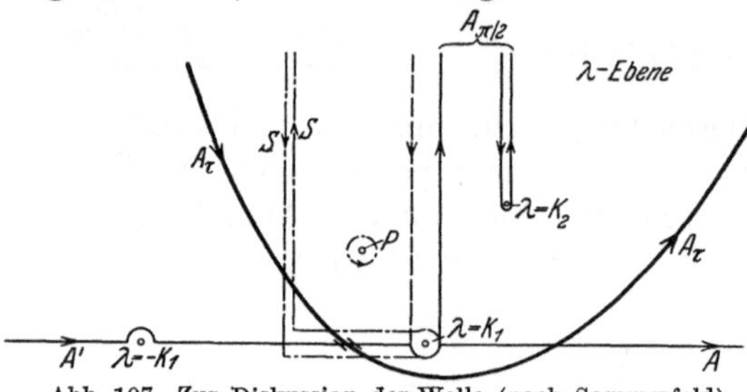

Abb. 107. Zur Diskussion der Welle (nach Sommerfeld).

6. Asymptotische Berechnung der Lösung. Schon Weyl hat die Willkürlichkeit, die in dieser Zerlegung liegt, betont, und es ist in der Tat kaum einzusehen, warum gerade der gewählte Weg S den Typus der Raumwellen charakterisieren solle[1]. Viel näher liegend ist die folgende Art der Berechnung: Der Integrationsweg $A' - A$ der Abb. 106 endet beiderseits in Gebieten, in denen die Exponentialfunktion im Integranden der Gleichung gegen Null geht, da ihr Exponent negativen Realteil hat. Für diesen Exponenten kommt aber nicht nur der Faktor $\cos\vartheta$ von z, den Sommerfeld allein betrachtet, sondern auch der Faktor $\sin\vartheta$ von r in Frage. Wegen

$$r \sin\vartheta + z \cos\vartheta = R \cos(\vartheta - \tau) \tag{19}$$

[vgl. Gl. (8)] verschieben sich mit $\tau = \text{arctang}\,\dfrac{r}{z}$ diese Grenzgebiete. Zwischen den beiderseitigen Grenzen muß der Absolutbetrag des Integranden natürlich ansteigen und wieder abfallen. Es ist nun eine von B. Riemann herrührende bekannte Methode, die als Sattelpunktsintegration bezeichnet wird[2], den Weg so zu wählen, daß der Anstieg und Wiederabfall zur Tiefe möglichst rasch erfolgt, möglichst so, daß der Exponent überall um negativ reelle Werte von seinem Höchstwert

---

[1] In der Arbeit Ann. Physik 4, 28, sucht Sommerfeld dies durch eine Reihenentwicklung des Integranden zu begründen (S. 703 f.). Aber diese Entwicklung muß gerade in der Nähe des Poles P divergent werden und berücksichtigt daher nicht in genügendem Maße den Einfluß des Poles auf diesen Teil des Integrals, der dem vorher erwähnten Residuum gerade entgegengesetzt ist.

[2] Siehe z. B. Courant-Hilbert: Methoden d. math. Physik 1, 436f.

abweicht. Dies wird dadurch erreicht, daß man zunächst die Extremalstellen des Exponenten aufsucht, d. h. im Falle (19) die Stellen $\vartheta - \tau = 0$. In deren Nähe ist die Entwicklung:

$$i\,R \cos(\vartheta - \tau) = i\,R \left[1 - \frac{1}{2}(\vartheta - \tau)^2 + \ldots \right], \tag{19a}$$

und die erwähnten Gefällekurven verlaufen daher so, daß $-i(\vartheta - \tau)^2$ negativ reell, d. h. $\vartheta - \tau$ unter 45^0 geneigt in der komplexen ϑ-Ebene verläuft (vgl. Abb. 106). Der so bestimmte Sattelpunktsweg A_τ verschiebt sich mit veränderlichem τ parallel, und kommt zwischen $\tau = 0$ (Weg A_0) bis $\tau = \frac{1}{2}\pi$ (Weg $A_{\pi/2}$) in Betracht. Wie man sieht, berührt er zwar im letzteren Fall bei $\vartheta = \frac{1}{2}\pi$ das in Abb. 106 noch einmal gezeichnete Polgebiet von außen, ohne aber in dasselbe einzudringen. Zu erwähnen ist allerdings noch eine kleine Deformation des Weges, die bei größerem τ wegen des Verzweigungspunktes ϑ_v notwendig ist und in Abb. 106 rechts unten angedeutet ist. Für die nachfolgende Methode ist das ohne Bedeutung, da ϑ_v großen Imaginärteil hat wegen $\dfrac{k_2}{k_1} > 1$.

Es kommt daher bei dieser Art der Verlagerung ein Residuumintegral nicht in Betracht, und es bleibt nur noch übrig, das Ergebnis des Sattelpunktsintegrals, unter Annahme hinreichend großer R, zu diskutieren. Daß das Resultat den Typus von reinen Raumwellen darstellt, erhellt aus der folgenden Überlegung: Je größer R ist, desto rascher ist auf dem gekennzeichneten Wege der Abfall des Integranden von seinem Maximalwert ab, und desto mehr kommen daher für die Integration nur die Werte in der Nähe des Maximums in Betracht. Das ist der Kern der Sattelpunktsmethode. In erster Näherung sind daher nur die Werte an dieser Stelle $\vartheta = \tau$ selbst maßgebend. Nun ließe sich aber in der gleichen Weise auch schon das primäre Integral (7) auswerten und würde als Näherung für große R seinen richtigen Wert: $\dfrac{e^{ikR}}{ikR}$ liefern, da dieser Ausdruck eben mit seinem asymptotischen Charakter identisch ist. Aus (7) geht aber (13) hervor durch Hinzunahme des Faktors $\dfrac{2\,i\,k_1 k_2\, p_0 \cos\vartheta}{k_2 \cos\vartheta + k_1 \cos\eta}$ im Integranden, und indem man in diesen Faktor $\vartheta = \tau$ einsetzt und auch $\cos\eta$ durch ϑ ausdrückt, folgt das asymptotische Resultat in der Form:

$$\Pi_0 + \Pi_1 = \frac{2\,n^2 p_0 \cos\tau}{n^2 \cos\tau + \sqrt{n^2 - \sin^2\tau}} \; \frac{e^{ik_1 R}}{R} \,. \tag{20}$$

Es stellt Raumwellen dar, deren Amplitude noch von der Ausbreitungsrichtung τ abhängt, und im besonderen verschwindet sie für $\tau = \frac{1}{2}\pi$, d. h. in der horizontalen Richtung längs der Erdoberfläche (durch Interferenz zwischen der einfallenden und der reflektierten Welle). Genauer heißt dies, daß die Welle hier in höherer Ordnung als nach (20) gegen Null geht, worüber die weitere Näherung Aufschluß geben würde.

Für die Durchführung der Methode ist zu ergänzen, daß für die Integration nach ψ ähnliches gilt, und zwar $\psi = 0$ dann als der Sattelpunkt zu betrachten ist. Bei Vorwegnahme der Integration nach ϑ wäre nur r im Exponenten durch $r \cos \psi$ zu ersetzen, was keine wesentliche Änderung bedeutet, da auf dem Wege I (Abb. 103) $\cos \psi$ als positiv, oder wenigstens mit positivem Realteil, angenommen werden kann. Am zweckmäßigsten ist es, die asymptotische Methode gleichzeitig auf beide Variablen anzuwenden, indem man so vorgeht:

Wir schreiben (13) in der Form

$$\Pi_0 + \Pi_1$$

$$= p_0 \frac{i\,k_1\,k_2}{\pi}\, e^{i\,k_1\,R} \int\limits_I d\psi \int\limits_{A'}^{A} e^{-2\,i\,k_1\,R\,[\sin\vartheta\sin\tau\sin^2\frac{1}{2}\psi + \sin^2\frac{1}{2}(\vartheta-\tau)]}\, \frac{\cos\vartheta\,\sin\vartheta}{k_2\cos\vartheta + k_1\cos\eta}\, d\vartheta\,.$$

Ferner sei

$$\sin\frac{1}{2}\psi\,\sqrt{2\,i\,k_1\,R\,\sin\vartheta\,\sin\tau} = u\,; \qquad \sin\frac{1}{2}(\vartheta - \tau)\,\sqrt{2\,i\,k_1\,R} = v$$

gesetzt, so wird das Integral

$$\Pi_0 + \Pi_1 \tag{21}$$

$$= p_0 \frac{2\,k_2}{\pi} \frac{e^{i\,k_1\,R}}{R} \int\limits_{-\infty}^{+\infty}\!\!\int e^{-(u^2+v^2)}\, \frac{\cos\vartheta\,\sqrt{\sin\vartheta}\,d\,u\,d\,v}{\sqrt{\sin\tau}\,(k_2\cos\vartheta + k_1\cos\eta)\cos\frac{1}{2}\psi\cos\frac{1}{2}(\vartheta-\tau)}\,.$$

Die erste Näherung besteht dann darin, in diesem Integral $\cos\frac{1}{2}\psi$ und $\cos\frac{1}{2}(\vartheta - \tau)$ durch 1, ferner ϑ durch τ zu ersetzen, wobei η wieder aus (11) bestimmt ist, so daß nur das Integral $\int\limits_{-\infty}^{+\infty}\!\!\int e^{-(u^2+v^2)}\,d\,u\,d\,v = \pi$ auszuführen bleibt. Damit wird die Formel (20) erhalten. Die Fortführung der Entwicklung bestände einfach darin, in dem zweiten Faktor des Integranden nach ψ und $(\vartheta - \tau)$, bzw. nach u und v, weiter zu entwickeln und dann zu integrieren.

Die Endformel (20) zeigt, daß die Feldverteilung in genügend großer Entfernung als reiner Raumwellentypus charakterisiert ist, dessen Amplitude wegen des verschiedenen Reflexionsverhältnisses noch von der Richtung abhängig ist. In geringerer Entfernung wird allerdings zufolge der weiteren Entwicklung von (21) durch den Einfluß des Poles eine Abweichung von diesem reinen Typus eintreten, insbesondere auch in rein horizontaler Richtung eine Wellenerregung übrig bleiben. Diese kann aber nicht weiter reichen als die errechnete Raumwellenverteilung, die Energieausbreitung kann also nicht in der Form der Oberflächenwellen erfolgen.

Analytisch kommt diese Tatsache durch den Exponentialfaktor in dem Integral (21) zum Ausdruck, der den Integranden auf dem Wege A auch in der Nähe des Pols P viel kleiner macht, als auf dem

Sommerfeldschen Wege S. Dabei bedeutet dieser Faktor nicht etwa nur eine exponentielle Dämpfung, hervorgerufen durch die Erdleitfähigkeit, sondern er ist im Gegenteil von dieser unabhängig, nur durch die Konstanten des oberen (Luft-) Halbraumes bestimmt. Auch physikalische Überlegungen machen es übrigens einleuchtend, daß Antennenerregungen irgendwelcher Form sich nicht in Oberflächenwellen, also zylindrisch ausbreiten können. Denn die Drahtwellen, die als Vorbild der Oberflächenwellen dienten, können nur durch einen Spannungsunterschied zwischen der Hin- und Rückleitung aufrechterhalten werden; bei der Antennenerregung aber fehlt ein solcher Spannungsunterschied, der zwischen der Erde und einer Schicht in größerer Höhe wirken müßte. (Eher wird man bei den von einem Blitzstrahl erregten Wellen den Charakter von Zylinderwellen erwarten dürfen, da hier die Vorbedingungen ähnlich wie bei den Drahtwellen liegen, oder auch, wenn man die Mitwirkung der Heaviside-Schicht bei der Wellenausbreitung berücksichtigt.)

In besonderer Weise prägen sich diese Verhältnisse in dem Grenzfall sehr großer Bodenleitfähigkeit σ_2 aus, der von Sommerfeld ausführlich und auch von Weyl diskutiert worden ist. Dann geht nach (16) mit k_2 auch tg ϑ_0 gegen unendlich, also ϑ_0 gegen $\frac{1}{2}\pi$ und cos ϑ_0 wie k_1/k_2 gegen 0, und die Amplitude $p^{(0)}$ der Zylinderwellen wird nach (18) klein wie $2\,p_0\,k_1/k_2$. Dies müßte allerdings im einzelnen erst durch eine geringe Modifikation unseres asymptotischen Verfahrens festgestellt werden, die notwendig ist, weil für $\tau = \frac{1}{2}\pi$ jetzt Pol und Sattelpunkt nach Abb. 106 zusammenrücken. Aber als Größenordnung der Oberflächenwellen ergibt sich die eben angegebene, und daher müssen sie meines Erachtens auch in diesem Grenzfall als bedeutungslos angesehen werden. Dabei ist noch zu bemerken, daß die Verhältnisse unmittelbar in der Horizontalfläche $\tau = 0$ überhaupt kein ausreichendes Bild geben; denn theoretisch (d. h. soweit von genauer Erfüllung der Reflexionsbedingung unmittelbar an der Erdoberfläche gesprochen werden kann) verschwinden ja hier nach (20) auch die Raumwellen durch Interferenz zwischen der einfallenden und der reflektierten Welle, was beweist, daß man für die Beurteilung mindestens kleine Erhebungswinkel über die Erdoberfläche mit berücksichtigen muß.

Unberührt von diesen Ausführungen bleibt übrigens im Endeffekt das wichtigste Ergebnis Sommerfelds, das besagt, daß große Bodenleitfähigkeit (Seewasser) günstig für die Wellenausbreitung in der Horizontalebene $\tau = 0$ ist, und das auch der praktischen Erfahrung entspricht. Es wurde kürzlich auf einem einfacheren Weg und mit weiteren numerischen Einzelheiten von B. van der Pol neu abgeleitet[1]. Aber dieses Resultat

---

[1] Über die Ausbreitung elektromagnetischer Wellen, Jahrb. d. drahtl. Telegraphie u. Telephonie, Zeitschr. f. Hochfrequenztechnik. **37**, 152 (1931), erweitert in Ann. Physik 5/10, 485 (1931).

ist nur ein Ausdruck der Tatsache, daß das Raumwellenmaximum nach (20) mit wachsendem σ_2 immer mehr, und schließlich unstetig, an die Richtung $\tau = 0$ heranrückt; es spricht also nicht für die Oberflächen-, sondern für die Raumwellenauffassung der Ausbreitung.

Dies zeigen besonders deutlich die in den Abb. 108 wiedergegebenen, von Strutt berechneten Kurven[1], die zugleich die Verhältnisse für verschiedene Höhen h des primären Dipols angeben. Die Kurven geben die Richtungsverteilung der Feldintensität bei der Raumwellenausbreitung, dargestellt durch die Länge des Radiusvektor nach der betreffenden Richtung. Andere Antennenformen, z. B. die Horizontalantenne, lassen sich ohne neue Schwierigkeit nach dem oben angegebenen Wege untersuchen, wie dies Strutt gleichfalls (in der der Weylschen Koordinatenwahl entsprechenden Form) getan hat. Eine solche Untersuchung ist natürlich von Bedeutung auch für die Frage nach der Reichweite der elektromagnetischen Wellen, da diese wegen der Reflexionen an der Heaviside-Schicht von der Ausbreitungsrichtung abhängig wird[2].

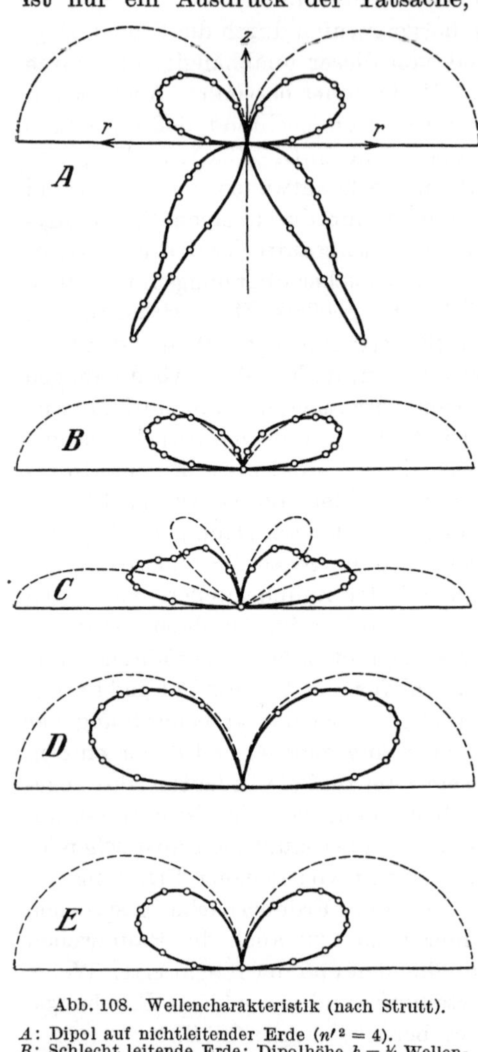

Abb. 108. Wellencharakteristik (nach Strutt).

A: Dipol auf nichtleitender Erde ($n'^2 = 4$).
B: Schlecht leitende Erde; Dipolhöhe $h = \tfrac{1}{4}$ Wellenlänge.
C: Ebenso; $h = \tfrac{1}{2}$ Wellenlänge.
D: Für $n'^2 = 80$ (Wasser); $h = 0$.
E: Mäßig leitende Erde ($n'^2 = 6 - 5i$); $h = 0$.
(Die punktierten Kurven entsprechen immer unendlich großer Bodenleitfähigkeit.)

---

[1] Ann. Physik: l. c. 5/1, 734.
[2] Auf die in diesem Aufsatz berührten physikalischen Fragen, auch den Einfluß der Kugelgestalt der Erde und auf numerische Einzelheiten, will ich im Einklang mit Herrn A. Sommerfeld noch an anderer Stelle näher eingehen.

Namen- und Sachverzeichnis.

Elektrische Ausgleichsvorgänge und Operatorenrechnung.

Von **John R. Carson**, American Telephone and Telegraph Company. Erweiterte deutsche Bearbeitung von **F. Ollendorff** und **K. Pohlhausen**. Mit 39 Abbildungen im Text und einer Tafel. IX, 186 Seiten. 1929. RM 16.50; gebunden RM 18.—

Die Heavisidesche Operatorenrechnung hat sich erst durchsetzen können, nachdem es Carson gelungen war, durch Einführung der Laplaceschen Integralgleichung alle Regeln der Operatorenrechnung aus den Eigenschaften reeller Funktionen herzuleiten. Die Methoden der Operatorenrechnung werden auf Schaltprobleme an Leitungen mit und ohne Induktivität, Kettenleitern und allgemeinen Vierpolen angewandt; außerdem wird die Verwendung des Fourierschen Integralsatzes bei Schalt- und Einschwingvorgängen besprochen. Insbesondere ist ein Kapitel über die Wanderwellen auf Starkstromleitungen und die Wirkung von Schutzschaltungen auf dieselben hinzugefügt worden.

Die Wanderwellenvorgänge auf experimenteller Grundlage.

Aus Anlaß der Jahrhundertfeier der Technischen Hochschule Dresden nach den Arbeiten des Institutes für Elektromaschinenbau und elektrische Anlagen dargestellt von Dr.-Ing. **Ludwig Binder**, Professor und Direktor des Institutes. Mit 257 Textabbildungen. VII, 201 Seiten. 1928. RM 22.—; gebunden RM 23.50

Das elektromagnetische Feld.

Ein Lehrbuch von **Emil Cohn**, ehemals Professor der theoretischen Physik an der Universität Straßburg. Zweite, völlig neubearbeitete Auflage. Mit 41 Textabbildungen. VI, 366 Seiten. 1927. Gebunden RM 24.—

Magnetismus. Elektromagnetisches Feld.

Bearbeitet von **E. Alberti, G. Angenheister, E. Gumlich, P. Hertz, W. Romanoff, R. Schmidt, W. Steinhaus, S. Valentiner**. Redigiert von **W. Westphal**. (Handbuch der Physik, Bd. XV.) Mit 291 Abbildungen. VII, 532 Seiten. 1927. RM 43.50; gebunden RM 45.60

Meßentladungsstrecken (Ionenstrecken).

Von Dr.-Ing. **Siegfried Franck**. Mit 183 Abbildungen im Text. VIII, 192 Seiten. 1931. RM 18.50; gebunden RM 19.50

Rechenschablonen für harmonische Analyse und Synthese

nach C. Runge. Von **P. Terebesi**, Darmstadt. Wissenschaftliche Erläuterungen mit 8 Textabbildungen und 13 Tafeln. Dazu 26 Rechenschablonen, 2 Rechenbeispiele und 2 Kontrollblätter sowie 1 Gebrauchsanweisung. 13 Seiten, 5 Blatt, 4 Seiten, 28 Tafeln, 2 Blatt. 1930. In Mappe RM 18.—

Die elliptischen Funktionen von Jacobi.

Fünfstellige Tafeln, mit Differenzen, von sn u, cn u, dn u, mit den natürlichen Zahlen als Argument, nach Werten von m ($= k^2$) rangiert, nebst Formeln und Kurven. Von **L. M. Milne-Thomson**, Assistant Professor of Mathematics in the Royal Naval College, Greenwich. XIV, 69 Seiten. 1931. Gebunden RM 10.50